Thomas Krist

**Meß-
Steuerungs-
Regelungstechnik**

Aus dem Programm
Messen – Steuern – Regeln – Automatisieren

Elektrische Meßtechnik
von K. Bergmann

Steuern – Regeln – Automatisieren
von H. J. Küfner, B. Heinrich und W. Vogt

Sensoren in der Automatisierungstechnik
von G. Schnell (Hrsg.)

Pneumatische Steuerungen
von G. Kriechbaum

Hydraulische Steuerungen
von E. Kauffmann

Elektropneumatische und elektrohydraulische Steuerungen
von E. Kauffmann, E. Herion und H. Locher

Steuerungstechnik mit SPS
von G. Wellenreuther und D. Zastrow

Lösungsbuch Steuerungstechnik mit SPS
von G. Wellenreuther und D. Zastrow

Regelungstechnik
Band 1: Lineare kontinuierliche Regelsysteme
Band 2: Zustandsregelung, digitale und nichtlineare Regelsysteme
Band 3: Identifikation, Adaption, Optimierung
Regelungstechnik Aufgaben I
von H. Unbehauen

Regelungstechnik für Maschinenbauer
von W. Schneider

Digitale Regelungssysteme
von W. Büttner

Prozeßinformatik
von E. Schnieder

Vieweg

Thomas Krist

Meß-
Steuerungs-
Regelungstechnik

Formeln, Daten und Begriffe

5. Auflage

unter Mitarbeit von Karl Fest, Johannes Becker,
Bern Naumann, Helmut Krüger und
Peter Klemm

Mit 526 Abbildungen

Dieser Sonderdruck für *Sunvic Regler GmbH* basiert auf der 5. Auflage desselben Titels aus dem Hoppenstedt Verlag, Darmstadt, und ist nicht im Buchhandel erhältlich.

Alle Rechte vorbehalten
© Friedr. Vieweg & Sohn Verlagsgesellschaft mbH, Braunschweig/Wiesbaden, 1997

Der Verlag Vieweg ist ein Unternehmen der Bertelsmann Fachinformation GmbH.

Das Werk einschließlich aller seiner Teile ist urheberrechtlich geschützt. Jede Verwertung außerhalb der engen Grenzen des Urheberrechtsgesetzes ist ohne Zustimmung des Verlags unzulässig und strafbar. Das gilt insbesondere für Vervielfältigungen, Übersetzungen, Mikroverfilmungen und die Einspeicherung und Verarbeitung in elektronischen Systemen.

Umschlaggestaltung: Klaus Birk, Wiesbaden

Gedruckt auf säurefreiem Papier

ISBN-13: 978-3-528-04974-4   e-ISBN-13: 978-3-322-87222-7
DOI: 10.1007/978-3-322-87222-7

Vorwort

Die Notwendigkeit zur Rationalisierung durch flexible, selbsttätige Fertigungs-, Meß- und Prüfverfahren, durch wirtschaftliche und humanisierte Produktionsmethoden, zeigt den Weg zur **Automatisierungstechnik**. Produktions- und Werkzeugmaschinen werden heute in großem Umfang numerisch gesteuert. Dadurch ist es möglich, flexible Automatisierungskonzepte zu verwirklichen und die Arbeitsmaschinen in einen Gesamtplan rechnergesteuerter Fertigung einzubinden. Einen wesentlichen Anteil an der stürmischen Entwicklung der **Steuerungs- und Regelungstechnik** hat der Mikroprozessor, der mit entsprechender Peripherie heute ein fester Bestandteil jeder numerischen Steuerung (CNC, DNC usw.) ist.

Jeder Ansatz zu Automatisierung, Steuer- oder Regelungstechnik bleibt aber erfolglos, solange sich die betreffenden Größen nicht oder nicht genau genug messen lassen. Deshalb kommt der **Betriebsmeßtechnik** bei allen industriellen Prozessen eine wesentliche Bedeutung zu.

Das vorliegende **Arbeits-** und **Nachschlagewerk** ermöglicht in komprimierter Form Einstieg, Überblick und Lösungsmöglichkeiten für ein sehr komplexes und von einem hohen Entwicklungstempo gekennzeichnetes Wissensgebiet.

Es wendet sich vorrangig an Projektanten und Betreiber entsprechender Anlagen, aber auch an Studierende der Berufs-, Fach- und Fachhochschulen.

Zusammenstellungen von Größen, Formelzeichen, Formeln, Einheiten und Symbolen dienen der Orientierung.

Ein detailliertes Inhaltsverzeichnis und ein umfangreiches Sachwortverzeichnis ermöglichen es, die gesuchten Daten und Informationen schnell zu finden.

In einer umfangreichen Literaturübersicht wird auf weiterführende Lehr- und Fachbücher des Fachgebietes hingewiesen.

Über relevante Normblätter informiert ein DIN-Blatt-Verzeichnis.

Anregungen und Hinweise für Verbesserungen und Erweiterungen werden dankbar entgegengenommen.

Allen Mitarbeitern und Beratern gebührt besonderer Dank.

Darmstadt, Januar 1991 *Thomas Krist*
und Mitarbeiter

Mitarbeiter

Dipl.-Ing. Karl Fest   Meßtechnik, Meßtechnische Daten
Dipl.-Ing. (TH) Joh. Becker   Regelungstechnik, Fernwirktechnik
Dipl.-Ing. Bernd Naumann   Steuerungstechnik, Steuerungssysteme
Dr.-Ing. Helmut Krüger   Datenverarbeitung, Digitale Steuerungen, Integrierte Schaltungen
Dipl.-Ing. Peter Klemm   Numerische Steuerungen, Prozeßsteuerungen

Einführung in die Meß-, Steuerungs-, Regelungstechnik

Moderne technische Produktionsprozesse sind in der Regel dadurch gekennzeichnet, daß bestimmte Parameter, Kenngrößen oder Vorgänge selbständig gesteuert und geregelt werden. Die Eingangssignale für derartige Systeme liefern Betriebs-**Meßgeräte** mit speziellen Signalausgängen. Für **Steuerungs- und Regelungszwecke** benötigt man unbedingt signalgebende Meßeinrichtungen.

Die **Meßtechnik** als Teil der Automatisierung hat also Meßgrößen in genormte Signale zu verwandeln und so die Meßinformationen zur weiteren Verarbeitung in Steuerungen und Regelungen zu liefern. Man unterscheidet mechanische, pneumatische, hydraulische, elektrische, elektronische und optische Meßverfahren.

Die betreffenden Meßgeräte bestehen grundsätzlich aus:
- **Meßfühler:** zur Erfassung der Meßgröße und Umformung in eine erste für die Weiterverarbeitung geeignete Größe und
- **Meßwandler:** zur Anzeige oder Signalabgabe durch weitere Änderung des Informationsträgers oder -parameters. Meßwandler bestehen aus Meßverstärker, Meßumformer und Meßumsetzer.

In größeren Anlagen werden die Meß-, Steuer- und Regeleinrichtungen in einer zentralen Warte, der **Meßwarte**, zusammengefaßt. Die Tätigkeit der **Anlagenfahrer** beschränkt sich auf die Überwachung und Einstellung der Führungsgrößen w.

Zur besseren Verständigung werden für die Meßtechnik folgende eindeutige Bezeichnungen und Begriffe verwendet:
Meßgegenstand, Meßgröße, Meßwert, Meßergebnis und Meßvorgang.

Sowohl das **Steuern** als auch das **Regeln** sind Methoden, eine Größe, die Ausgangsgröße x_a (z. B. Druck, Temperatur, Fließgeschwindigkeit), durch eine andere, die vorgegebene Eingangs- oder Führungsgröße w, in geeigneter Weise zu beeinflussen bzw. die Beeinflussung der ersteren durch eine dritte, die Störgröße, möglichst auszuschalten.

Bei einer, meist selbsttätigen, **Steuerung** wird mit Hilfe einer Steuereinrichtung das Stellglied (oder mehrere Stellglieder) nach einer vorgegebenen Gesetzmäßigkeit betätigt und somit die Wirkung auf die Steuerstrecke oder -kette übertragen.
Siehe Bild 1: Mögliche Bauglieder einer Steuereinrichtung.

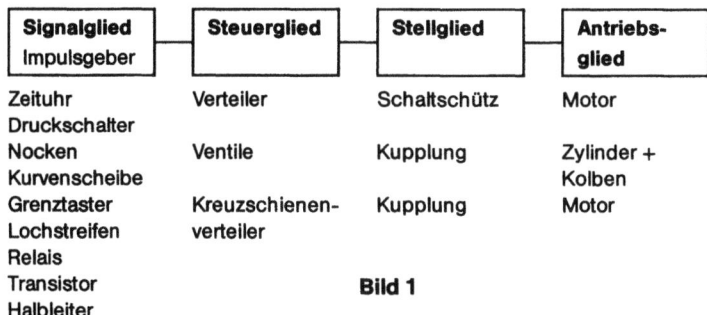

Bild 1

Steuereinrichtungen sind Glieder im Wirkungsweg, die zur Beeinflussung der **Steuerstrecke** (Bild 2) über das Stellglied dienen.

w = Führungsgröße (Eingangsgröße),
y = Stellgröße (Ausgangsgröße, bei Steuerstrecke die Ausgangsgröße),
x = gesteuerte Ausgangsgröße.

Die hintereinander angeordneten Teile einer Steuerung bezeichnet man besser gerätetechnisch mit Steuerkette (DIN 19226).

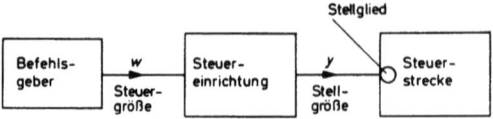

Bild 2

Signalglieder (Bild 1) geben bei bestimmten physikalischen Größen (z. B. Kraft, Zeit, Meßgröße, Temperatur, Formänderung) Signale bzw. Impulse.
Steuerglieder verbinden verschiedene Signale oder geben ein Signal an verschiedene Stellglieder (Bilder 1 und 2) nach bestimmten Gesetzmäßigkeiten weiter.
Stellglieder steuern den Energiefluß zu den Antriebsgliedern, die den vorhandenen Zustand verändern.
Beim **Regeln** wird die durch Steuerung erfolgte Änderung an das die Änderung verursachende Bauteil zurückgemeldet. Die Meßtechnik ist die Voraussetzung für die **Regeltechnik**. Es wird durch die Meßtechnik ständig überprüft, ob die erforderlichen Betriebsgrößen eingehalten werden. Von der Zuverlässigkeit der Messung hängt die Genauigkeit des regelnden Eingriffs ab.
Aufgabe einer selbsttätigen **Regelung** ist es, eine Regelgröße einem vorgeschriebenen Sollwert anzugleichen. Dazu wird die Regelgröße x gemessen und ihr Istwert mit dem Sollwert (Führungsgröße w) verglichen.
Bei einer festgesetzten Regelabweichung (Regeldifferenz $x_d = w - x = x_w - x$) wird durch die Regeleinrichtung dem Stellglied (Bild 3) eine Stellgröße y zugeführt, die eine Verringerung der Regelabweichung zur Folge hat ($x_w = x_d$). x_w unterscheidet sich von der x_d nicht in der Größe, sondern nur im Vorzeichen.

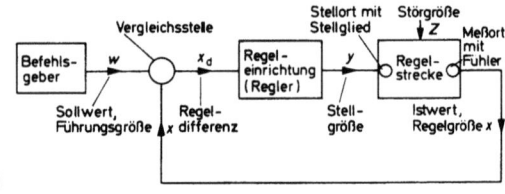

Bild 3

Wirkungsablauf einer Regelung ist wegen der Rückmeldung in sich geschlossen; man spricht von einem **Regelkreis** (wirkungsmäßige Bezeichnung).
Störungen, die eine Veränderung des Istwertes zur Folge haben, sind hauptsächlich in dem Regelkreis selbst zu erwarten. Diese „**Störgrößen**" bezeichnet man mit z (oder Z) bzw. z_1, z_2 usw.
Steuern und Regeln sind entscheidende technische Möglichkeiten, um **Arbeits-** und **Produktionsprozesse** selbsttätig nach vorgegebenen Programmen ablaufen zu lassen, um diese Arbeitsprozesse zu automatisieren.
Automatisierte Arbeitsprozesse tragen dazu bei:
1. den Menschen von geistig eintöniger, körperlich schwerer und gesundheitsschädlicher Arbeit zu befreien;
2. die Arbeits- und Produktionssicherheit zu gewährleisten;
3. die Arbeits- und Produktionsgenauigkeit zu erhöhen;
4. die unnötigen Zeitverluste auszuschalten und
5. die Arbeits- und Produktionsgeschwindigkeit zu steigern.

Sie können zu **automatisierten Fertigungsstrecken** zusammengestellt werden (flexible Fertigungssysteme). Dann übernehmen informationsverarbeitende Geräte und Maschinen (EDV-Anlagen) die Lenkung und Kontrolle des gesamten Produktionsprozesses.
Die **Mikro-Prozessoren** (μPs) spielen hierbei eine große Rolle.
Numerische Steuerung (NC) ist eine spezielle Art der Steuerung von Werkzeugmaschinen für die verschiedensten Fertigungsverfahren. Für die Zukunft der NC-Technik wird eine vollständige Umstellung auf CNC und DNC (computerized and direct NC), sowie eine erhebliche Zunahme der Fertigung auf flexible Fertigungsssysteme (FFS), unter Einbeziehung der AC (Adative Controll) zu erwarten sein.

Inhaltsverzeichnis

1. BM. Betriebsmeßtechnik   Seite

1. Aufgabe und Grundbegriffe der Betriebs-Meßtechnik 1-1
Verfahren und Prinzip der
2. - Kraftmessung 1-11
3. - Druckmessung 1-17
4. - Drehmoment- und Leistungsmessung 1-20
5. - Drehzahlmessung 1-27
6. - Frequenzmessung 1-31
7. - Füllstandsmessung 1-33
8. - Volumenmessung, -zählung 1-38
9. - Mengenmessung 1-42
10. - Durchflußmessung für geschlossene Querschnitte 1-45
11. - Durchflußmessung für offene Meßquerschnitte 1-50
12. - Feuchtemessung 1-51
13. - elektrometrischen Messung 1-54
14. - Analysenmessung 1-58
15. - Temperaturmessung 1-67
16. - kalorimetrische Messung 1-77
Anwendungsbereiche
17. - elektrischer Gasanalysatoren 1-81
18. - von Temperaturmeßgeräten 1-82
19. - elektrischer Anzeiger und Schreiber 1-86
20. - Sinnbilder für elektrische Meßgeräte 1-88

2. MD. Meßtechnische Daten

1. Flüssigkeitsdruckmesser,
   Dichte der verwendeten Medien 2-1
2. Kolbendruckmesser,
   Meßbereiche und Nullpunktunterdrückung 2-1
3. Federdruckmesser
   mit angebautem elektrischen Ferngeber 2-1
4. Federmanometer (Federdruckmesser),
   Meßbereiche 2-2
5. Flüssigkeitsstandmesser,
   Anzeigestufen und Meßbereiche 2-3
6. Wasserstandanzeiger mit Schwimmerdruckmesser,
   Meßbereiche 2-3
7. Durchflußmesser,
   Wirkdruckendwerte 2-4

8. Erforderliche gerade Rohrstrecke vor dem Drosselgerät	2-4
9. Durchflußzähler, Anwendungsbereiche	2-5
10. Dichte und Viskosität von reinem Wasser	2-6
11. Kinematische Viskosität, Einheit und konventionelle Viskositätsmaße	2-6
12. Drosselgeräte, Reynolds- und Durchflußzahl	2-7
13. Drosselgeräte, Herstellungsmaße	2-8
14. Drosselgeräte, Druckverluste in Abh. vom Öffnungsverhältnis	2-9
15. Durchflußzahl für Normblenden bei verschiedenen Rohrdurchmessern	2-10
16. Kinematische Viskosität von Luft	2-12
17. Kinematische Viskosität von Flüssigkeiten	2-13
18. Dynamische Viskosität einiger Gase	2-14
19. Leitertafel zur Ermittlung des Druckverlustes an Normdrosseln	2-15
20. Leitertafel zur Ermittlung des Öffnungsverhältnisses	2-16
21. Absolute und relative Feuchte	2-18
22. Relative Feuchte (Diagramm Temperatur/psychrometrische Differenz)	2-20
23. Psychrometertafel (Psychrometerdiff. in K/Lufttemperatur in °C)	2-22
24. Günstige Luftbedingungen für Arbeitsräume	2-23
25. Begriffe der elektrometrischen Meßtechnik	2-24
26. pH-Werte verschiedener Stoffe	2-26
27. Temperaturbereiche gebräuchlicher Temperaturmeßgeräte	2-27
28. Flüssigkeits-Glasthermometer, zul. Fehlergrenzen	2-28
29. Dampfdruck-Federthermometer, Temperatur-Meßbereiche	2-28
30. Widerstandsthermometer, Temperatur-Meßbereiche	2-28
31. Ni- und Pt-Meßwiderstände, Richtwerte	2-29
32. Thermopaare, Werkstoffeigenschaften	2-29
33. Thermospannungen der wichtigsten Thermoelemente	2-30
34. Berührungsthermometer, Anwendung von Außenschutzrohren	2-31
35. Eigenschaften der Schutzrohrwerkstoffe	2-32
36. Beständigkeit der Schutzrohrwerkstoffe	2-36
37. Ausführungsformen elektrischer Berührungsthermometer	2-38
38. Teilstrahlungsvermögen von Körpern mit frei strahlender Oberfläche	2-39
39. Eigenschaften der Meßflüssigkeiten für Druckmesser	2-40
40. Schutzflüssigkeiten für Meßgeräte	2-41
41. Temperatur-Fixpunkte zum Eichen von Temperaturmeßgeräten	2-41

3. RT. Regelungstechnik

1. Aufgabe und Bedeutung der Regelungtechnik 3-1
   - a) Regeln, Regelung 3-1
   - b) Regelkreis 3-2
   - c) Regelstrecken 3-3
   - d) Regeleinrichtungen 3-4
   - f) I-Regeleinrichtungen 3-5
   - g) PI-Regeleinrichtungen 3-5
   - h) Regeleinrichtungen mit D-Einfluß 3-6
2. Regelgrößen in verschiedenen technischen Gebieten 3-9
3. Regelkreisglieder, Aufgabe und Bedeutung 3-10
4. Regeltechnische Kenngrößen und Symbole 3-12
5. Regelstrecke, Begriffe 3-13
6. Regelstrecke, Kenngrößen und Symbole 3-14
7. Regler, Begriffe 3-15
8. Regler, Kenngrößen und Symbole 3-16
9. Regelkreise, Begriffe 3-17
10. Regelkreise, Kenngrößen und Symbole 3-18
11. P-Regler, Begriffe und Kenngrößen 3-19
12. I-Regler, Begriffe und Kenngrößen 3-20
13. PI- und PID-Regler, Begriffe und Kenngrößen 3-21
14. Regelkreise stetiger Regler, Begriffe und Kenngrößen 3-22
15. Regler mit veränderlichem Sollwert, Begriffe 3-23
16. Reglertypen, Übersicht 3-24
17. Reglertypen, Eignung für best. Regelgrößen 3-25
18. Reglertypen, Eignung für best. Regelstrecken 3-26
19. Reglertypen, Eigenschaften und Kenngrößen 3-28
20. Reglertypen, Vor- und Nachteile 3-29
21. Regelstrecken, Kennwerte 3-30
22. Grundelemente von Regelkreisen und Steuerketten 3-31
23. Zeitverhalten stetiger Regler 3-32
24. Übergangsverhalten stetiger linearer Glieder 3-33
25. Funktionen stetiger Regler 3-34
26. Optimale Reglereinstellung 3-37
27. Typische Frequenzgänge bei Regelstrecken 3-38
28. Statische Kennlinien nichtlinear wirkender Regelglieder 3-40
29. Beschreibungsfunktionen einiger Nichtlinearitäten im Regelkreis .. 3-42
30. Phasenzustandsdiagramme bei Stabilität 3-43
31. Phasenzustandsdiagramme bei Instabilität 3-44

4. ST. Steuerungstechnik

1. Anwendungsbereiche 4-1
2. Steuerungssysteme mit Stell- und Verstärkergliedern 4-2
3. Steuerungsarten 4-3

4. Stellglieder und -organe für Massen- und Energieströme 4- 5
5. Stellantriebe und -motoren 4- 8
6. Logische Verknüpfungsglieder unstetiger Steuerungen 4- 10
7. Vor- und Nachteile elektr. Bauelemente
   mit Kontakten / ohne Kontakte 4- 12
8. Gegenüberstellung eines elektrischen und
   pneumatischen Regel- und Steuersystems 4- 13
9. Blockschaltbilder pneumatischer Verknüpfungsglieder 4- 14
10. Übergangsmöglichkeiten zwischen binären und stetigen Signalen 4- 16

5. FW. Fernwirktechnik

1. Fernwirktechnik, Begriffe und Verfahren 5- 1
2. Meßwertverarbeitung, Begriffe und Verfahren 5- 2
3. Meßwert – Fernübertragung, Begriffe und Verfahren 5- 2
4. Fernwirktechnik, Anwendungsbereiche 5- 3
5. Geräte der Fernwirkanlagen je nach Aufgabenstellung 5- 4
6. Verfahren zum Umformen von Meßgrößen in Signale 5- 5
7. Ein- und Ausgangsgrößen verschiedener Meßwertgeber 5- 6
8. Fernübertragungssysteme für Fernmessung 5- 8
9. Meßverstärker, Arten und Eigenschaften 5- 10
10. Schwingungskreisverstärker, Kenndaten 5- 12
11. Lichtelektrische Verstärker, Kenndaten 5- 13
12. Magnetverstärker, Kenndaten 5- 14
13. Zerhackerverstärker, Kenndaten 5- 14
14. Prinzipschaltung der Tonfrequenz-Fernsteuerung 5- 16

6. DV. Datenverarbeitung

1. Einsatzgebiete elektronischer Rechenanlagen 6- 1
2. Merkmale 6- 1
3. Speichergeräte 6- 2
4. Ein- und Ausgabegeräte 6- 3
5. Schaltalgebra 6- 4
6. Digitale Schaltkreise 6- 5
7. Einrichtungen und Verfahren der
   analogen und digitalen Datenverarbeitung 6- 7
8. Arten der wegabhängigen Programmsteuerungen 6- 8
9. Personal-Computer, Kenndaten 6- 9
10. Grundoperationen des Lochkartenverfahrens 6- 10
11. Funktionsgeschwindigkeit einiger Ein- und Ausgabegeräte 6- 11
12. Blockschema einer programmgesteuerten Rechenmaschine 6- 12
13. Begriffe der EDV 6- 14
14. Sinnbilder für Datenflußpläne 6- 18
15. Sinnbilder für Programmabläufe 6- 19
16. Magnetbänder (7-Spur/9-Spur) als Datenträger 6- 20

17. Binärverschlüsselte Dezimalsysteme 6-21
18. Befehle eines elektronischen Digitalrechners 6-22

7. DS. Digitale Steuerungen

1. Digitale Elemente und Logik 7-1
2. Grundglieder und Grundfunktionen:
   Verknüpfungsschaltungen für Steuerungen in der
   Pneumatik, Hydraulik, Elektrik 7-2
3. Digitale Steuerungstechnik für Steuerungen in der
   Mechanik, Pneumatik, Hydraulik, Elektrik, Elektronik 7-8
4. Analyse von Digitalschaltungen 7-10

8. IS. Integrierte Schaltungen

1. Schaltungsarten 8-1
2. Digitale Schaltglieder, Eigenschaften/Merkmale 8-2
3. Ausführung der Schaltglieder 8-3

9. STS. Steuerungssysteme

1. Steuerungssysteme in der Fertigungs- und
   Produktionstechnik 9-1
1.1 Bedeutung der Steuerungstechnik 9-1
1.2 Aufgaben der Steuerungstechnik 9-4
2. Steuerungssystem und ihre Unterscheidungsmerkmale 9-8
2.1 Allgemeine Einteilung 9-8
2.2 Grundsteuerungen 9-11
2.3 Haltglied-Steuerung (Konstanthaltungs-Steuerung) 9-14
2.4 Führungssteuerung (Folgesteuerung) 9-15
2.5 Programm-Steuerung 9-18
2.6 Zentral-Steuerung 9-24
2.7 Numerische Steuerungen (NC, CNC, DNC) 9-25
3. Speicherprogrammierbare Steuerungen (SPS) 9-29

10. NS. Numerische Steuerungen

1. Beschreibungsschlüssel für NC-Werkzeugmaschinen 10-1
2. Symbole für NC-Werkzeugmaschinen 10-1
3. Steuerungsarten der NC-Werkzeugmaschinen 10-6
4. Koordinatenachsen und Bewegungseinrichtungen an NC-Maschinen 10-9
5. Bezugspunkte an Werkzeugmaschinen 10-12
6. Bezugsmaß- und Kettenmaß-Programmierung 10-15

11. BF. Bildzeichen, Formelzeichen

1. Bildzeichen für Messen, Steuern, Regeln 11-1

2. Größen, Formeln und Formelzeichen,
   Einheiten für Steuerungs- und Regeltechnik 11-3

12. Anhang

Literaturverzeichnis 12-1

DIN-Blatt-Verzeichnis 12-2

Sachwortverzeichnis 12-3

| Gruppen-Nr. 8.5.3 | **Betriebs-Meßtechnik** | Abschn./Tab. BM/1 |

1. Aufgabe und Grundbegriffe der Betriebs-Meßtechnik

Begriff	Definition, Erläuterung

1. Prüfen	a) Ist das Feststellen von Eigenschaften durch Vergleich (z.B. Abhören, Abtasten, Sichtprüfen);
	b) ist Feststellung, ob vorgegebene, geforderte Eigenschaften vorhanden sind (keine Bindung an Zahlenwerte);
	c) ist Voraussetzung moderner technologischer Prozesse;
	d) dient zur Kontrolle der Arbeitsabläufe, Qualitätsüberwachung und Steuerung sowie zur Steigerung der Arbeitsproduktivität;
	e) ist zu unterscheiden in:
	  I. nichtmäßliches Prüfen, z.B. Abhören, Abtasten, Geruchprüfen, Sichtprüfen;
	  II. mäßliches Prüfen, z.B. Messen und Lehren;

2. Messen	a) ist dem Prüfen untergeordnet und ein Bestandteil des Prüfens;
	b) ist Vergleichen der unbekannten Meßgröße mit einer gleichartigen bekannten Größe, die als Einheit dient;
	c) ist Feststellen, wie oft die Maßeinheit in der gemessenen Größe (Meßgröße) enthalten ist; diese Zahl heißt Meßzahl (Zahlenwert);
	d) erfaßt quantitativ und qualitativ Naturvorgänge (Druck-, Temperaturmessung) oder technische Prozesse (Durchfluß-, Gasanalysen-, Mengenmessung, Längenmessung);
	e) ist erforderlich für die Betriebsüberwachung bzw. -kontrolle, z.B.
	  I. von Fertigungsvorgängen auf Werkzeugmaschinen (Längen, Breiten, Durchmesser, Abstand, Glätte);
	  II. von Betriebsanlagen, wie Dampfkessel, Turbinen, Kraftanlagen (Druck, Temperatur usw.);
	  III. von Anlagen für chemische Großprozesse (Druck, Temperatur, Durchfluß, Füllstand usw.);

a) Unmittelbares Messen	Ermittlung der Meßgröße durch Vergleich mit einer Maßverkörperung; Meßwert = abgelesener Zahlenwert mal Einheit der Meßgröße. Nur für Längen, Massen und Zeiten möglich.
b) Mittelbares Messen	ist für alle anderen Größen geeignet, die z.B. nur durch eine von Temperatur oder Druck bzw. Strömung hervorgerufene Wirkung meßbar sind. Beispiel: Messung der Ausdehnung einer Quecksilbersäule unter Einfluß einer Temperaturänderung.
3. Meßgröße	a) ist die zu messende physikalische Größe, z.B. Länge, Zeit, Kraft, Arbeit, Druck, Temperatur, elektrischer Widerstand, Spannung, Strom;

1-1

Aufgabe und Grundbegriffe der Betriebs-Meßtechnik

Begriff	Definition, Erläuterung
	b) bestimmt das Meßprinzip und die Wirkungsweise des Meßgeräts bzw. der Meßeinrichtung; sie sind demnach zu unterscheiden in Druck-, Mengen-, Temperatur-, Durchfluß-, Analysenmeßgeräten;
4. Meßobjekt, -gegenstand	heißt ein Körper, wenn die Meßgröße eine meßbare Eigenschaft dieses Körpers ist (Probe, Prüfling).
5. Anzeige der Meßgröße	a) ist der Stand des Zeigers auf der Skale, des Schreibers (auf dem Papierstreifen) oder der Flüssigkeitssäule (im Thermo- bzw. Manometer); b) kann als Zahlenwert (Meßwert) angegeben werden – sie hat nur die Dimension einer Länge (z.B. Quecksilbersäule); c) kann, je nach der Beschriftung, in Einheiten der Meßgröße, in Skalenteilen, in Längeneinheiten oder in Ziffernschritten angegeben werden;
a) Analog-Anzeige	I. Anzeige durch Zeiger und Skale (die verbreiteste Anzeigeform, da geringer Geräteaufwand) – entspricht der technischen Darstellung; II. stellt die Lage des Meßwertes innerhalb eines Meßbereiches ununterbrochen sinnfällig dar – bestimmte Skalenwerte (Sollwerte) oder -bereiche (Arbeits-, Soll-, Gefahrenbereiche) können hervorgehoben oder markiert werden. Nachteil: Ablesegenauigkeit ist nicht gleich Meßgenauigkeit.
b) Digital-Anzeige (Ziffernanzeige)	I. entspricht der wirtschaftlichen Darstellung – sie liefert keine Beziehung zum Meßbereich; II. ergibt einen Meßwert, der durch Zählung festgestellt wird (reine Rechenoperation); das Meßgerät speichert die einzelnen Informationen und liefert also das Meßergebnis (Zählergebnis) fehlerfrei, da Ablesegenauigkeit = Meßgenauigkeit minus hohe Abfrage- und Zählgeschwindigkeit.
6. Meßwert (Mw)	a) ist das Ergebnis der Messung, also der gemessene Wert einer Meßgröße; b) wird vom Meßgerät angezeigt oder geschrieben und kann durch die Strecke vom Nullpunkt der Skale bis zur Anzeige dargestellt werden; c) ist das Produkt aus Meßzahl (Zahlenwert) und Einheit der Meßgröße (Maßeinheit). Meßwert (Mw) = Meßzahl (Mz) x Einheit (E) $50\,N/mm^2$ 50 N/mm^2

Aufgabe und Grundbegriffe der Betriebs-Meßtechnik

Begriff	Definition, Erläuterung
7. Meßergebnis, -resultat (Mr)	a) kann direkt durch den Meßwert (Mw) dargestellt werden (Mw entspricht Mr); b) kann indirekt erst aus einem Meßwert oder mehreren nach einer mathematischen Beziehung ermittelt werden – Rechenwert (Rw). Rechenwert (aus einer Reihe von einzelnen Meßwerten ermittelt) ist nicht unbedingt gleich dem Meßwert.
8. Maßzahl (Mz)	wird allgemein vom Meßgerät angezeigt: a) durch Hinweis eines Zeigers (einer Marke) auf eine Stelle einer bezifferten Strichskale (Analog-Anzeige); b) durch Erscheinen oder Aufleuchten von Ziffern (Digital-, Ziffern-Anzeige).
9. Einheit (E)	wird durch Kurzzeichen (Buchstaben) nach DIN 1301 gekennzeichnet (z.B. K, g, m, Hz, N, m^3/min). Unter Verwendung von Vorsatz-Buchstaben können Vielfache und Teile gebildet werden (z.B. μm, mm, cm, km, kHz, N, kN, km/h).
10. Meßumformer (Transmitter)	ist ein vorgeschaltetes Gerät (oder Fühler), das die physikalische oder chemische Größe in eine elektrische, einen Strom oder eine Spannung, umwandelt, z.B. wenn elektrische Meßgeräte zur Anzeige von nichtelektrischen Größen (Dehnung, Druck, Temperatur, Menge, pH-Wert, Gasanalyse) verwendet werden.
11. Umsetzer	ermöglicht die Umwandlung digitaler Meßwerte in analoge und umgekehrt.
12. Meßprinzip a) Ausschlag-, Zeigerprinzip (Analoge Anzeige)	Arbeitsverfahren nach dem ein Meßgerät arbeitet: Ausschlag eines Zeigers (Gegenstand bzw. Lichtstrahl) gegen eine Skale; dazu gehören auch die schreibenden bzw. registrierenden Geräte sowie die Oszillographen.

(Manometer)
1 Wellrohr;   2 Zeiger;
3 Feder;   4 Druckleitung;

1-3

| Gruppen-Nr. 8.5.3 | Betriebs-Meßtechnik | Abschn./Tab. BM/1 |

Aufgabe und Grundbegriffe der Betriebs-Meßtechnik

Begriff	Definition, Erläuterung
b) Ausgleich- bzw. Kompensationsprinzip	oft mit schreibenden Geräten kombiniert (selbstabgleichende Brücken- und Kompensationsschreiber) (Manometer) 1 Druckleitung; 2 Wellrohr; 3 Zeiger; 4 Feder; 5 Meßschraube;

c) Zählprinzip (Digitale Anzeige)	Auch druckende Meßgeräte gehören hierzu (als Ziffer oder als Loch in Karten bzw. Streifen).
	Mechanische Anzeige durch
	  I. Ziffernscheiben (gültige Ziffer an einem Fenster sichtbar);
	  II. Ziffernrollen (Bild 1), z.B.
	    Elektrizitäts-, Gas- und Flüssigkeitszähler (in kWh, m^3/h, km/h),
	    Geschwindigkeitszähler, Tachometer (in m/s, km/h).
	Elektrische Anzeige durch
	  I. Ziffernanzeigeröhren: Glimmlampen (Bild 2 a);
	  II. Großsichtanzeige (7 Striche oder kleines Lämpchen bildet eine Ziffer). 7-Segment-System aus Leuchtdioden aufgebaut (Bild 2 b),

① Zählrolle

② a b

| Gruppen-Nr. 8.5.3 | Betriebs-Meßtechnik | Abschn./Tab. BM/1 |

Aufgabe und Grundbegriffe der Betriebs-Meßtechnik

Begriff	Definition, Erläuterung
	III. Ziffernreihen: Ziffer 0 bis 9 durch Glimmlampe beleuchtet (Bild 3);
	IV. Projektoren (mit Linsensystemen), V. Mehrschichtplatten (10 Schichten), VI. Elektronische Zählgeräte (auch mit Zählröhren; Bild 4).
	Bei digitaler Meßwertwiedergabe sind Speichern, Drucken und Weiterverarbeiten der Meßwerte mit Hilfe von Rechenanlagen möglich (s.a. „Umsetzer"). Siehe auch Abschnitt „Datenverarbeitung" (DV).
13. Wirkungsweise	Nach der Art der Energie bzw. der Kraftübertragung können die Meßgeräte nach ihrer Arbeitsweise wie folgt unterschieden werden: a) Mechanische Meßgeräte, b) optische Meßgeräte, c) elektrische Meßgeräte, d) pneumatische Meßgeräte, e) hydraulische Meßgeräte, f) mechanisch-optische Meßgeräte, g) pneumatisch-elektrische Meßgeräte, h) hydraulisch-elektrische Meßgeräte
14. Meßsystem	a) verarbeitet die zur Meßeigenschaft erklärte Umwandlungseigenschaft. b) kann nach Gewinnung der Meßwerte unterschieden werden in: mechanisches, elektronisches, elektrisches Meßsystem usw.

Gruppen-Nr. 8.5.3	**Betriebs-Meßtechnik**	Abschn./Tab. BM/1

Aufgabe und Grundbegriffe der Betriebs-Meßtechnik

Begriff	Definition, Erläuterung
	c) Als Beispiel von mechanischen Meßsystemen können folgende genannt werden: Membran (z.B. Manometer), Röhrenfeder (z.B. Manometer), Tauchglocke (z.B. Unterdruckmesser), Ringwaage (z.B. Unterdruckmesser), Schwimmer (z.B. Wasserstandsmesser), federbelasteter Kolben (z.B. Indikator), Fliehpendel (z.B. Tachometer). d) Als Beispiel von elektrischen Meßsystemen können folgende genannt werden: Drehspule (z.B. Gleichstrommesser), Kreuzspule (z.B. Gleichstrommesser), Weicheisen mit Stromspule (z.B. Gleich- und Wechselstrommesser), Elektrodynamisches Spulensystem (z.B. Strom-, Spannungs- und Leistungsmesser), Kondensatorprinzip (Elektrostatisches Meßgerät), Hitzdrahtprinzip (Widerstandsänderung durch Wärmedehnung), Oszillographen (Schleifen- und Katodenstrahl-Oszillographen).
15. Gebe-, Impulssystem	ist der Teil der Apparatur, der sich mit der zu messenden Ur-Eigenschaft und den anschließenden Umwandlungseigenschaften befaßt.
16. Anzeigesystem	verarbeitet die anschließenden zur Meßeigenschaft erklärten Umwandlungseigenschaften bis zur Schlußeigenschaft. Zu den Anzeigesystemen gehören stets die Schreibsysteme, Fernübertragungs- bzw. Fernwirksysteme, mathematischen Umwandlungssysteme.
17. Verstellkraft	a) bringt den Zeiger in die Nullstellung und wird hierbei selbst zu Null. b) ist gleich innere Richtkraft minus äußere Richtkraft.
a) Innere Richtkraft	ist diejenige Kraft, die von der zu messenden Größe auf das Zeigersystem ausgeübt wird;
b) Äußere Richtkraft	ist die der Zeigerbewegung entgegenwirkende Kraft, z.B. Schwerkraft, Federkraft, Gewicht (außer bei optischen und bestimmten Elektrogeräten).
18. Umkehrspanne	a) ist Differenz zwischen zwei ermittelten Meßwerten; b) schwankt unter dem Einfluß verschiedener Bedingungen (innere Reibung, Temperaturträgheit usw.);

Aufgabe und Grundbegriffe der Betriebs-Meßtechnik

Begriff	Definition, Erläuterung
	c) ist mit eine Ausdruck für die Güte eines Meßgerätes (sie soll deshalb möglichst klein sein); meist wird ein Grenzwert angegeben.
19. Anlaufwert	ist der Wert der Belastung, bei dem das Meßgerät zu zählen beginnt (meist Grenzwert angegeben).
20. Empfindlichkeit (E)	a) ist das Verhältnis der Verschiebung (Δ L) der Marke (also des anzeigenden Organs des Meßgerätes) zu der sie verursachenden Änderung (Δ M) der Meßgröße; b) ergibt bei ihrer Erhöhung eine Verbesserung der Ablesegenauigkeit, aber keine der Güte.
21. Meßfehler (f) (absoluter Meßfehler)	ist Istanzeige minus Sollanzeige (f = J − S). Falschwert richtiger Wert Fehler eines Meßwertes kann negativ oder positiv sein.
a) Systematische Fehler (beherrschbar)	a) bewirken Meßungenauigkeit; b) sind Fehler, die durch herstellungsbedingte Abweichungen an den Geräten (also am System) auftreten, z.B. Gerätefehler (z.B. Einbau-, Temperaturfehler), Fehler des Normals (Ungenauigkeit der Skale), Meßkraftfehler, Reibung, Alterserscheinungen (Ermüdungserscheinungen).
b) Zufällige Fehler (unbeherrschbar)	a) bewirken Meßunsicherheit; b) entstehen aus nichterfaßbaren Schwankungen der Umwelteinflüsse und der persönlichen Auffassung des Beobachters (unsystematische Fehler).
22. Relative Fehler (fr)	ist der auf den als richtig geltenden Wert bezogene Fehler eines Meßwertes. $$fr = \frac{falsch - richtig}{richtig} = \frac{Ist - Soll}{Soll} = \frac{J - S}{S}$$ (meist als Prozentzahl angegeben)
23. Toleranz	a) ist als Gesamttoleranz (t) der Betrag, um den das Meßergebnis vom wahren Wert infolge Meßfehler (systematische und unsystematische) abweichen kann. b) ergibt sich aus den Einzeltoleranzen t_1, t_2, t_3 usw. der einzelnen Organe der Meßgeräte nach dem Gesetz $$t = \sqrt{t_1^2 + t_2^2 + \ldots}$$

Aufgabe und Grundbegriffe der Betriebs-Meßtechnik

Begriff	Definition, Erläuterung
24. Dämpfung	c) können ausgedrückt werden in: 1. Einheiten der gemessenen Größe 2. Hundertteilen vom Sollwert, 3. Hundertteilen vom Skalenendwert des Anzeigegeräts, 4. Hundertteilen vom Umfang des Anzeigebereichs. a) des Zeigerwerkes ist erforderlich (z.B. mit Hilfe von Öl- und Luftbremsen bzw. Wirbelstrombremsen), da es durch die Verstellkraft beschleunigt wird und somit in Schwingungen gerät. b) kann unterschieden werden in: 1. Molekulare Dämpfung (s.u. Punkt a), 2. periodische Dämpfung (günstig, wenn starke Reibung vorhanden ist; Zeiger kommt schneller an den Sollwert heran), 3. einfache periodische Dämpfung (günstig mit hoher Schwingungszahl, da hohe Verstellkraft, kleine Massen), 4. aperiodische Dämpfung (bei geringer Reibung geeigneter, weil der Sollwert schneller erreicht wird). Dynamisches Verhalten (Dämpfung) der Meßgeräte bei a) plötzlicher und b) langsamer Änderung

| Gruppen-Nr. 8.5.3 | Betriebs-Meßtechnik | Abschn./Tab. BM/1 |

Aufgabe und Grundbegriffe der Betriebs-Meßtechnik

Begriff	Definition, Erläuterung
25. Anzeigeträgheit, -verzögerung	a) kann verursacht werden durch den Meßfühler oder durch das Anzeigegerät (z.B. Dämpfung); b) hat als charakteristische Größe die Halbwertzeit H, d.h. die Zeit, die vergeht, bis das Anzeigeorgan den halben Wert einer plötzlich erfolgten Meßwertänderung anzeigt.

26. Genauigkeitsklassen	wird bei elektrischen Meßgeräten als Anzeigefehler in Prozenten des Meßbereichendwertes angegeben, (Klasse 0,2 bedeutet Anzeigefehler von ± 0,2%).
	     Labormeßgeräte: Klasse 0,05
	     Feinmeßgeräte: Klasse 0,1; 0,2; 0,5
	     Betriebsmeßgeräte: Klasse 1; 1,5; 2,5; 5

27. Fernmessung (Fernmeßtechnik)	ist eine Fernübertragung der Meßwerte und kann unterschieden werden in: a) direkte Fernmessung (z.B. Fernmessung von Spannung, Strom, Leistung und Leistungsfaktor); b) indirekte Fernmessung (z.B. Fernmessung von Druck, Stromgeschwind., Durchfluß, Füllstand, Pegelstand, Winkelstellung von Ventilen, Schiebern, Turbinenschaufeln, Propellerblättern usw.). kann nach dem Übertragungsverfahren weiterhin unterschieden werden nach folgenden Arbeitsprinzipien: a) kontinuierliche Übertragungsverfahren ohne oder mit Hilfsenergie (Gleich- bzw. Wechselstrom); b) Impulsübertragungsverfahren, unmittelbar: Gleichstromimpulse mittels Trägerfrequenz (Wechselstromimpulse); c) Drahtlose Übertragungsverfahren (UKW-Richtfunkverbindung)
28. Fernmeßeinrichtungen	enthalten grundsätzlich folgende Baueinheiten: a) Meßwertgeber, b) Umwandler, Transmitter bzw. Modulator, c) Übertragungskanal, d) Umsetzer bzw. Demodulator, e) Anzeige- bzw. Registriergerät.
29. Fernwirktechnik	ist die Technik der Übertragung und damit der verketteten Verarbeitung systemgebundener, also nicht willkürlich änderbarer technischer Informationen: a) zwischen technischen Einrichtungen untereinander; b) von Mensch zu technischen Einrichtungen und umgekehrt.
30. Fernwirkanlagen	a) bestehen aus Einrichtungen zur Informations-Eingabe (digitale u. analoge Information), Informations-Übertragung (Gleichstrom-, Ton-, Träger- od.

1-9

| Gruppen-Nr. 8.5.3 | **Betriebs-Meßtechnik** | Abschn./Tab. **BM/1** |

Aufgabe und Grundbegriffe der Betriebs-Meßtechnik

Begriff	Definition, Erläuterung
	Hochfrequenz-Übertragung) Informations-Verarbeitungsgeräte. b) enthalten Einrichtungen für folgende Funktionen: 1. Fernmelden, Fernüberwachen, Fernzählen; 2. Fernmessen; 3. Fernsteuern, Fernlenken; 4. Fernregulieren.
31. Regelung (Regelungstechnik)	a) geht über das Messen hinaus, hat aber die Meßtechnik als Voraussetzung. – aus Erkennen wird Eingreifen aus Wissen wird Handeln! b) besteht aus notwendigen Eingriffen auf Grund fortlaufender Messung der fraglichen Größe (Regelgröße) c) wird durch eine Reihe von Elementen verwirklicht, die einander in einer bestimmten Richtung derart beeinflussen, daß ein geschlossener Kreis, der Regelkreis, mit Regelstrecke und Regler entsteht. (s. Bilder in Tabelle RT/1)
32. Regler	a) kann nur das regeln, was das Meßglied mißt; b) kann höchstens nur so genau geregelt werden, wie das Meßglied am Ausgang (Meßort) den Istwert der Regelgröke (x) mißt; Istwert wird mit dem vorgegebenen Sollwert (x_k) der Regelgröße verglichen – der Differenz beider ($x_w = x - x_k$) ergibt die vorhandene Regelabweichung, die von der vom Regler gelieferte Stellgröße (y) entgegengewirkt werden muß (korrigierender Eingriff durch das Stellglied)
33. Steuern Steuerung (Steuerungstechnik)	a) geht ebenfalls über das Messen hinaus, hat aber auch die Meßtechnik als wichtige Voraussetzung; b) besteht aus notwendigen Eingriffen auf Grund von Wirkungen, die aber von der Regelgröße unabhängig sind; c) erfolgt als offener Wirkungsablauf in einer Richtung, wobei die in einer Reihe angeordneten Elemente in ihrer Wirkungsverknüpfung eine Steuerkette (Steuereinrichtung, Stellglied und Steuerstrecke) bilden (s. Bilder ST/4, 5). d) wird in der Praxis oft mit Regelung kombiniert, indem z.B. ein Regelkreis in eine Steuerkette eingeschaltet ist (s. Bilder ST/2 – 5).
34. Automatisierung (Automatisierungstechnik)	a) von Produktionsprozessen, setzt dessen Mechanisierung voraus (Bereitstellung von Maschinen und Vorrichtungen zur Arbeitserleichterung); b) bedingt die Zusammenfassung und Anwendung der Meßtechnik, der Steuerungs- und Regelungstechnik.

2. Verfahren und Prinzip der Kraftmessung

Verfahren/Meßgerät	Prinzip (s.a. Bilder)	Anwendung
1. Mechan. Kraftmeßgeräte a) Waage	Hebel mit stehenden, hängenden oder verschiebbaren Gewichten	Für einfache Kraftermittlung
b) Zugdynamometer I. Schraubenfedern II. Blattfedern	Die bei Zugbelastung auftretenden Verlängerungen werden über Zahnstange und Zahnrad auf einen Zeiger übertragen	Messung von Zugkräften oder Gewichten, z.B. bei Kranhakenwaagen
c) Kraftmeßbügel	Durch die Krafteinwirkung wird der Stahlbügel eine elastische Verformung erfahren, die durch einen Hebel vergrößert auf dem Fühlstift (des Meßzeigers h) übertragen wird.	Nur örtliche Ablesung möglich; zur Messung großer Zug- und Druckkräfte
d) Indikator I. Normaler Indikator (mit Schraubenfedern) II. Indikator für hohe Drehzahlen (Stabfederindikator)	In einem mit dem Maschinenzylinder verbundenen Meßzylinder bewegt der Dampf oder das Gas einen kleinen durch Schrauben- oder Stabfedern (4) belasteten Kolben (3) mit Schreibstift (2), der die Meßgröße (Druck-/Kraftverlauf) auf der vom Kolben bewegten Schreibtrommel (1) aufzeichnet (Indikatordiagramm III).	Zum Messen veränderlicher Kräfte und Drücke. Für Wechselkräfte bis 600/min (bei Stabfeder bis 2500/min). (Druckverlauf) in den Zylindern v. Dampf-, Verbrennungsmaschinen u.a. Kolbenmaschinen
2. Hydraul. Kraftmeßdosen	Die Kraft wird vom Druckkolben (1), der oben mit einer Kugelkalotte (2) und unten mit einem Membran (7) versehen ist, auf das Drucköl (6) im Zylinder übertragen; die Meßgröße wird vom Meßgerät (z.B. Manometer, 5) angezeigt. 3 und 4 Blattfeder.	Zum Messen größerer statischer und quasistatischer Kräfte (z.B. bis 200 kN)
3. Elektr. Kraftmeßdosen a) Dehnstreifen-Meßdosen	Meßzylinder mit mehreren Dehnmeßstreifen (Konstantan-Widerstandsdraht), die sich bei Belastung entweder dehnen oder stauchen; dadurch erfolgt eine Widerstandsänderung, die mit Hilfe einer Wheatstone-Brücke gemessen wird.	Widerstandsänderung zwischen 120 und 600 Ohm. Zur Schnittkraftmessung, Kraftmessung in Kolben-Kraftmaschinen
b) Kohlensäulen-Meßdosen	Zwei oder mehrere durch eine Schraube (4) vorgespannte Kohlensäulen (1,2), bestehend aus bis 100 Kohleplättchen, ändern bei Belastung (über einem Hebel 3) ihren Widerstand. Die Widerstandsänderung wird gemessen: I. mit Hilfe einer Differenzschaltung; (3 Anzeigegerät; 4, 5 Spannungsquelle)	Für Kraftmessungen zwischen 1kN und 10 MN (Druck 1...600 bar), z.B. in Kolben-Kraftmaschinen. Ausgleich der Temperaturschwankung durch Thermistoren (NTC-Widerstände)

| Gruppen-Nr. 8.5.3 | Betriebs-Meßtechnik | Abschn./Tab. BM/2 |

Verfahren und Prinzip der Kraftmessung

Verfahren/Meßgerät	Prinzip (s.a. Bilder)	Anwendung
	II. mit einer Brückenschaltung. (3 Meßgerät; 4, 7 Brückenwiderstand; 5 Abgleichwid.; 6 Spannungsquelle)	
c) Keramikmeßdosen, Halbleiter-Meßdosen	Auf die Metallfläche eines zylindrischen Porzellankörpers (1) ist nur wenige μm dicke Schicht eines Halbleiters aufgedampft (3). Widerstandsänderung der Halbleiterschicht bei elastischer Formänderung des Körpers durch Belastung (Druck). Meßbrückenschaltung (4)	Rel. Widerstandsänderung ist 10 bis 20mal so groß wie bei Dehnmeßstreifen 2 Kontaktringe aus Silber
d) Magnetoelastische Meßdosen	Permeabilität (also magn. Widerstand) von FeNi-Legier. (Geber b) ändert sich stark mit der Belastung (Zug/Druck). Dadurch ändert sich der induktive Widerstand einer Stromspule (7), die einen Zweig der Brückenschaltung (n. Wheatstone) bildet; Spannungsquelle mit Gleichrichter (3,5), Potentimeter (4), Drossel (1)	Für Kraftmessungen zw. 1 kN bis 100 MN Z.B. Bunkerstands-Anzeige: zw. Traghalterung des Bunkers und den Lagern sind Meßdosen eingebaut
e) Induktive Meßdosen (elektromagnetisch)	Bei einer Drosselspule mit veränderlichem Luftspalt ist der Wechselstromwid. (Induktivitätsänderung) von der Spaltgröße abhängig. Meist 2 Drosselspulen in einer Brückenschaltung angeordnet. Als Meßwertgeber eines induktiven Wandlers werden auch belastbare runde Deckplatten mit Differentialtrafo benutzt; bei Belastung bewegt sich der Eisenkern im Spulensystem des Transformators (Induktivitätsänd.)	Für Kraft- und Schnittkraftmessungen; auch für Bunker-, Behälterlagerung zur Gewichtsbestimmung
f) Kapazitive Meßdosen	Kapazität eines Kondensators (Zylinderkond.: Stauchzyl. 3 und Metallring 4) nimmt mit kleiner werdendem Plattenabstand zu. Bei Druckbelastung tritt Kapazitätsänderung ein (C wird größer), weil Abstand a geringer wird, die in einer Meßbrücke mit Hilfe eines Regelkond. (2) und Nullgerät (1) gemessen werden kann.	Für Kraft- und Schnittkraftmessungen; zum automatischen Wägen von Gütern (Bunker, Eisenbahnwagen); zum Messen d. Belastung von Fundamenten, Talsperren, Bodendruck usw.
g) Piezoelektrische Meßdosen	Bei Belastung (Zug/Druck) eines Piezokristalles (Bariumtitanit) treten zu der elektr. Achse senkrechte elektr. Ladungen auf. Messung der Spannung nach ihrer Verstärkung durch Oszillographen (mit Schreibeinricht. 1 zum	Besonders zum Messen hoher und schnell wechselnder Belastungen (z.B. Kolbenmaschinen, Verbrennungsmotoren.) Für Kräfte bis 500 kN

1-12

| Gruppen-Nr. 8.5.3 | Betriebs-Meßtechnik | Abschn./Tab. BM/2 |

Verfahren und Prinzip der Kraftmessung

Verfahren/Meßgerät	Prinzip (s.a. Bilder)	Anwendung
	Oszill., 2 Membranen, 3 Meßquarz, 4 Isolierkörper. Piezoelektr. Indiziereinrichtung (Bild 3g II): 1 Druckmeßelement, 2 Verstärker, 3 Kurbelwelle, 4 Kurbelwellenüberträger, 6 Oszillographenröhre, 7 Fotoapparat.	
h) Akustische Meßdosen	Mittels einer gespannten Stahlsaite (Meßsaite), die alle Dehnungen bei einer Belastung des Testmaterials mitmachen muß, werden Töne erzeugt, deren Höhe (Schwingungszahl) von dem Dehnungsbetrag abhängig ist. Erregung der Saite und Wiedergabe der Töne erfolgen elektrisch; einstellbare Vergleichssaite m. Grundton 250. Anzeige der Töne durch Verwandlung in Zahlen.	Allgemein für Fundament-, Gebirgs- und Bodendruckmessungen, Bodenpressung, Druckmessung von Pressen usw.

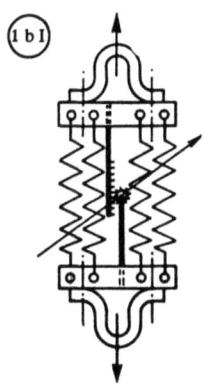

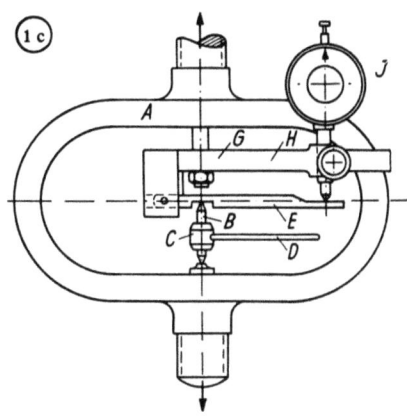

A Bügel
B Übertragungsstelze
C Wärmeschutz
D Griff
E Übersetzungshebel
G Gabelhebel
H Anzeigehalter
J Meßgerät

| Gruppen-Nr. 8.5.3 | **Betriebs-Meßtechnik** | Abschn./Tab. **BM/2** |

Verfahren und Prinzip der Kraftmessung

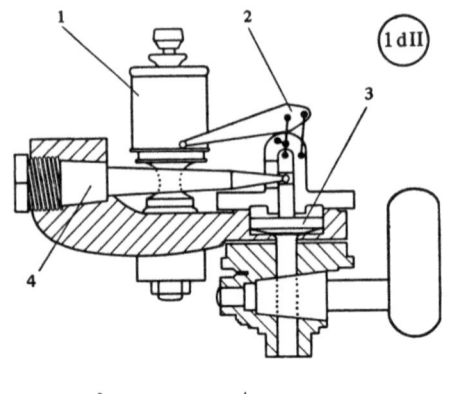
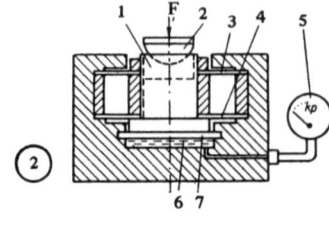
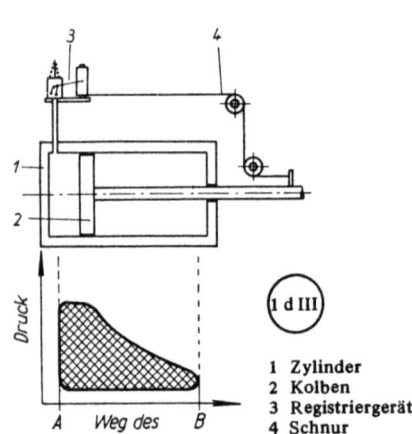

1 Zylinder
2 Kolben
3 Registriergerät
4 Schnur

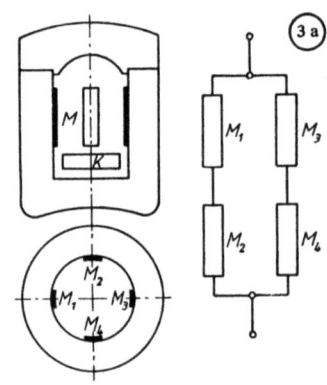
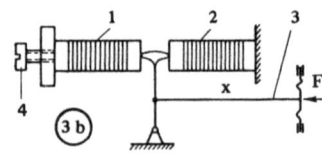
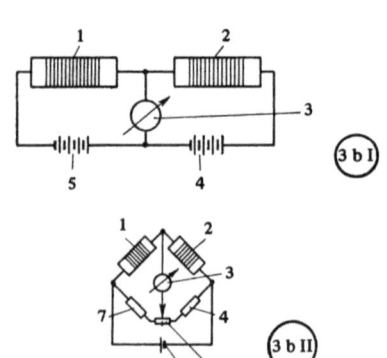
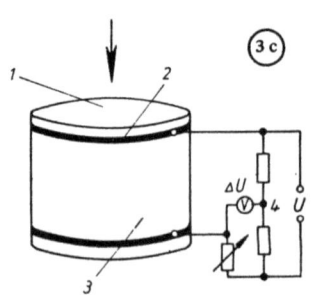

| Gruppen-Nr. 8.5.3 | **Betriebs-Meßtechnik** | Abschn./Tab. **BM/2** |

Verfahren und Prinzip der Kraftmessung

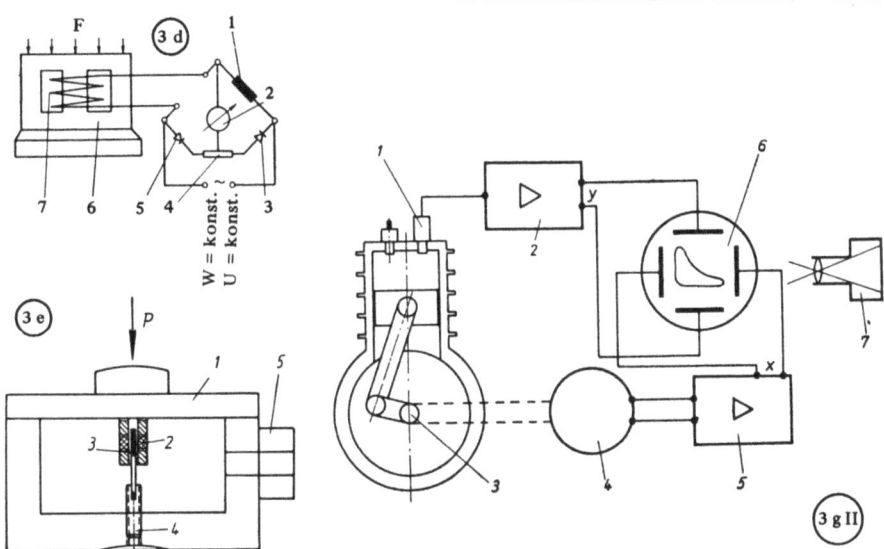

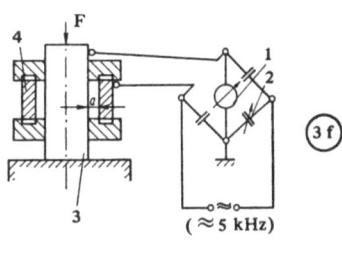

1 Kreisplatte 2 Differentialtrafo
3 Ferritkern   4 Gewindekern für Ausgleich
5 Bohrung für das Zuführungskabel

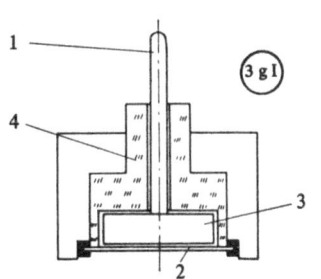

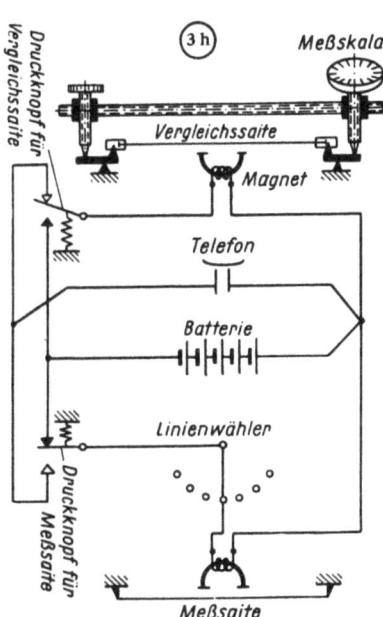

1-15

| Gruppen-Nr. 8.5.3 | **Betriebs-Meßtechnik** | Abschn./Tab. BM/3 |

3. Verfahren und Prinzip der Druckmessung
(Meßgeräte für Druck und Differenzdruck)

Verfahren/Gerät	Prinzip/Gerät (s.a. Bilder)	Meßbereiche, (- genauigkeit)	(1 bar = 100 kPa)
1. Flüssigkeitsdruck- messer (−manometer)	a) U-Rohr-Manometer (Hg)	0,005 ... 1,5 bar	0,5 ... 150 kPa
	b) Gefäßmanometer (Hg)	≤ 1 bar	≤ 100 kPa
	c) Mikromanometer (Wasserminimeter)	bis 0,01 bar	bis 1 kPa
Füllflüssigkeit: Quecksilber Acetylentetrabromid Wasser Öl	d) Schrägrohrmanometer	< 0,01 bar (± 5m bar)	< 1 kPa (± 5 hPa)
	e) Schwimmermanometer Auch mit Magnetschwimmer (Barometer) für Vakuum- messung)	0 bis 2 bar	0 bis 200 kPa
	f) Tauchglockenmanometer: Öl/Wasser Quecksilber (Hg)	0 bis 0,02 bar 0 bis 0,5 bar	0 bis 2 kPa 0 bis 50 kPa
	g) Tauchsichelmanometer	0 bis 0,015 bar	0 bis 1,5 kPa
	h) Ringrohrmanometer (Ringwaage) Vakuum	0,001 bis 0,25 mbar 0,005 bis 0,01 mbar	0,1 bis 25 kPa 0,5 bis 1 kPa
	i) Vakuummanometer (Mc Leod)	0,001 bis 0,01 μ bar	0,0001 bis 0,001 Pa (0,1 bis 1 mPa)
2. Kolbendruckmesser (-manometer)	a) Einfachkolben-Manometer	1 bis 100 bar	0,1 bis 10 MPa
	b) Differentialkolben- Manometer	bis 200 bar	bis 20 MPa
3. Elastische Druckmesser (Federmanometer)	a) Rohrfedermanometer (Bourdonrohr) Vakuum	0 bis 8000 bar 1 bis 100 mbar	0 bis 800 MPa 0,1 bis 10 mPa
	b) Plattenfedermanometer Vakuum	0 bis 25 bar 1 bis 100 mbar	0 bis 2,5 MPa 0,05 bis 10 MPa
	c) Kapselfedermanometer Dosenfedermanometer (Vidie-Dose) Vakuum	0 bis 10 (10000) bar 0,1 bis 100 mbar	0 bis 1 MPa (1000 MPa) 0,1 bis 100 hPa
	d) Wellrohrmanometer (Rohrbalgen-Manometer) Vakuum	0 bis 0,6 (2,5) bar 0,5 bis 100 mbar	0 bis 60 (250) kPa 0,5 bis 100 hPa
	e) Membranmanometer	bis 16 bar	bis 1600 hPa
	f) Balgenfedermanometer Faltenbalgen-, (Barton-Zelle)	allg. bis 5 bar (5 bis 350 bar)	allg. bis 500 kPa (0,5 bis 35 kPa)

| Gruppen-Nr. 8.5.3 | Betriebs-Meßtechnik | Abschn./Tab. BM/3 |

Verfahren und Prinzip der Druckmessung
(Meßgeräte für Druck und Differenzdruck)

Verfahren/Gerät	Prinzip/Gerät(s.a. Bilder)	Meßbereiche, (−genauigkeit)
4. Elektrische Druckmesser (Manometer) mit Kreuzspulgerät oder in Brückenschaltung (Registr. schnell wechselnder Drücke)	a) Widerstandsmanometer (Spule aus Mangandraht im Druckraum)	4000 bis 30 000 bar 400 bis 3 000 MPa
	b) Wärmeleitungsmanometer (elektr. erhitzter Wolframwendel; Wärmeableitung von Gas/Luft ist abhängig vom Druck)	1 bis 1000 μ bar 0,1 bis 100 Pa Hochvakuum
	c) Magnetoelastische Manometer	s.a. Tab. BM/2
	d) Kapazitive Manometer	s.a. Tab. BM/2
	e) Piezoelektrische Manometer	s.a. Tab. BM/2
	f) Ionisationsvakuummeter (Ionisationsfähigkeit verdünnter Gase ist abhängig vom Druck)	Lichtanzeigerinstrument
5. Kraftmeßdosen		s. Tab. BM/2

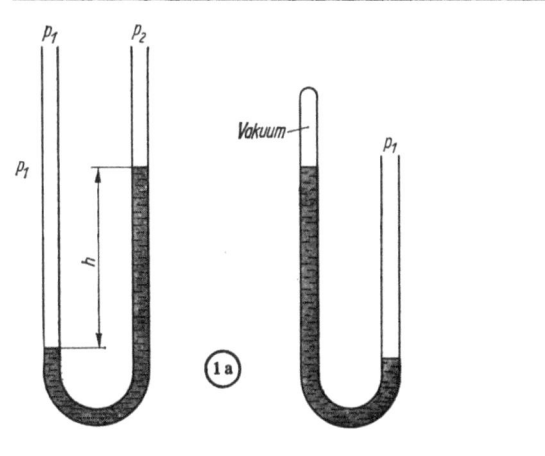
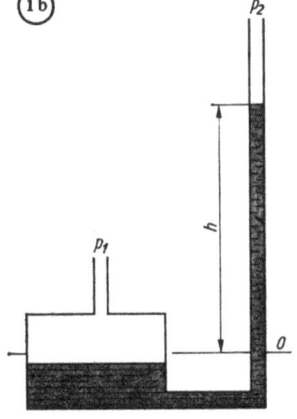
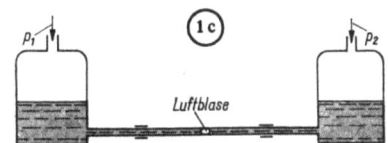

1−17

| Gruppen-Nr. 8.5.3 | **Betriebs-Meßtechnik** | Abschn./Tab. BM/3 |

Verfahren und Prinzip der Druckmessung
(Meßgeräte für Druck und Differenzdruck)

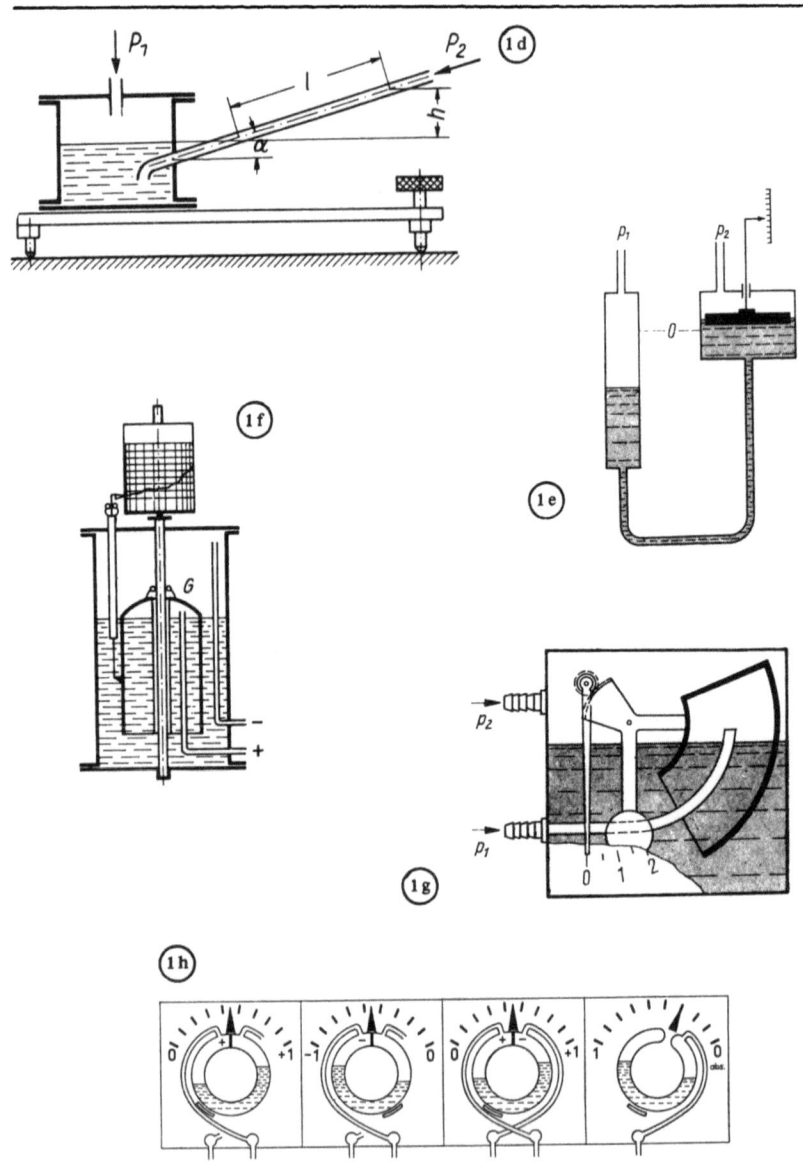

Druckmessung, Zugmessung, Differenzdruckmessung, Vakuummessung

Verfahren und Prinzip der Druckmessung
(Meßgeräte für Druck und Differenzdruck)

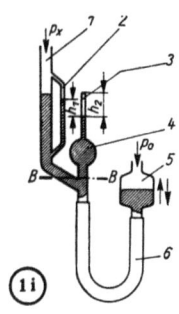

$$p_x = \frac{\pi d^2}{4 V} h_1 h_2 \rho g$$

V von 3 + 4
d von 2 + 3

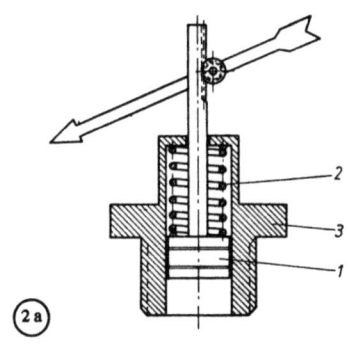

1 Rohrleitung; 2, 3 Kapillaren;
4, 5 Gefäße; 6 Verbindungsschlauch;

1 Kolben; 2 Feder; 3 Gehäuse;

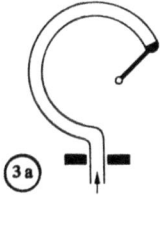  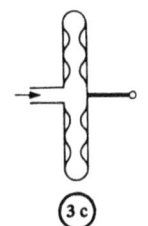 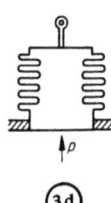

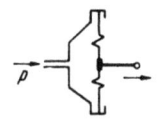

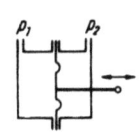

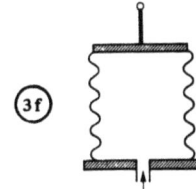

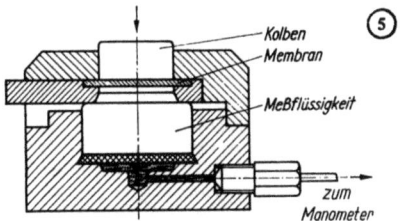

Kolben
Membran
Meßflüssigkeit
zum Manometer

4. Verfahren und Prinzip der Drehmoment- und Leistungsmessung

Verfahren/Gerät	Prinzip (s.a. Bilder)	Anwendung
1. Bremsdynamometer	Umsetzung der den Drehmomenten entsprechende mechan. Energie in Wärme (Leistungsverzehr durch Bremsung). Der Dynamometer belastet die Kraftmasch. dadurch, daß ein gleichgroßes, entgegengerichtetes Moment erzeugt wird, daß mit einer äußeren Kraft gemessen wird. Die Wärme wird durch Kühlwasser abgeführt.	Zur Ermittlung der von Kraftmaschinen erzeugten Drehmomente und Leistungen. $A = F \cdot s$ in Nm $P = F \cdot v$ in Nm/s bzw. W $P = M_d \cdot \omega =$ $= M_d \cdot 2\pi n$ in Nm/s
a) Backenbremse Handbremse	Pronyscher Bremszaun (Holz oder Profilstahl) mit 2 Bremsbacken bzw. mit einem Bremsgurt auf die Bremsscheibe liegend. Hebel wird mit soviel Gewichten belastet, bis Gleichgewicht herrscht (G = F), oder Hebel drückt auf eine Dezimalwaage und zeigt direkt das Gewicht an.	Drehmoment $M_d = F \cdot l$ in Nm $P = F \cdot n/1000$ in Nm/s wenn $l = 1$ m
b) Bandbremse	Ein mit Bremsband gefütterter biegsamer Blechstreifen liegt auf die Bremsscheibe. Gewicht G = Kraft F; F_f Federkraft, R Scheibendmr. (m), d Seildicke (m)	Allg. bis zu Leistungen von 20 kW. $M_d = (R + \frac{d}{2})(F - F_f)$ $P = M_d \cdot \omega$
c) Seilbremse	Ein oder mehrere fettgetränkte Hanfseile, sind ein- oder mehrfach um den Scheibenrücken geschlagen (gewickelt)	Allg. für kleinere Drehmomente und Leistungen (10 – 15 kW). Formeln s. Punkt b.
d) Flüssigkeitsbremse, Scheibenwasserbremse	Hydraul. Bremsdynamometer. Durch Reibung und Fliehkraft bildet sich um die teilweise in Flüssigkeit eingetauchte umlaufende Scheibe ein geschlossener Flüssigkeitsring, der als Bremse wirkt.	Besonders zum Messen großer Drehmomente bzw. Leistungen bei relativ kleinem Scheibenradius $P = n \cdot F/1000$ (kW) wenn $l = 1$ m
e) Wasserwirbelbremse	Hydraul. Bremsdynamometer mit Stiftentrommel oder auch mit wechselnd feststehenden und rotierenden Scheiben (sehr hoher hydr. Widerstand). Bekannt ist auch die Ausführung mit Schaufelrad und feststehenden Leitblechen bzw. die Formen, bei denen Scheibe und Gehäuse sog. Taschen aufweisen.	Für kleinste bis zu größten Leistungen (bis 5000 kW) Wirkt als Drehmomentenwandler

		Abschn./Tab.
Gruppen-Nr. 8.5.3	**Betriebs-Meßtechnik**	**BM/4**

Verfahren und Prinzip der Drehmoment- und Leistungsmessung

Verfahren/Gerät	Prinzip (s.a. Bilder)	Anwendung
f) Luftflügelbremse	An den Enden zweier Arme sind verstellbare Flügel angeordnet. Eichung in Verbindung mit Pendelrahmen (s. Punkt 2a) und Einschaltdynamometer (s. Punkt 2).	Bestimmung des Drehmomentes; für Leistungsbestimmung ist ein Eichdiagramm erforderlich (z.B. für Kfz- und Flugzeugmotoren).
g) Elektr. Wirbelstrombremse	In nichtmagnetisierbaren Metallscheiben werden Wirbelströme induziert, wenn sie sich durch ein Magnetfeld bewegen; diese werden dann in Wärme verwandelt. Feinstufige Regulierung der abzubremsenden Leistung durch Veränderung der Erregerstromstärke für die Magneten.	Zur Leistungsermittlung (P). $P = G \cdot l \cdot n/1000$ (kW) Messung des Widerstandes am Hebelarm 1 (benötigtes Gewicht)
h) Brems-, Pendelgenerator (-dynamo)	Die vom Motor angetriebene Dynamomaschine erzeugt einen elektrischen Strom und hat eine abgegebene Leistung von $P = U \cdot J$. Veränderung der aufzubringenden Leistung durch Regelung des Lastwiderstandes R. Das Dynamogehäuse ist drehbar (pendelnd) gelagert; Reaktionsmoment wird vom Gewicht (G) am Hebelarm (1) ausgeglichen und ist dann gleich dem vom Motor abgegebenen Drehmoment M_d.	Messung des Drehmomentes bzw. der Leistung (für größere Leistungen). $M_d = F \cdot l$ in Nm $P = F \cdot n/1000$ (kW), wenn $l = 1$ m
i) Pendelrahmen mit Hebel	Die zu untersuchende und durch Luftbremsflügel belastete Kraftmaschine wird unmittelbar auf einen pendelnd aufgehängten Fundamentrahmen gesetzt (Pendelrahmen) und das Reaktionsmoment (der Nutzleistung) gemessen (benötigtes Gewicht am Hebelarm 1)	Z.B. für Auto- und Flugzeugmotoren. $P = F \cdot l \cdot n/1000$ (kW) $M_d = F \cdot l$ in Nm
2. Einschaltdynamometer	Diese leiten das Drehmoment nach der Größenermittlung unvermindert an die treibende Welle weiter (ohne Verluste). Geeignet für Messungen unter Betriebsbedingungen.	Zum Messen des von einer Arbeitsmaschine aufgenommenen Drehmomentes.
a) Schwenkrahmen mit Kraftmesser	Zwischen Auflagerung und schwenkbar gelagerter Maschine werden Kraftmeßelemente eingeschaltet.	
b) Federnde Meßkupplung	Federndes Kupplungsdynamometer zwischen Motor und Verbraucher	Allg. für $n_{min} = 300$ U/min (1/min), Drehfrequenz.

1–21

Verfahren und Prinzip der Drehmoment- und Leistungsmessung

Verfahren/Gerät	Prinzip (s.a. Bilder)	Anwendung
	(Getriebe). Je nach der Größe des zu übertragenden Drehmomentes werden die zwischen Motor- und Getriebescheibe angeordneten Schraubenfedern (2 bis 6) mehr oder weniger zusammengedrückt und die Scheiben gegeneinander verdreht. Verdrehungswinkel ist proport. dem vorhandenen Drehmomenten und kann auf die Skale abgelesen werden.	Ablesungsgenauigkeit wird durch Anwendung eines Fernrohres erhöht. Die Ablesung erfolgt stroboskopisch.
c) Starre Meßkupplung, Torsionsdynamometer	Überträgt eine Welle ein Drehmoment, so verdrehen sich infolge der Elastizität (Federkraft) des Werkstoffes die einzelnen Wellenquerschnitte (zw. den getrennten Kupplungshälften K_1 und K_2) gegeneinander (Torsion der Welle). Verdrehwinkel zweier Querschnitte des geeichten Torsionsstabes (in Meßstrecke) ist bei einem bestimmten Wellendmr. direkt vom Drehmoment abhängig und wird gemessen.	Allg. für $n_{min} = 300$ U/min (1/min), Drehfrequenz $P = M_d \cdot n/1000$ (kW) Verdrehungsgrad an Skale (d) in Nm abzulesen; kann aber auch lichtelektrisch gemessen werden (Fotozelle). Schlitzscheibe a, b (mit Fenster J) und c; Rohr R, Torsionsstab T
d) Torsionsindikator	Die Verdrehung der Welle wird zwischen 2 fest auf die Welle geklemmten Flanschen gemessen, oder auch durch das Rohr (a) mit Scheibe (b) und Hebelsystem (1–7) auf ein Diagrammformular (auf Trommel s) vergrößert aufgezeichnet.	Drehmomenten- und Leistungsmessung in einer ungeteilten Welle. Nur für geringe Drehzahlen. Verdrehungswinkel kann auch lichtelektr. gemessen werden (Fotozelle).
e) Induktive Meßnabe	Die elastische Verformung der Antriebswelle, oder Kraftmeßnabe gleicher Dicke (a) mit Schleifringen (für Erreger- und Meßspulen) wird in eine Luftspalt- und damit auch Induktivitätsänderung verwandelt. Induzierte Spannung an der Meßspule ist ein Maß für die Größe des Luftspaltes und damit des Drehmomentes.	Stufenweise in Größen von 3 bis 10^7 nm lieferbar; Genauigkeit ± 2%. Vorteile: a) sehr kurze Baulänge; b) Meßergebnis fern von der Meßstelle ablesbar.
f) Dehnstreifen-Meßnabe	Die elastische Verformung der Welle kann unmittelbar gemessen werden, wenn mehrere Dehnungsmeßstreifen (je 2 Meß- und Kompensationsstreifen) um 45° zur Wellenachse versetzt aufgeklebt sind. Querschnittsänderung durch Dehnung bzw. Stauchung ergibt Widerstandsänderung.	Die Widerstandsänderung wird in Brückenschaltung elektr. angezeigt.

Verfahren und Prinzip der Drehmoment- und Leistungsmessung

Verfahren/Gerät	Prinzip (s.a. Bilder)	Anwendung
g) Akustische Meßnabe, Torsionsmesser	Eine zwischen 2 Flanschen (F_1, F_2), die fest mit der Welle verbunden sind, ausgespannte Meßsaite (S) wird durch einen Elektromagneten angezupft, und die Eigenschwingungen mit einer Meßsaite verglichen. Je größer das Drehmoment ist, um so mehr wird die Meßsaite gedehnt und um so tiefer ist der Ton (geringe Schwingungszahl).	Für jede Drehzahl (Drehfrequenz) geeignet. Ton bewirkt einen Zeigerausschlag auf der Meßskale
h) Kapazitive Meßnabe, Torsionsmesser	Die isoliert an der Welle befestigten Platten (c) bilden einen elektrischen Kondensator, dessen Luftspalte, und damit die Kapazität C, durch die Verdrehung der Welle sich verändert. Die veränderte Kapazität (und somit das Drehmoment) ist in Brückenschaltung oder oszillographisch meßbar.	

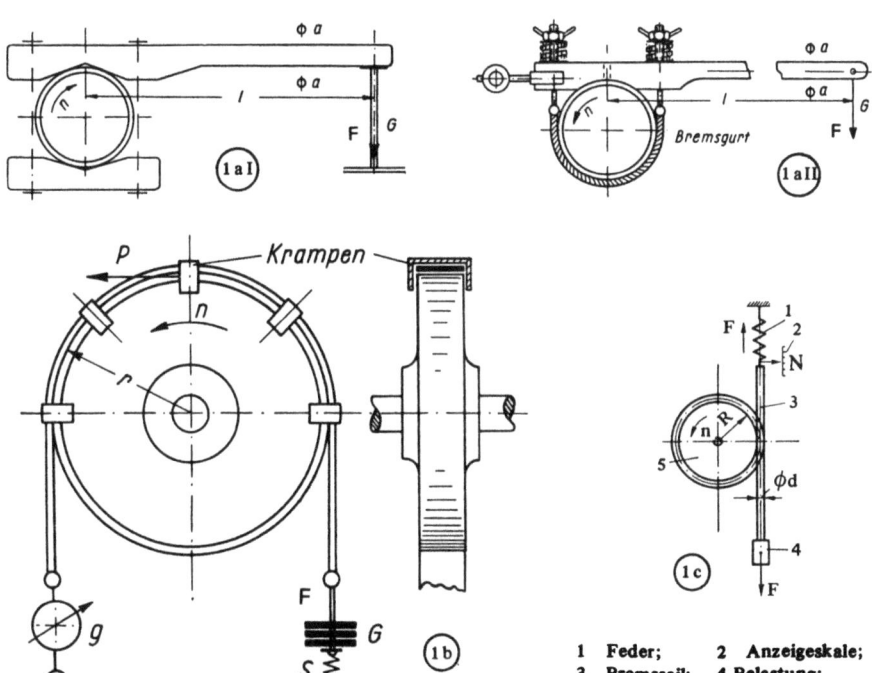

1 Feder;   2 Anzeigeskale;
3 Bremsseil;   4 Belastung;
5 umlaufende Scheibe;

1-23

Betriebs-Meßtechnik — BM/4

Verfahren und Prinzip der Drehmoment- und Leistungsmessung

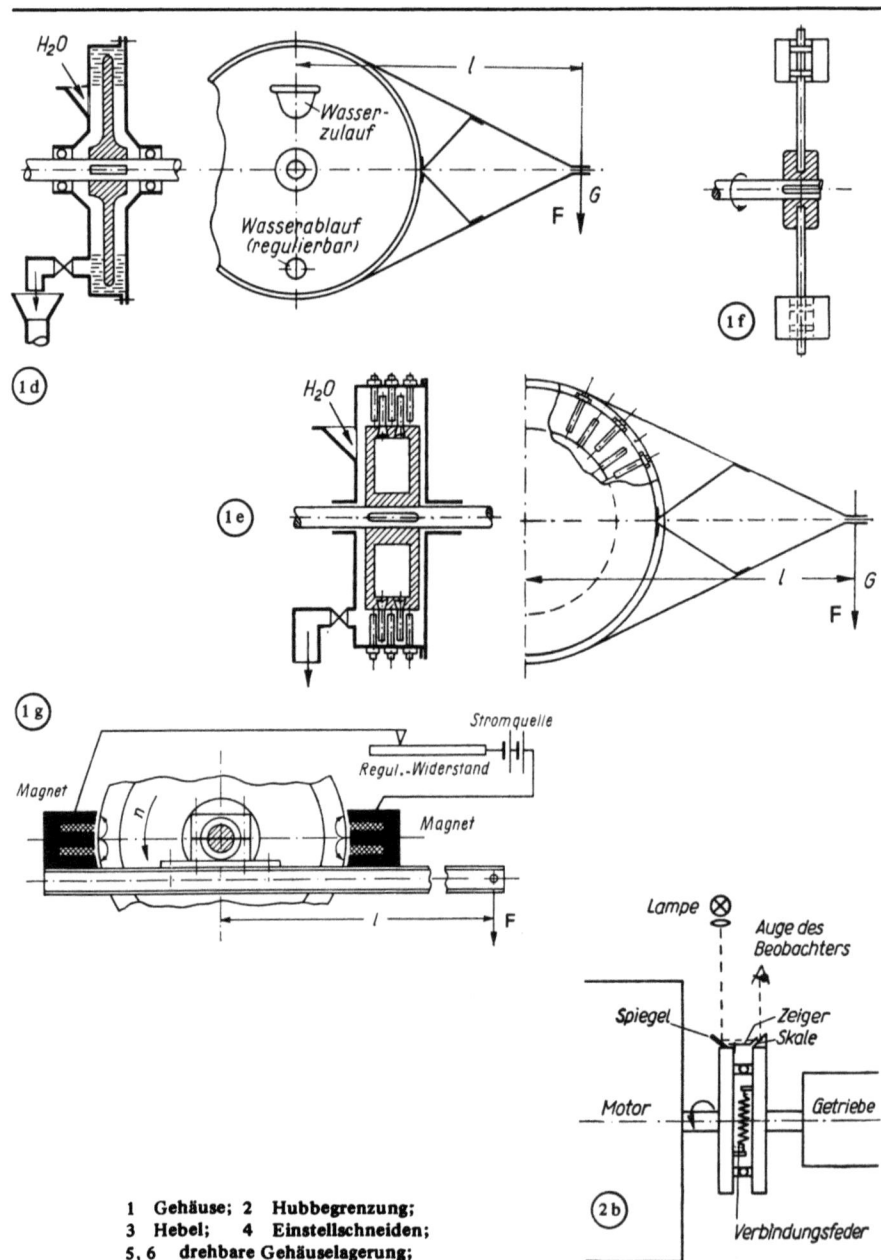

1 Gehäuse; 2 Hubbegrenzung;
3 Hebel; 4 Einstellschneiden;
5, 6 drehbare Gehäuselagerung;

| Gruppen-Nr. 8.5.3 | **Betriebs-Meßtechnik** | Abschn./Tab. **BM/4** |

Verfahren und Prinzip der Drehmoment- und Leistungsmessung

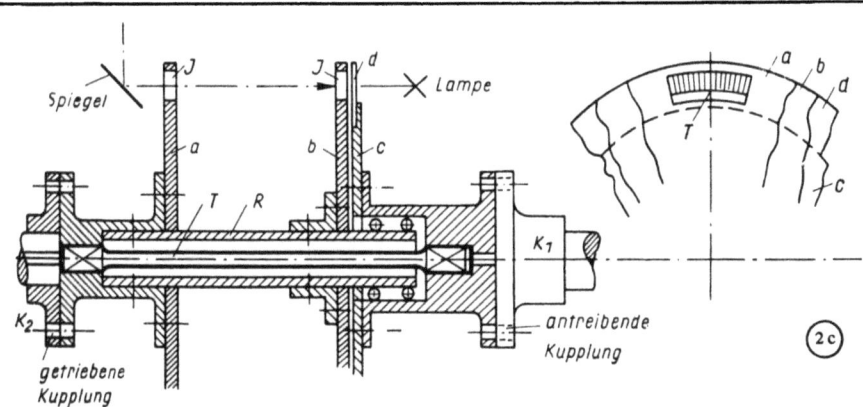

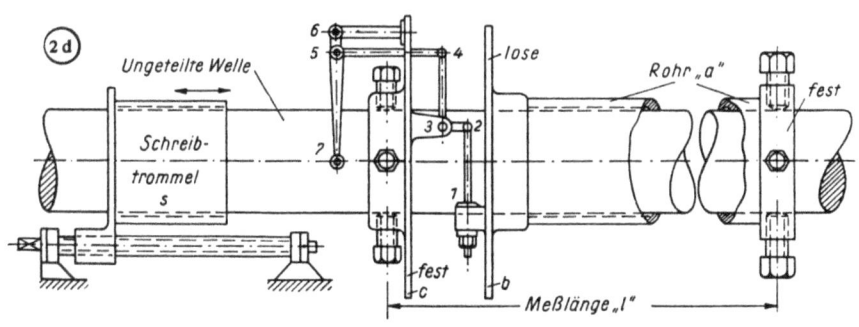

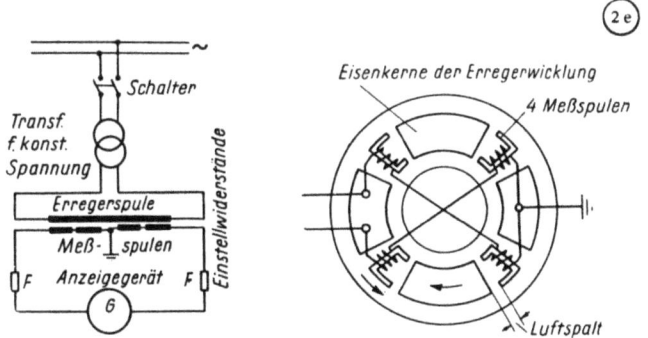

| Gruppen-Nr. 8.5.3 | **Betriebs-Meßtechnik** | Abschn./Tab. **BM/4** |

Verfahren und Prinzip der Drehmoment- und Leistungsmessung

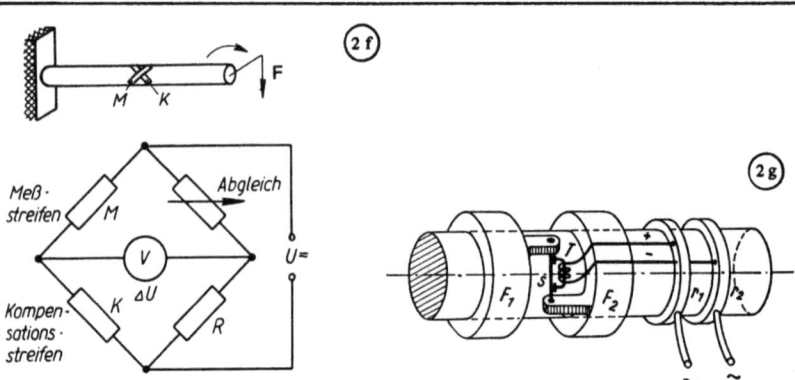

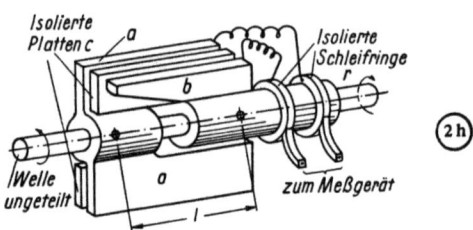

Gruppen-Nr. 8.5.3	Betriebs-Meßtechnik	Abschn./Tab. BM/5

5. Verfahren und Prinzip der Drehzahlmessung

Verfahren	Gerät/Prinzip (s.a. Bilder)	Meßbereich
1. Zählen der Umdrehungen (U) je Zeiteinheit	a) Stichdrehzahlmesser Mechan. Zählerwerk: Zifferod. Rollenzählwerk und Stoppuhr	n bis 100 Uml./s 1/s
	b) Impulsdrehzahlmesser Optische Impulsabnahme mittels Lochscheibe 2 (mit z Löchern) und elektron. Zählgerät (mit Lichtquelle 1 und Fotozelle 4); Lochscheibe auf Welle 3 angeordnet.	n bis 10^5 Impulse/s $\varphi = 1/z$ Umlauf $r = \varphi / \omega$
2. Fliehkräfte	Ausnutzung der Fliehkräfte fester oder flüssiger Körper. Tachometer bzw. Tachopraph mit Körnerspitze oder Schnutscheibe.	Zum Messen und Regeln, z. B. an Dampfmasch. u. -turbinen. n = 120 bis 6000 1/min
	a) Pendeltachometer (mit Masse) F_c Federkraft; F_G Massengewicht; F_z Zentrifugalkraft; $F_m/2$ Muffengewicht b) Kreuztachometer c) Pendelringtachometer Schwungringmeter	Plattenspielermotorregler; für Registriergeräte
	d) Bügeltachometer Bügel b mit Massenstücke M_1, M_2; Z Zeiger; 1– 6 Zahnräder	z.B. für Fördermaschinen
	e) Hydraul. Kolbentachometer Öl im Zylinder (2) mit Kolben (5) und Ölaustritt (4); Feder (3), Vorspannschraube (1)	z.B. für Fördermaschinen
	f) Schwimmerkolbentachometer (mit Quecksilber)	z.B. für Fördermaschinen
3. Elektromagnetische Induktion (Elektr. Drehzahlgeber)	a) Tachometergenerator (-dynamo) Die mit der Drehzahl veränderl. elektr. Spannung des Generators wird einem auf n umgeeichten Voltmeter (Drehspulmeßwerk) zugeleitet:	für Ferndrehmessung n = 120 bis 3000 Uml./min 1/min
	I. mit Gleichspannungsgeber (Anker mit Stromwender) II. mit Wechselspannungsgeber Polrad (Dauermagnet) als Rotor; mit Gleichrichter; evtl. mit Frequenzmesser (Zungeninstrument)	10 bis 100 V bei n = 1000 1/min Uml./min
	b) Wirbelstromtachometer Mit im Kupfer- oder Aluminium-Trommel (2) (mit Rückstellfe-	häufig für Fahrzeuge als km- od. Geschwindigkeitsmesser (km/h)

1-27

| Gruppen-Nr. 8.5.3 | Betriebs-Meßtechnik | Abschn./Tab. BM/5 |

Verfahren und Prinzip der Drehzahlmessung

Verfahren	Gerät/Prinzip (s.a. Bilder)	Meßbereich
	der 4) rotierendem Dauermagnet (1); magnet. Rückschluß (Eisenring oder -glocke 3) mit Zeiger (5) und Skale (6).	$M_d = c_z\,B\,J$ (Nm) $n = 120 \dots 30000$/min von 20 Lichteindrücken je Sekunde an
4. Stroboskopeffekt (Visuelle Ablesung)	a) Handstroboskop (Zweischeiben-) Wenn Drehzahl der Schlitzscheibe (Blende 4), mit Zahnrädern 3 und Elektromotor 2 (von Batterie 1 gespeist), gleich der Drehzahl des rotierenden Körpers (Welle 6 mit Strichscheibe) ist, so scheint dieser Körper (vom Auge 5 beobachtet still zu stehen.	Schlitzscheibe = Sektorscheibe)
	b) Lichtblitzstroboskop (Einscheibenstroboskop) Strichscheibe (2) auf dem Meßobjekt (Welle 1) wird mit periodischen (einstellbaren) kurzen Lichtblitzen (10^{-4} bis 10^{-6} s Dauer) belichtet. Scheint die Scheibe still zu stehen, so ist die eingestellte Blitzlichtfolgefrequenz ein Maß für die Drehzahl n.	
5. Schwingungsresonanz	Vibrations - Drehzahlmesser Eine Folge von Stahlzungen auf einem Träger ist in gleichen Intervallen fortschreitend auf bestimmte Schwingungszahlen abgestimmt. Wird der Zungenträger an einer Maschine gelegt, so gerät diejenige Zunge in Schwingung, deren Eigenschwingungszahl mit der Drehzahl der umlaufenden Welle übereinstimmt.	Genaue Drehzahlanzeige: 1000 bis 100 000 U/min. (1/min) Drehfrequenz Bauarten ortsfest oder tragbar
6. Magnetische Unwuchten	Elektronische Drehzahlmesser Durch magnet. Unwuchten der drehenden Teile werden Spannungsimpulse erzeugt, die nach Umwandlung in Rechteckimpulse über einen Schalttransistor einen Kondensator umladen und den Zeigerasuschlag (des Drehspulgerätes) bestimmen.	für genaue Messungen. Anwendung von Geber mit 60poligem Rad, wenn elektron. Zähler mit Ziffernanzeige zur Verfügung stehen.

Bemerkung: Tachographen sind schreibende Tachometer zur Anfertigung eines Tachographendiagrammes (Formular oder Karte zur Ermittlung der Anfahrbeschleunigung und Bremsverzögerung)

| Gruppen-Nr. 8.5.3 | **Betriebs-Meßtechnik** | Abschn./Tab. **BM/ 5** |

Verfahren und Prinzip der Drehzahlmessung

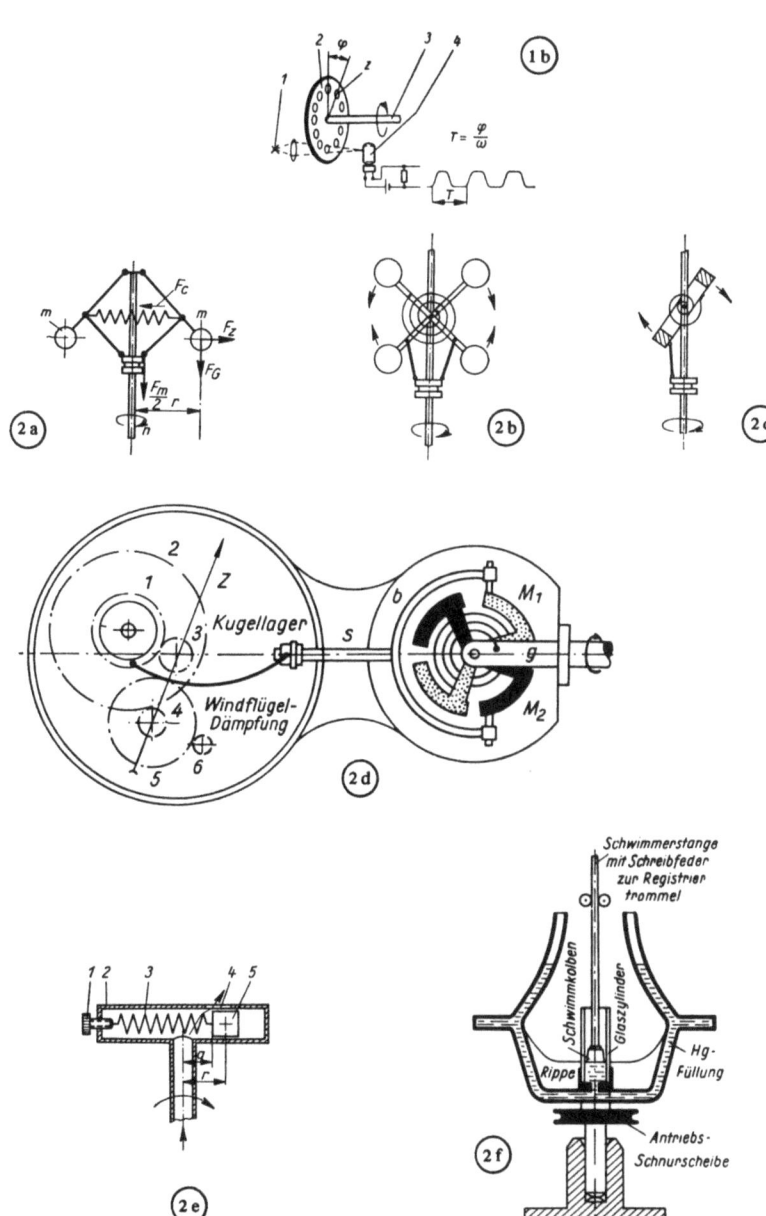

| Gruppen-Nr. 8.5.3 | **Betriebs-Meßtechnik** | Abschn./Tab. **BM/5** |

Verfahren und Prinzip der Drehzahlmessung

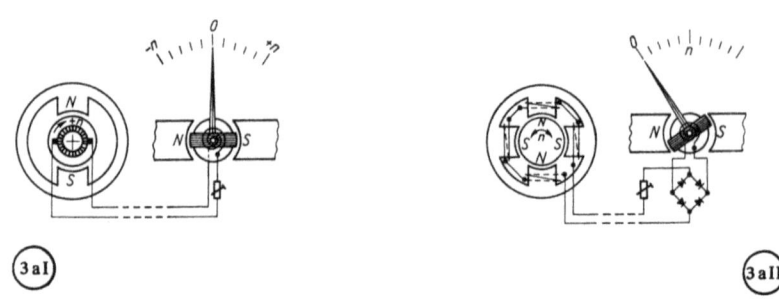

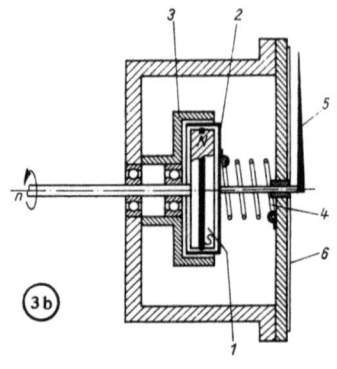

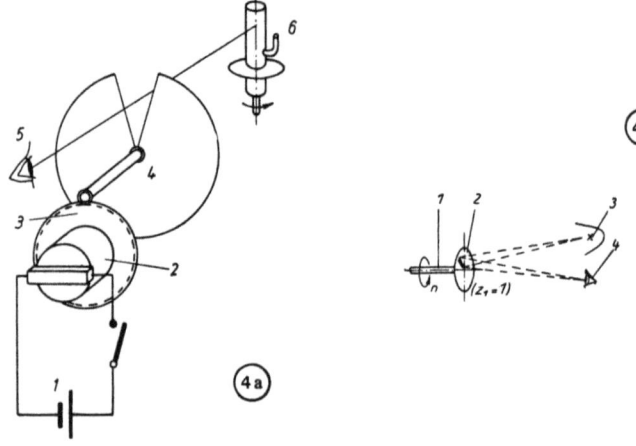

| Gruppen-Nr. 8.5.3 | **Betriebs-Meßtechnik** | Abschn./Tab. **BM/6** |

6. Verfahren und Prinzip der Frequenzmessung (f)

Verfahren/Gerät	Prinzip (s. a. Bilder)	Anwendung
1. Mechan. Resonanzanzeiger Zungen-Frequenzmesser	Eine Reihe von Stahlzungen, deren Eigenschwingungen auf bestimmte Frequenzen (z. B. 47, 47,5, 48 ... 53 Hz) abgestimmt sind, werden mit Hilfe einer Spule (oder zweier Spulen) mit der Spannung der zu messenden Frequenz zum Mitschwingen angeregt. Es kommt diejenige Zunge, deren Eigenfrequenz gleich der Erregerfrequenz ist, in Resonanz und zum sichtbaren Mitschwingen.	Frequenzmessung zw. 7 und 1500 Hz, Sonderausführungen bis herab zu 1 Hz. (also auch für Wechselstrom mit $f = 50$ Hz). Vorteile: Gleichbleibende Meßgenauigkeit und robuste Bauart.
2. Elektr. Resonanzanzeiger Zeiger-Frequenzmesser	Direkt anzeigender Frequenzmesser mit einem Drehspul-Quotientenmesser; Kreuzspulsystem (1 u. 2) mit je einer Gleichrichterbrücke in einen Wechselstromkreis geschaltet.	Anzeigefehler nur 0,1 %, bei $f = 49 ... 51$ Hz
	Statt des Kreuzspulmessers kann auch ein Induktionsdynamometer (ohne Gleichrichter) angewendet werden.	Insbesondere für Frequenzschreiber
3. Nullabgleich	Wien-Robinson-Brückenschaltung. Abgleich sehr genau bekannter Widerstände (R; $R_4 = 2 R_2$) und Kondensatoren (C) in einer Brückenschaltung	Für $f = 30 ... 100$ Hz; Meßunsicherheit $+ 0,1 %$. $f = 1/2 \pi \cdot R \cdot C [Hz]$
4. Frequenzzähler	Impulszahlregistrierung, wobei die Schwingungen mit elektronischen Zählern bis zu sehr hohen Frequenzen genau gezählt werden.	In der modernen Elektronik ersetzen die Ozilloskope eine ganze Reihe von Einzelgeräten:
Oszilloskope (siehe Punkt 5)		
a) Digitale Anzeige	Impulszählung mit elektronischem Zählgerät	z. B. Frequenzmesser, Phasenmesser, Amplitudenmesser, Spannungs- u.
b) Analoge Anzeige	Mittelwertmessung der Kondensatorladestrom-Impulse mittels Drehspulgeräts	Strommesser. Die digitalen Speicheroszilloskope sind erstaunlich vielseitig.
5. Frequenzvergleich	mittels Kathodenstrahloszillographen. Auswertung des Leuchtschirmbildes durch Vergleich der unbekannten Frequenz mit einer Normalfrequenz (mittels Lissajonscher Figuren)	Der Oszillograph oder Schwingungsschreiber ist ein vielseitig einsetzbares Sichtgerät, das die Möglichkeit bietet, Messungen durchzuführen.
Oszillographen	Der Name Oszillograph kommt von oscillare, lat. = schwingen, und grafein, griech. = schreiben.	Ein Registriergerät kann die Darstellung aufzeichnen und festhalten.
Oszilloskope	Der Name Oszilloskop kommt von scopein, griech. = sehen, und es ist also ein Schwingungssichtgerät.	Oszilloskope sind reine Sichtgeräte, die nichts festhalten.

1-31

Betriebs-Meßtechnik — BM/6

Verfahren und Prinzip der Frequenzmessung (f)

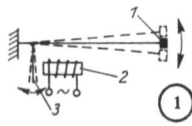

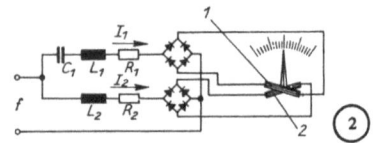

1 und 2 Spule der Kreuzspule

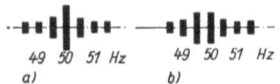

1 Zunge; 2 Spule;
3 Anker;
a) Anzeige: f = 50 Hz;
b) Anzeige; f = 49,75 Hz

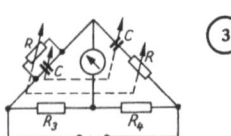

1 Eingang; 2 Impulsformer; 3 Zeitschalter;
4 Anzeigegerät;
Anzeige: 2549 Impulse/0,1 s $\triangleq$ f_x = 25490 Hz;
5 Zählzeit t_z = 0,1 s (0,001 s, 0,01 s, 1,0 s, 10,0 s);
6 Normaloszillator (f_0 = 10^5 Hz)

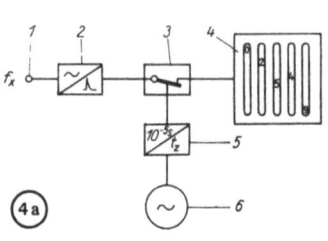

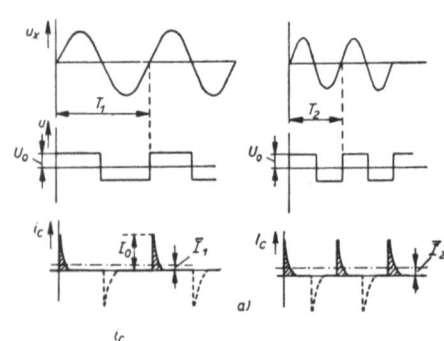

Analoganzeige
a) Spannungs- und Stromverlauf; b) Schaltung
U_0 = const; $\overline{I_1} \triangleq 1/T_1$; $\overline{I_2} \triangleq 1/T_2$

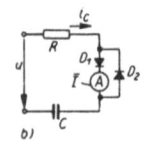

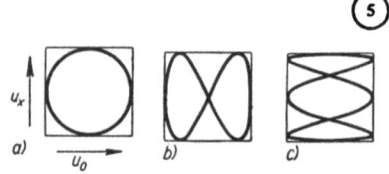

a) $f_x : f_0$ = 1 : 1; b) $f_x : f_0$ = 2 : 1; c) $f_x : f_0$ = 1 : 3

| Gruppen-Nr. 8.5.3 | **Betriebs-Meßtechnik** | Abschn./Tab. **BM/7** |

7. Verfahren und Prinzip der Füllstandsmessung
(Messung von Behälterinhalt bzw. Höhenstand)

Verfahren	Prinzip (Meßwert) (s.a. Bilder)
A. Volumenbestimmung	
1. Standglas	kommunizierende Röhre: $\Delta H = H - h$ wegen unterschiedlicher Temperatur bzw. Dichte $\rho_h > \rho_H$
2. Schwimmergeräte	
a) Schrittschalt-Verfahren	Kettenübertragung mit Nockenscheiben (Stromimpulse)
b) Potentiometer-Verfahren	Ketten- oder Seilübertragung mit Potentiometer (Widerstandsänderung)
c) Elektromagnet-Verfahren	Änderung der Induktivität durch Eisenkernverschiebung
d) Magnet-Verfahren	Zeigermitnahme durch Magnet am Schwimmer
e) Puls-Code-Verfahren	Schwimmer verstellt über Lochband und Stiftenrad im Gebergerät die Kontaktarme dreier dekadisch gestaffelter Kontaktbahnen (1 cm/1 dm/1 m) mit je 10 Kontakten.
3. Kapazitives Meßgerät	Messung der Kapazität (wenn rel. Dielektrizitätskonstante vom Füllstoff $\epsilon_r > 1$ ist) mit Hilfe des Meßfühlers (Sonde) und des elektronischen Meßgeräts (Kapazitätsänderung ΔC).
4. Radioaktives Meßgerät	Messung mittels radioaktiven Isotops (harte Gammastrahlung von Kobalt 60, im Bild P) und Zählrohres (Geigerzähler Z); wenn Behälterdurchmesser $d < 30$ cm
5. Ultraschall-Meßgerät	Echolotprinzip; Schallsender und -empfänger im Boden unterhalb der Flüssigkeit (f = 50 kHz bis 5 MHz). Reflexionsstrahlung und Laufzeit wird elektronisch oder oszillographisch gemessen
6. Kontakten-Standmesser	Diskontinuierliche Messung: a) durch Kontakte in der Behälterwand (Lichtsignale) b) durch Kontaktsonde (Kette von Elektroden und zwischengeschalteten Widerständen)
7. Leitfähigkeitsmessung	berührungsloses Meßverfahren; Widerstandsänderung je nach Füllstand der Flüssigkeit
B. Massebestimmung	
8. Pneuma-Druckmesser	
a) Einblasverfahren (mit Spülgas-Durchflußregler)	Der Druck eines eingeleiteten Gases (Luft, Stickstoff) wird am Manometer abgelesen ($p = H \rho g$; $H = p / \rho g$)
b) Eintauchverfahren pneumatischer Niveaugeber)	Der von der Tauchtiefe abhängige Auftrieb des stabförmigen Hohlkörpers (in die Flüss.) wird mit einer pneumatischen Waage gemessen

1-33

| Gruppen-Nr. 8.5.3 | Betriebs-Meßtechnik | Abschn./Tab. BM/7 |

Verfahren und Prinzip der Füllstandsmessung
(Messung von Behälterinhalt bzw. Höhenstand)

Verfahren	Prinzip (Meßwert) (s.a. Bilder)
9. Druckdifferenzmessung	Hydrostatischer Druck einer Flüssigkeit; gemessen wird Gewicht $G = H \rho g$ und damit Masse $m = H A \rho$ (Behälterinhalt $V = H A$)
a) mittels Federmanometers	Entnahmestutzen muß in einer Ebene mit dem Behälterboden liegen
b) mittels Quecksilbermanometers (U-Rohr)	Quecksilberniveau muß auf Bodenhöhe liegen
c) mit Niveaugefäß und Meßgerät	Meßgerät kann unabhängig von der Behälterlage angeordnet werden (z.B. U-Rohr-, Plattenfeder-Manometer, Ringwaage, Schwimmerdruckmesser)
d) mit Quecksilberwaage	
e) mit Druckmembran	
10. Schwimmer mit Federwaage	Massebestimmung der Flüssigkeit über Auftrieb ($\Delta H A_s \rho g$) und Längenänderung der Feder F (Δh);
11. Kraftmeßverfahren (s.a. Tab. BM/2 "Druckmessung")	Unmittelbare Wägung des Behälters oder des Standrohres; angezeigt wird die Masse des Füllguts (flüssig oder fest)
a) mit Federwaage (3) und biegsamen Rohren (2, 6)	1 Behälter, 4 Standrohr, 5 Skale
b) mit magnetelastischer Kraftmeßdose (unter Behälter)	Magnetostriktives Prinzip: Änderung der Magnetisierbarkeit ferromagnet. Werkstoffe (z.B. Permalloy C) beim Ändern der Druckspannung (1, 2, 5, 10, 30, 90, 200, 500, 1000 kN)
c) mit elektromagnet. Kraftmeßdosen	Induktivitätsänderung bei Gewichtsänderung wird gemessen
d) mit kapazitiven Kraftmeßdosen	Kapazitätsänderung bei Gewichtsänderung wird gemessen
e) mit Dehnstreifen-Kraftmeßdosen	Belastung von Hohlzylindern mit Dehnmeßstreifen (Konstantandraht) ergibt Widerstandsänderung; Ausgangsspannung über Wheatstonebrücke oder Kompensationsanzeiger meßbar bzw. durch Lichtmarkenanzeiger auswertbar. (Typenreihe 10 bis 5000 kN)
f) mit Hydromembran-Kraftmeßdosen	Belastung wird durch einen Kolben über eine Gummimembran auf eine Flüssigkeit übertragen (Druck wird durch einen Manometer angezeigt)

Betriebs-Meßtechnik

Gruppen-Nr. 8.5.3 **Abschn./Tab. BM/7**

Verfahren und Prinzip der Füllstandsmessung
(Messung von Behälterinhalt bzw. Höhenstand)

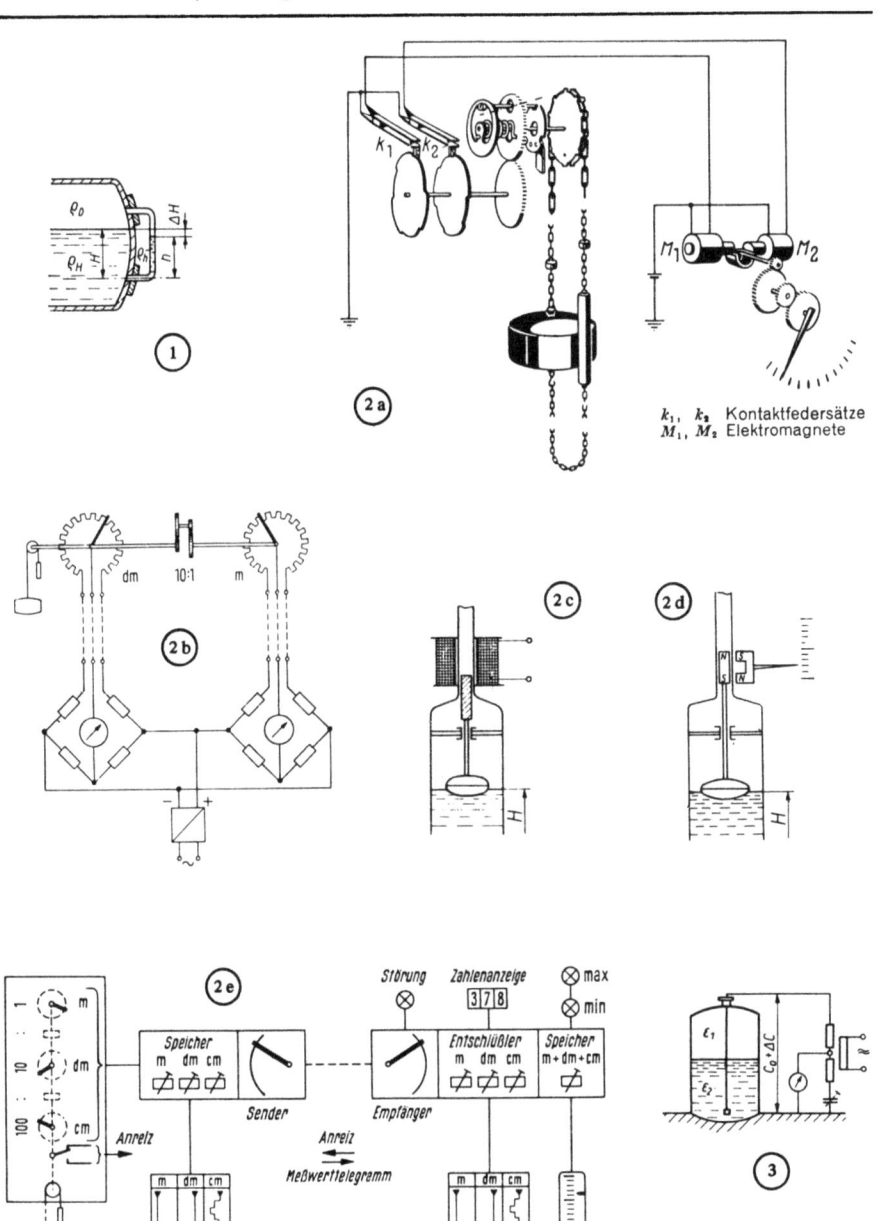

k_1, k_2 Kontaktfedersätze
M_1, M_2 Elektromagnete

1-35

Betriebs-Meßtechnik

Verfahren und Prinzip der Füllstandsmessung
(Messung von Behälterinhalt bzw. Höhenstand)

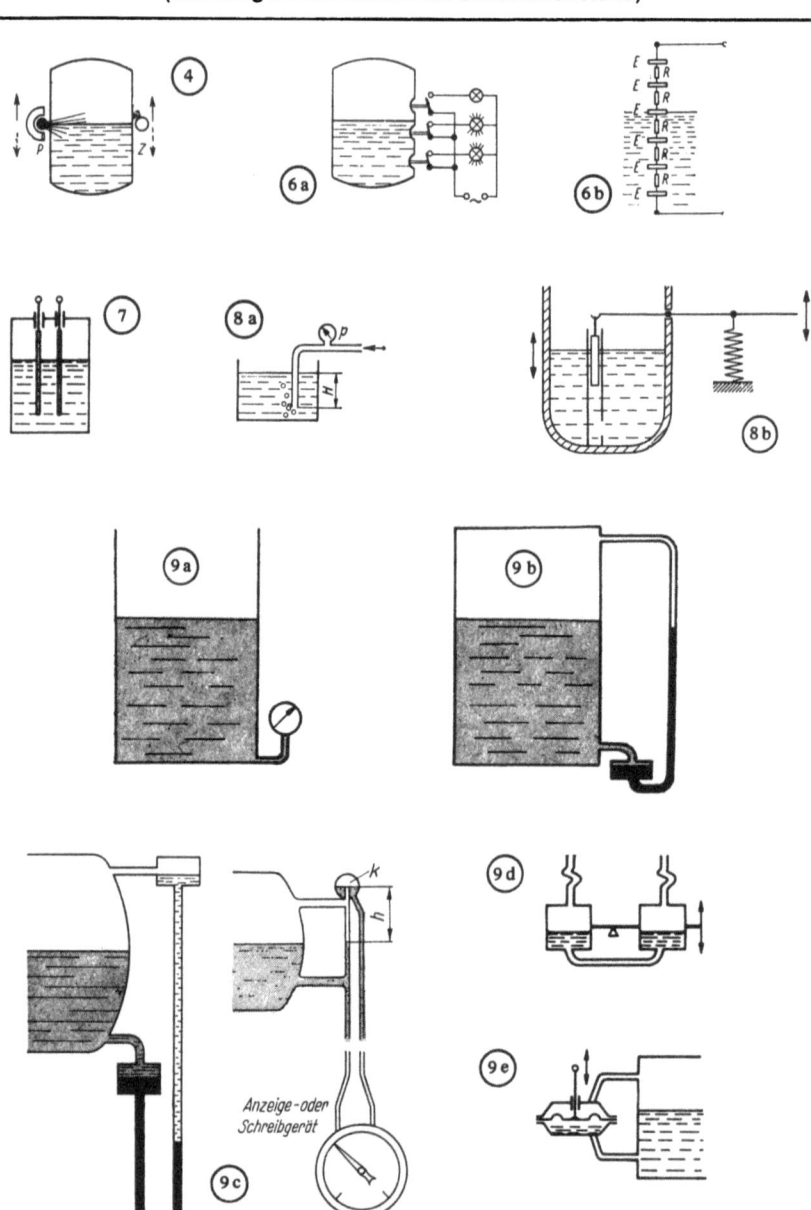

| Gruppen-Nr. 8.5.3 | **Betriebs-Meßtechnik** | Abschn./Tab. **BM/7** |

Verfahren und Prinzip der Füllstandsmessung
(Messung von Behälterinhalt bzw. Höhenstand)

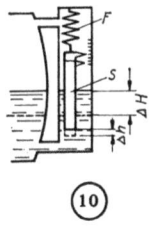

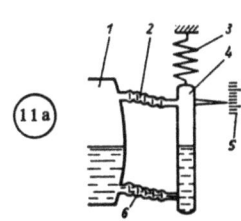

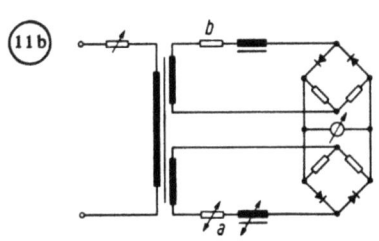

a Kraftmeßdose
b Nachbildung

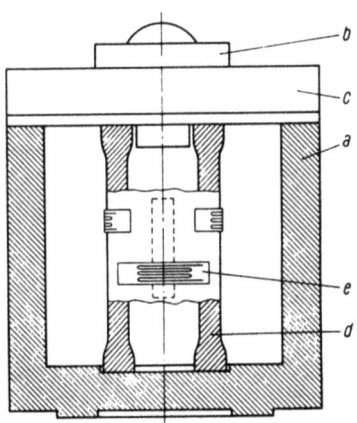

a Gehäuse   b Druckstück
c Deckel   d Hohlzylinder
e Dehnungsmeßstreifen

1-37

| Gruppen-Nr. 8.5.3 | Betriebs-Meßtechnik | Abschn./Tab. BM/8 |

8. Verfahren und Prinzip der Volumenmessung, -zählung
(Mengenzähler für Flüssigkeiten oder Gase)
Siehe auch Bilder in Tab. BM/10 „Durchflußmessung"

Verfahren und Prinzip	Meßgerät (s.a. Bilder)	Medium (Fl./G.) Meßbereich
A. Unmittelbare Volumenmessung mit Meßkammern		
1. Auslaufzähler (mit festen Meßkammerwänden)	a) Meßgefäß mit engem Meßhals	Fl.
	b) Meßgefäß mit Abreißspitze	Fl.
	c) Meßgefäß mit automat. Umschaltung (2 Ventile u. 1 Schwimmer)	Fl.
	d) Kippzähler (Doppelgefäß a/b)	Fl.
	e) Trommelzähler (Dreikammer ABC, R Ringrohr, S Sperrdüsen)	Fl. (0,03 – 10 m^3/h) G.
2. Verdrängerzähler (mit beweglichen Meßkammerwänden)	a) Einkolbenzähler	Fl. (0,4 bis 100 m^3/h)
	b) Mehrkolbenzähler	Fl.
	c) Ringkolbenzähler (1 Zapfen, 2 Ringkolben, 3 Trennwand, 4 Gefäß, 5 Ringführung, 6 Schlitz) A Auslauf, E Einlauf	Fl. (0,01 bis 30 m^3/h)
	d) Ovalradzähler (1 Zufluß, 4 Abfluß, 3 Kammer, 2 u. 5 ovale Zahnräder)	Fl. (0,01 bis 500 m^3/h)
	e) Taumelscheibenzähler	Fl.
	f) Drehkolbenzähler	G. (0,01 bis 30 000 m^3/h)
	g) Trommelzähler I. nasser Gaszähler (mit Drehtrommel und Sperrflüssigkeit)	G. (1 bis 4000 l/h)
	II. trockener Gaszähler (mit 2 Lederbalgen)	G.
B. Mittelbare Volumenmessung ohne Meßkammer		
3. Turbinenzähler (mit Meßflügeln)	a) Flügelradzähler	Fl. (0,04 bis 100 m^3/h)
	b) Schraubengangzähler (Woltman-Zähler)	Fl. (0,04 bis 1500 m^3/h)
	c) Schraubenradzähler (ähnlich Woltman-Zähler)	G. (0,01 bis 30000 m^3/h
4. Durchflußmesser	mit Integrator	Fl. und G.

| Gruppen-Nr. 8.5.3 | Betriebs-Meßtechnik | Abschn./Tab. BM/8 |

Verfahren und Prinzip der Volumenmessung, -zählung
(Mengenzähler für Flüssigkeiten oder Gase)
Siehe auch Bilder in Tab. BM/10 „Durchflußmessung"

Verfahren und Prinzip	Meßgerät (s.a. Bilder)	Medium (Fl./G.) Meßbereich
C. Zählwerkausführungen (Anzeigewerke)	1. Rollenzählwerk (Trockenläufer) a) mit Teilzeiger b) mit Rückstellmöglichkeit c) mit Voreinstellung	für Ringkolben-, Ovalrad- u.a. Zähler Soll-/Istzeiger
	2. Zeigerzählwerk a) Trockenläufer b) Naßläufer c) mit Voreinstellung	Meist bei Wasserzähler auch mit Rückstellmöglichkeit
	3. Pendelzählwerke	für Trommelzähler (aggressive Medien)

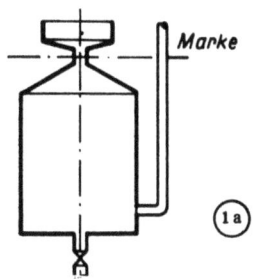
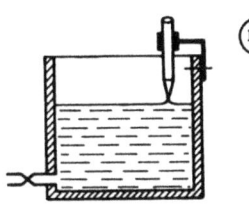
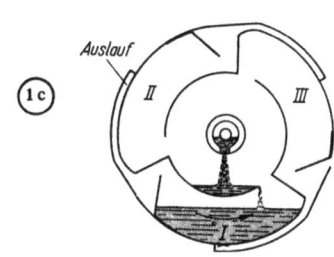
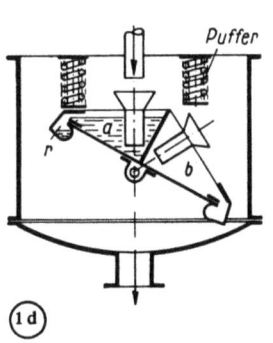
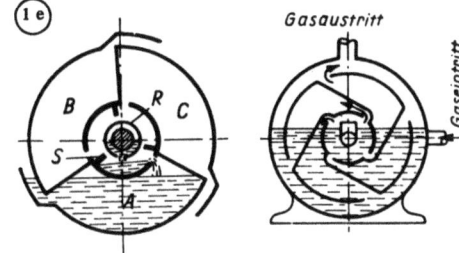

1-39

| Gruppen-Nr. 8.5.3 | **Betriebs-Meßtechnik** | Abschn./Tab. **BM/8** |

Verfahren und Prinzip der Volumenmessung, -zählung
(Mengenzähler für Flüssigkeiten oder Gase)
Siehe auch Bilder in Tab. BM/10 „Durchflußmessung"

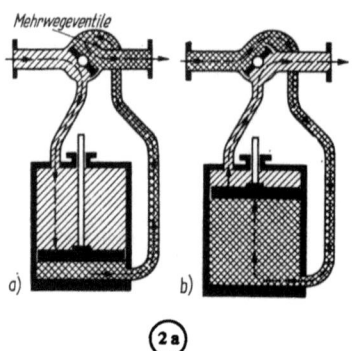

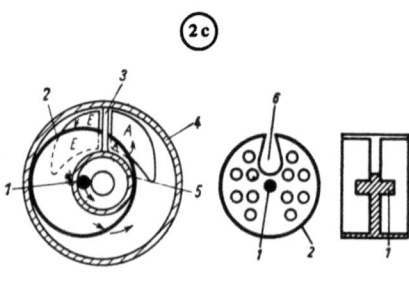

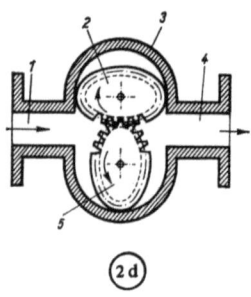

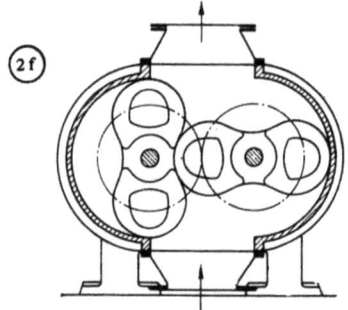

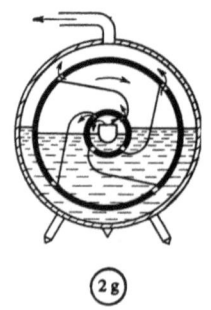

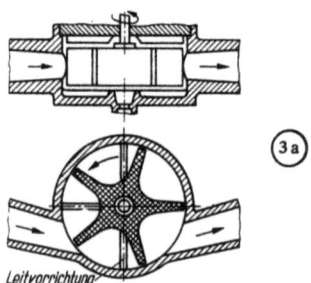

| Gruppen-Nr. 8.5.3 | **Betriebs-Meßtechnik** | Abschn./Tab. **BM/ 8** |

Verfahren und Prinzip der Volumenmessung, -zählung
(Mengenzähler für Flüssigkeiten oder Gase)
Siehe auch Bilder in Tab. BM/10 „Durchflußmessung"

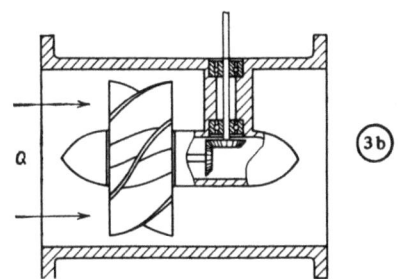

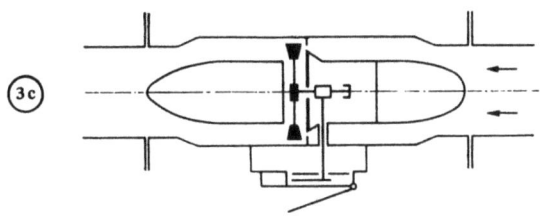

Zu C Zählwerkausführungen

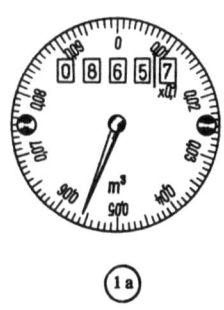

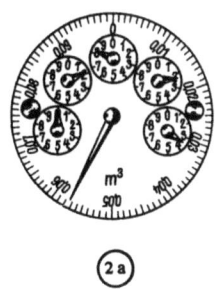

1-41

| Gruppen-Nr. 8.5.3 | Betriebs-Meßtechnik | Abschn./Tab. BM/9 |

9. Verfahren und Prinzip der Mengenmessung (Dosierung)
(Masse- bzw. Gewichtsbestimmung fester und flüssiger Stoffe)

Verfahren/Dosierung	Meßgerät/Prinzip (s.a. Bilder)	Meßbereich
A. Massebestimmung Wägung mittels Kräftevergleiches	mit Gefäß- und Dosierbandwaagen 1. Balkenwaage, a) gleicharmig, (digital), b) ungleicharmig	100 g bis 1 kg
	2. Brückenwaage, ungleicharmig mit Laufgewichten (Dezimal-/Zentisimalwaage)	50 kg bis 100 t
	3. Neigungswaage, analog (mit Neigungsgewicht)	500 g bis 10 t
Wägung mittels Kraftmessung	4. Federwaage a) mit Schraubenfeder b) mit Torsionsband	100 g bis 5 kg 100 mg bis 10 g
	5. Hydrowaage (hydraul. Kranwaage): Rohrfeder, Wellrohr, Membran o.ä. zeigt Ergebnis an	
	6. Gefäßwaage	
	7. Dosierbandwaage	
B. Dosierung nach Volumen	8. Bandzuteiler (Förderbandwaage)	
	9. Schneckenzuteiler	
	10. Tellerzuteiler	
	11. Zellenwalzenzuteiler	
	12. Zellenradzuteiler	
	13. Vibrationszuteiler	

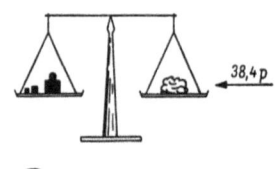
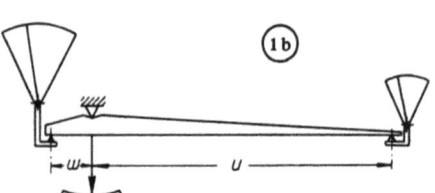
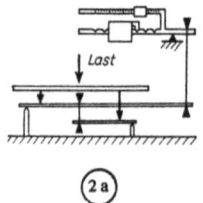

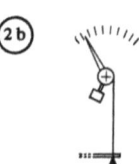
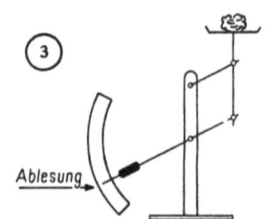

| Gruppen-Nr. 8.5.3 | **Betriebs-Meßtechnik** | Abschn./Tab. **BM/9** |

Verfahren und Prinzip der Mengenmessung (Dosierung)
(Masse- bzw. Gewichtsbestimmung fester und flüssiger Stoffe)

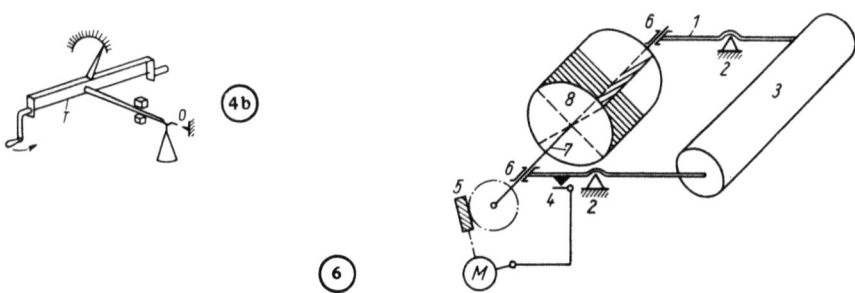

1 Waagebalken; 2, 6 Lager; 3 Ausgleichsmasse;
4 Schaltkontakt; 5 Antrieb (m Motor);
7 Achse; 8 Drehgefäß.

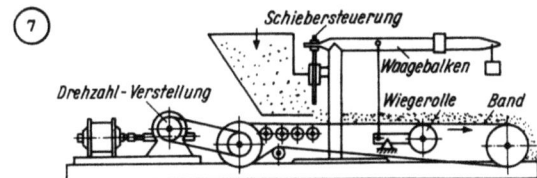

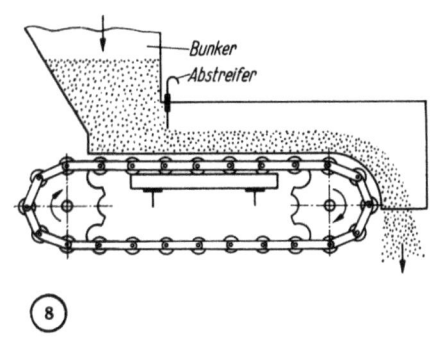

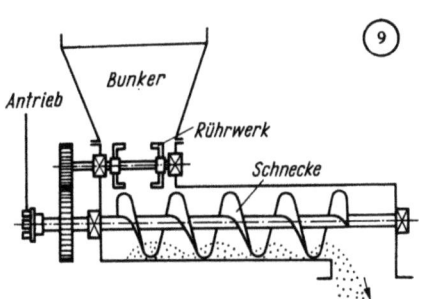

1-43

Betriebs-Meßtechnik

Gruppen-Nr. 8.5.3 — **Abschn./Tab. BM/9**

Verfahren und Prinzip der Mengenmessung (Dosierung)
(Masse- bzw. Gewichtsbestimmung fester und flüssiger Stoffe)

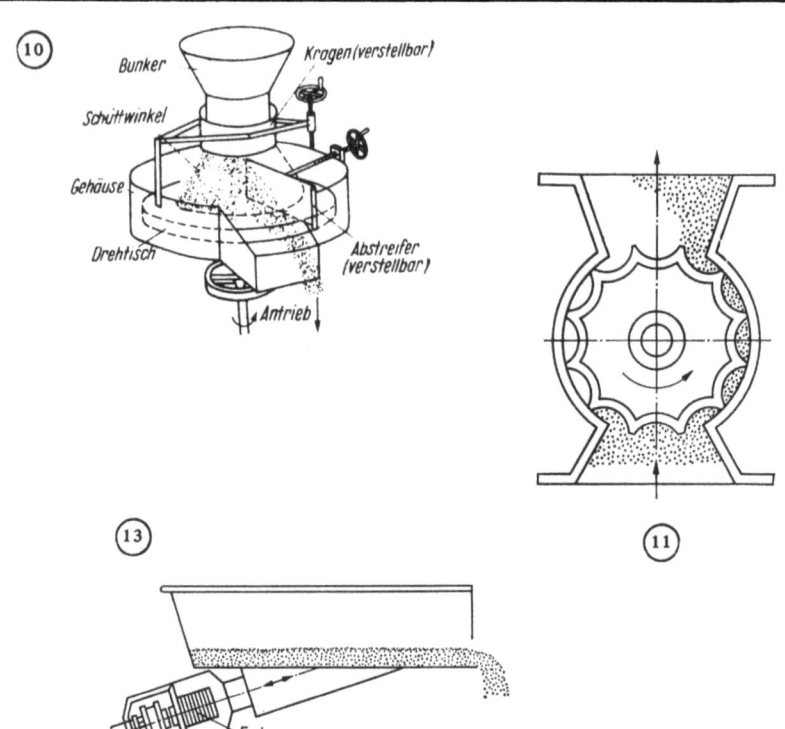

⑩ Bunker, Kragen (verstellbar), Schüttwinkel, Gehäuse, Drehtisch, Abstreifer (verstellbar), Antrieb

⑪

⑬ Federn, Elektromagnet

10. Verfahren und Prinzip der Durchflußmessung für geschlossene Querschnitte
(Mengenstrommessung: Menge bzw. Volumen je Zeiteinheit)

Anwendung: für Flüssigkeiten und Gase

Verfahren	Meßprinzip	Meßgeräte (s.a. Bilder)
A. Geschwindig-keitsverfahren Flüssigkeitszähler	1. Volumetrisch	a) Drehkolbenzähler b) Ringkolbenzähler c) Ovalradzähler d) Taumelscheibenzähler e) Schraubenradzähler
	2. Impulswirkung (mit Magnetkupplung)	a) Flügelradzähler b) Flügelzähler (Woltman-Zähler), Axial- oder Senkrechtzähler c) Magnetimpuls-Zähler, z.B. Rotoquant (für aggressive Flüssigkeiten); Pottermeter: Brennstoffmesser in Flugzeugen und bei Pipelines d) Wirbelzähler (Vortex-Zähler)

B. Wirkdruck-verfahren Differenzdruck-messer	3. Drosselwirkung	a) Meßblenden: I. Ringkammer-
		                II. mit Einzelanbohr.
		b) Meßdüsen: I. Ringkammer-
		              II. mit Einzelanbohr.
		c/d) Venturidüsen: kurz/lang
		e) Segmentblenden (Verunreinigungen unter der Blende können frei hindurchfließen)

	4. Zentrifugalkraft	Rohrkrümmer
	5. Staudruck	a) Pitot-Staurohre: Hakensonde (stat. Druck p_1) mit Vergleichsrohr (dynam. Druck p_2) b) Prandtl-Staurohre

	6. Schwimmer
	  a) mit Schwebekörper
	  b) mit Stauscheibe
		Rotameter: Schwebekörper rotiert bei Strömung in kegeligem Rohr mit Skale; Ringspalt
		Meßbereiche:
		  für Flüssigkeiten 0,2 ... 20 000 l/h
		  für Gase 1 ... 300 000 l/h

C. Verschiedene Verfahren	7. elektrisch (für leitfähige Stoffe)	a) Induktions-Durchflußmesser (beruht auf elektromagnet. Induktion in strömende Flüss.; durch äußeres Magnetfeld induzierte Urspannung wird gemessen) b) Ultraschall-Durchflußmesser c) Hitzdraht-Anemometer (Gas- und Luftströmung kühlt elektrisch erhitzten Platindraht R_1 ab)

| Gruppen-Nr. 8.5.3 | Betriebs-Meßtechnik | Abschn./Tab. BM/10 |

Verfahren und Prinzip der Durchflußmessung für geschlossene Querschnitte
(Mengenstrommessung: Menge bzw. Volumen je Zeiteinheit)
Anwendung: für Flüssigkeiten und Gase

Verfahren	Meßprinzip	Meßgeräte (s.a. Bilder)
		I. mit konstanter Heizspannung II. mit konstantem Heizdrahtwiderstand
	8. thermodynamisch	Kalorimetrischer Durchflußmesser (für Flüssigkeiten)
	9. radioaktiv	Radiometrischer Durchflußmesser
	10. Strömungsgeschwindigkeit	a) Flügelrad-Anemometer b) Schalenkreuz-Anemometer

Bemerkung zu Punkt 3 (Drosseleinrichtung):
Zum Messen des Durchflusses werden Druckmesser (s. Tab. BM/3) angewendet, z. B.:
Ringwaagen (bis 0,15 bar), Schwimmerdruckmesser,
Balgdruckmesser (ohne Hg), Barton-Meßzellen,
Manometer verschiedener Arten (1 bar = 100 kPa; 1 mbar = 1 hPa)

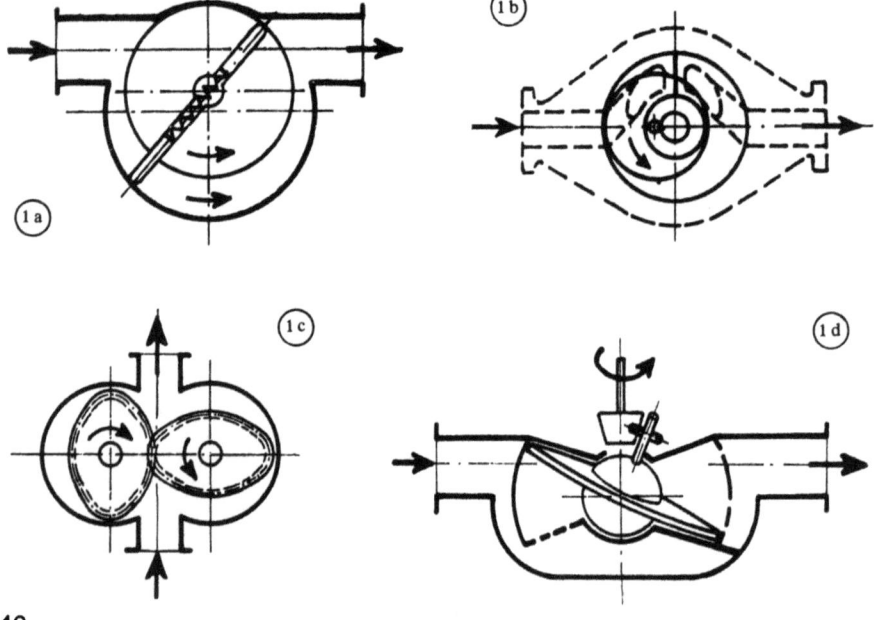

| Gruppen-Nr. 8.5.3 | **Betriebs-Meßtechnik** | Abschn./Tab. **BM/10** |

Verfahren und Prinzip der Durchflußmessung für geschlossene Querschnitte
(Mengenstrommessung: Menge bzw. Volumen je Zeiteinheit)
Anwendung: für Flüssigkeiten und Gase

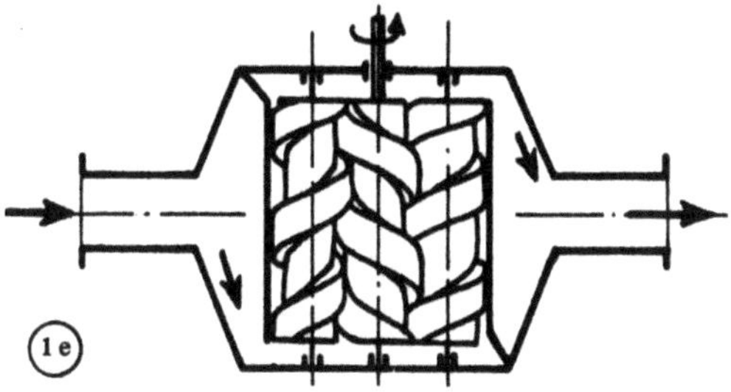

(1e)

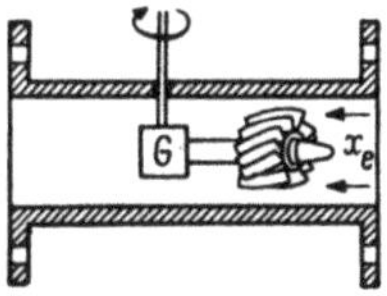

(2a)

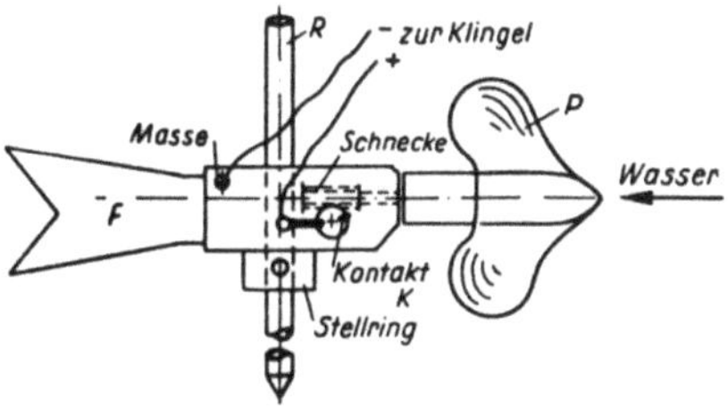

(2b)

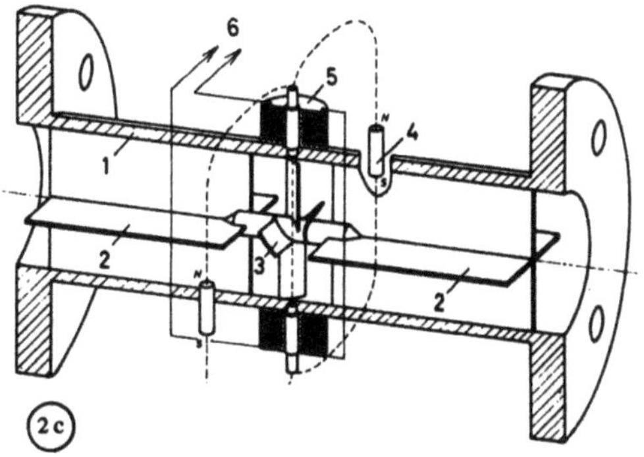

(2c)

1 Gehäuse, 2 Leitbleche, 3 Laufradflügel, 4 Permanentmagnete, 5 Induktionsspulen, 6 Impulsausgang.

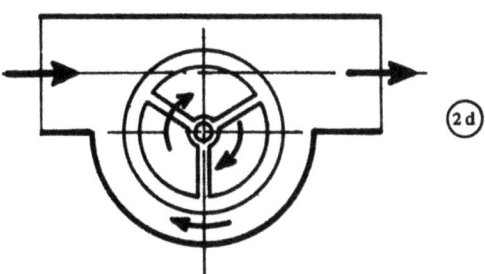
(2d)

1–47

| Gruppen-Nr. 8.5.3 | **Betriebs-Meßtechnik** | Abschn./Tab. **BM/10** |

Verfahren und Prinzip der Durchflußmessung für geschlossene Querschnitte
(Mengenstrommessung: Menge bzw. Volumen je Zeiteinheit)
Anwendung: für Flüssigkeiten und Gase

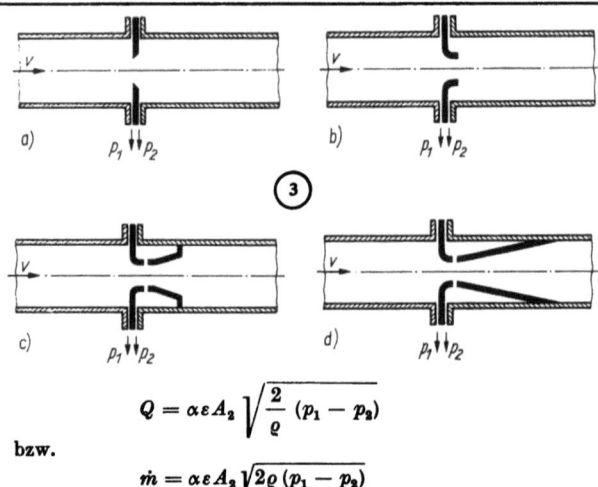

$$Q = \alpha \varepsilon A_2 \sqrt{\frac{2}{\varrho}(p_1 - p_2)}$$

bzw.

$$\dot{m} = \alpha \varepsilon A_2 \sqrt{2\varrho(p_1 - p_2)}$$

α Durchflußzahl, die außer dem Faktor $[1 - (A_2/A_1)^2]^{-1/2}$ auch noch Koeffizienten enthält, die die Strahleinschnürung hinter der Blende und die wegen unvermeidlicher Reibung ungleichmäßige Geschwindigkeitsverteilung über den Querschnitt berücksichtigen.
ε Expansionszahl.

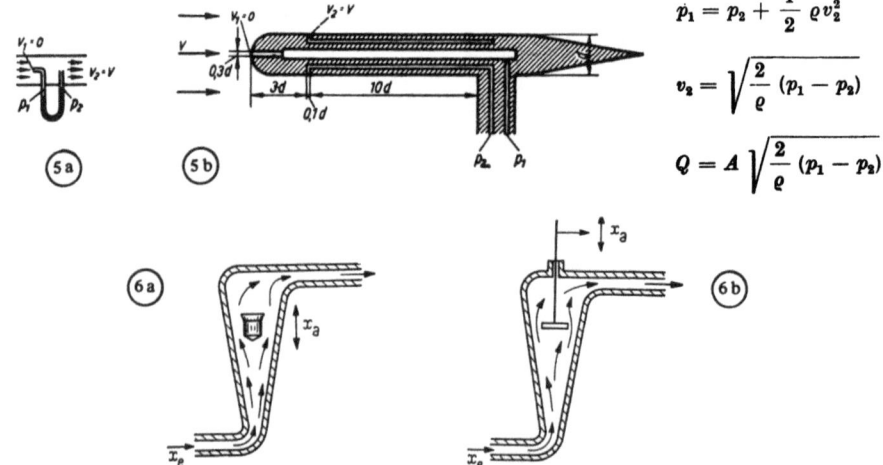

$$p_1 = p_2 + \frac{1}{2}\varrho v_2^2$$

$$v_2 = \sqrt{\frac{2}{\varrho}(p_1 - p_2)}$$

$$Q = A\sqrt{\frac{2}{\varrho}(p_1 - p_2)}$$

1-48

Betriebs-Meßtechnik

Gruppen-Nr. 8.5.3 — **Abschn./Tab. BM/10**

Verfahren und Prinzip der Durchflußmessung für geschlossene Querschnitte
(Mengenstrommessung: Menge bzw. Volumen je Zeiteinheit)
Anwendung: für Flüssigkeiten und Gase

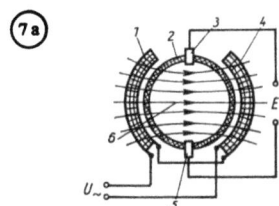

1, 4 Magnetisierungsspulen; 2 durchflossenes Rohr (Isolierstoff); 3, 5 Abnahmeelektroden; 6 Magnetfeld $U_\sim$ Erregerspannung

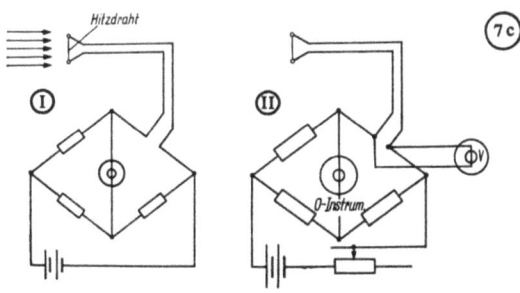

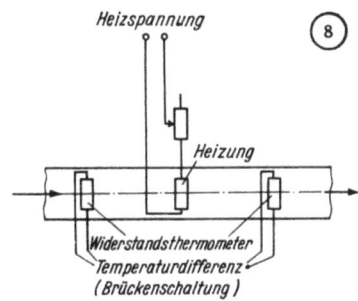

| Gruppen-Nr. 8.5.3 | Betriebs-Meßtechnik | Abschn./Tab. BM/11 |

11. Verfahren und Prinzip der Durchflußmessung für offene Meßquerschnitte (bei Rohraustritt in Atmosphäre)

(Mengenstrommessung: Menge bzw. Volumen je Zeiteinheit)

Verfahren	Prinzip	Meßgerät (s.a. Bilder)	Anwendung
1. Volumenmesser		Behälter	Flüssigkeit
2. Geschwindigkeitsmesser (s.a. BM/10)	Impulswirkung	a) Flügelzähler (Woltmann) b) Anemometer: Flügelradanemometer Schalenkreuzanemomtr. c) Schirm	Wasser, z.B. Wehrmessungen Luft/Gase 0,02 – 15 m/s 0,8 – 45 m/s z.B. Wehrmessungen
3. Differenzdruckmesser	Drosselwirkung Staubwirkung (Ausfluß-, Auslaufmessungen) Staudruck	a) Venturikanalmesser b) Überfall c) Danaiden-Gefäß (mit Beruhigungseinricht.): Düse bzw. Blende am Boden (1 oder mehr) d) Ponceletgefäß: Düse bzw. Blende an Behälterseite (1 oder mehr) e) Staurohr n. Prandtl (in Kanal oder Rohrleitung)	Siehe auch Tab. BM/10
4. Verschiedene Verfahren	Staudruck Einspritzung	a) Strompendel b) Konzentrationsänderung (Färbung, Salzverdünnung)	

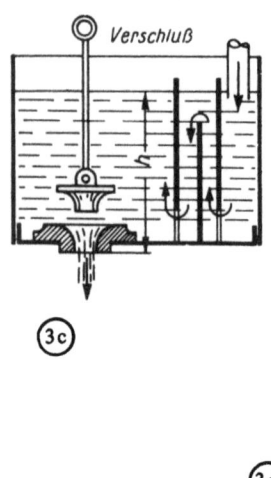

③c

③d

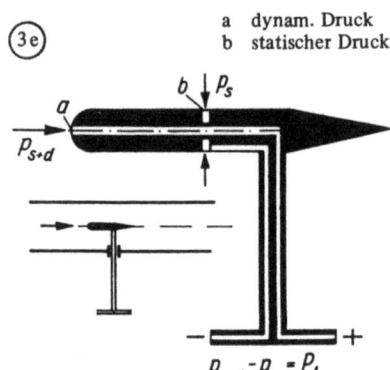

③e

a dynam. Druck
b statischer Druck

$p_{s+d} - p_s = p_d$

| Gruppen-Nr. 8.5.3 | Betriebs-Meßtechnik | Abschn./Tab. BM/12 |

12. Verfahren und Prinzip der Feuchtemessung (Feuchtemesser)

Verfahren	Meßgerät/Prinzip (s.a. Bilder)	Anwendung
A. Feuchtemessung von Gasen/Luft		
1. Hygroskopische Verfahren	a) Haarhygrometer Dehnung ϵ einer hygroskopischen Faser (Pflanze, Tier) unter Einfluß der relativen Feuchte φ	Temp. bis 70° C. Direkt anzeigend, schreibend, und auch durch Fernanzeige
	b) Diffusionshygrometer Diffusionsgeschwind. von Luft durch eine poröse Keramik-Membran (1) ist größer als die von Wasserdampf (2 Wasserbehälter; 3 U-Rohr-Manometer)	Differenzdruck Δp (= $ap_s - p_d$) ist proport. d. Differenz der Feuchte d. gesätt. Luft (in 2) und Außenluft. Eichdiagramm erforderlich
	c) Widerstandshygrometer LiCl-Feuchtemesser Abhängigkeit der el. Leitfähigkeit κ einer LiCl-Zelle (mit Drahtelektroden, 1) von der Feuchte der Außenluft (2). Luftgeschwind. v_L = constant. Meßwert d. Widerstandstherm. kann auch Schreibern oder Reglern zugeführt werden	Großer Feuchtebereich; ab s. Feuchte wird in eine Brückenschaltung gemessen. Fernanzeige über Verstärker möglich
2. Thermometrische Verfahren	a) Psychrometer, Aspirations-Feuchtthermometer (3), mit einem feuchten Textilstrumpf (5) umgeben, zeigt bei feuchter Gasströmung eine niedrigere Temp. an als ein Trockentherm. (2); Gasstromein- und -austritt (1/4). Je größer Gastrockenheit, um so mehr ist die Wasserverdunstung, und um so weniger zeigt Feuchtethermometer	Gasströmung $>$ 1,5 m/s. Beziehung zw. „Psychrometr. Differenz" (Temperaturunterschied beider Thermometer), Temperatur und rel. Feuchte s. Kurventafel (Tab. MD/22)
	b) Elektropsychrometer Zwei Widerstandsthermometer (f. Feucht- und Trockentemp. R_F/R_T) werden mit 2 Festwid. (R_1/R_2) und Kreuzspulgerät (1) in Brückenschaltung angeordnet (2 Spannungsquelle)	Meist zur Fernmessung der absoluten Feuchte
	c) Taupunktmesser, -spiegel Feuchter Gasstrom wird an einem vernickelten Spiegel (2, mit veränderlicher Temp.) vorbeigeleitet. Spiegeltemp. im Augenblick des Beschlagens ist gleich dem Taupunkt des Feuchtgases (7); sie wird gemessen (mit Widerstandsther-	Temperaturmessung des Taupunkts (also φ = 1). 1 Lichtquelle, 5 Kühlwasser, 6 Heizschlange, 9 Verstärker, 10 Fotozelle

1-51

Verfahren und Prinzip der Feuchtemessung (Feuchtemesser)

Verfahren	Meßgerät/Prinzip (s.a. Bilder)	Anwendung
	mometer 3) und anschließend registriert (4)	
	d) LiCl-Taupunktfühler (Feuchtefühler) Meßfühler ist ein Hg- oder Widerstandsthermometer (1), umgeben von zwei Drahtwicklungen (3 u. 5), die auf einem mit gesätt. LiCl-Lösung gefülltes Glasgespinst (2) angeordnet sind. Strom fließt nur durch LiCl-Lösung, die sich erwärmt	Messung der Taupunkttemperatur. Fernmessung möglich, wenn Widerstandsthermometer mit Kreuzspulgerät in Brückenschaltung stehen
B. Feuchtemessung von Feststoffen		
3. Elektrisches Verfahren	El. Leitfähigkeits-Feuchtemesser Beruht auf der Abhängigkeit der el. Leitfähigkeit κ hygroskopischer Stoffe von Feuchtegehalt. Mit Hilfe von Elektroden (Stab-, Walzen-, Zangen-El.), Festwiderständen und Stromquelle in Brückenschaltung wird die Widerstandsänderung gemessen oder registriert bzw. zum Regeln ausgenutzt	Nach entsprechender Eichung als Holz-, Papier-, Textil-, Torf-, Tabak-, Zuckerrübenschnitzel-Feuchtemesser
4. Radioaktives Verfahren	Neutronen-Feuchtemesser Beruht auf der Eigenschaft von Stoffen, schnelle Neutronen (vom Strahler ausgehend) zu bremsen, wobei das Bremsvermögen (das bei H des Wassers am höchsten ist) mit Hilfe eines Meßkopfes und Detektors gemessen oder registriert wird	Chem.-, Keramik- und Zellstoffindustrie, Bergbau, Metallurgie, Bauwesen, Geotechnik, Landwirtschaft. Ausgangssignale können auch Eingangssignale f. nachgeschaltete Steuer- u. Regelgeräte sein

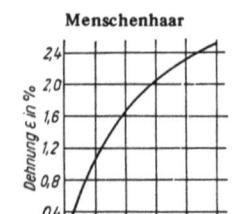

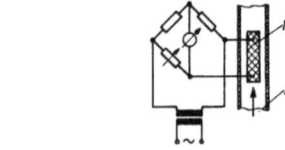

| Gruppen-Nr. 8.5.3 | **Betriebs-Meßtechnik** | Abschn./Tab. **BM/12** |

Verfahren und Prinzip der Feuchtemessung (Feuchtemesser)

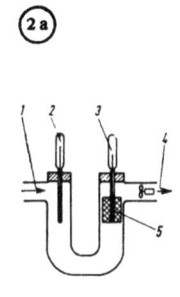
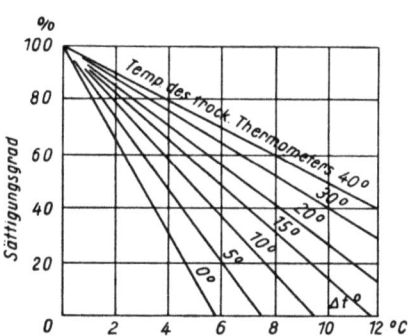

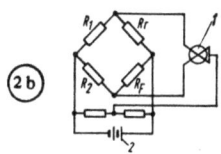
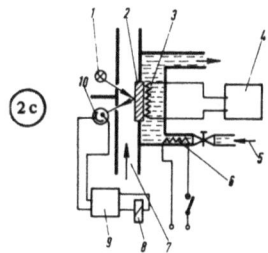

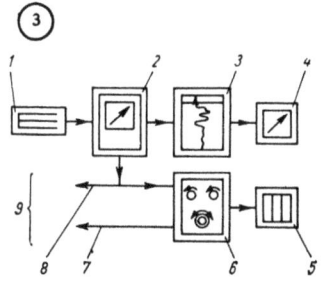

a) Holz

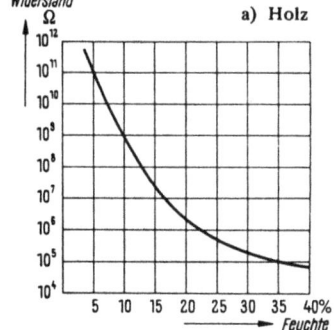

b) Papier

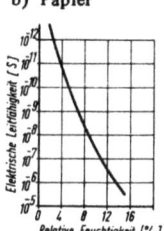

1 Meßwertabtaster; 2 Meßwandler;
3 Registriergerät;   4 Fernanzeige;
5 Leuchtsignal;   6 Signalgeber;
7 Sollwert;   8 Meßwert;
9 zum Regler;

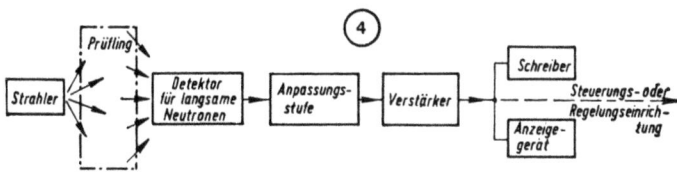

1-53

	Betriebs-Meßtechnik	
Gruppen-Nr. 8.5.3		Abschn./Tab. BM/13

13. Verfahren und Prinzip der elektrometrischen Messungen

Verfahren	Prinzip (s.a. Bilder)	Anwendung
1. pH-Meßgeräte	Messung der Zahlen- oder Kettenspannung einer galvan. Zelle bzw. Elektrodenkette, bestehend aus Meßelektrode und einer elektrolyt. mit ihr verbundenen Bezugselektrode (in pH-Gebern) Anschluß an Spannungs- oder Strommesser (evtl. über Meßverstärker), Schreiber oder Regler	Zellenspannung ist ein Maß für den pH-Wert der Meßlösung. Es wird nur die H-Ionenkonzentration erfaßt (Diffusion von H-Ionen durch einen Diaphragma).
Einteilung nach Meßelektrode:	Bezugselektrode:	
a) Antimon-Elektrode (gereinigt)	Silberamalgam (AgHg) mit Silberchlorid (AgCl) „Silberchlorid-El."	pH = 0,4 bis 13 Trink-, Ab-, Flußwasser; Laugenbäder
b) Glaselektrode (mit Pufferlösung gefüllter kugelförm. Membrankörper)	I. Quecksilber mit Kalomel (HgCl) „Kalomel-El." II. Silberamalgam (AgHg) mit Silberchlorid (AgCl) „Silberchlorid-El." III. Thalliumamalgam (TlHg) mit Thalliumchlorid (TlCl) „Thalamid-El."	pH = 0 bis 14 Alle Lösungen (außer stark alkal. Lösungen und Lös. von Salzen der Flußsäure) und Leitfähigkeit $< 2\ \mu S/cm$
2. Leitfähigkeits-Meßgeräte a) für niedrige Konzentration (Käfig- und Innenelektrode b) für mittlere Konzentration (Schirmelektrode)	Abhängigkeit der elektr. Leitfähigkeit von der Konzentration verschiedener Lösungen; je mehr Ionen vorhanden sind (je größer der Dissoziationsgrad) je höher ist die elektrolyt. Leitfähigkeit κ. Leitfähigkeitsgeber mit Schirm- oder Käfigelektrode und Meßelektrode, sowie mit Widerstandsthermometer T (für Temperaturbericht.), Anzeiger (A), Meßsatz (M), Schreiber (S) und Regler: in $\mu S/cm$ oder in mg NaCl/l geeicht. An der Meßstrecke liegt eine Wechselspannung (Antipolarisation)	Es werden Konzentrationen sämtlicher Ionen erfaßt. Z.B. zur Bestimmung des Salzgehaltes einer Lösung oder der Reinheit einer Flüssigkeit; auch von Säuren und Basen. Durch 2 in der Lösung getauchte Elektroden wird $\varkappa$ gemessen: $\varkappa = 1/A \cdot R = = c/R$, wobei c Widerstandskap. (l/A in 1/cm) ist, eine Elektrodenkonstante
3. Dielektrizitäts-Meßgeräte (DK-Messungen)	Ermittlungen der Dielektrizitätskonstante DK (ϵ) der flüssigen oder gasförmigen Stoffe mit Hilfe einer Durchfluß-Meßzelle (a), die in einer Wechselstrom-Brückenschaltung (b) steht. Durch Messung der Kapazität eines Kondensators in Luft zu C_0, für ein anderes Dielektritium (Gas oder Flüssigkeit) zu C, ergibt sich die gesuchte relative DK zu $\epsilon = \epsilon_h C/C_0$	Erfassung der Zusammensetzung verschiedener Stoffe bei konstanter oder verschiedener Temperatur; zur ständigen Kontrolle chemischer Prozesse. Zur Vermeidung einer Elektrolyse der Flüssigkeit wird Hochfrequenzstrom verwendet.

| Gruppen-Nr. 8.5.3 | **Betriebs-Meßtechnik** | Abschn./Tab. **BM/13** |

Verfahren und Prinzip der elektrometrischen Messungen

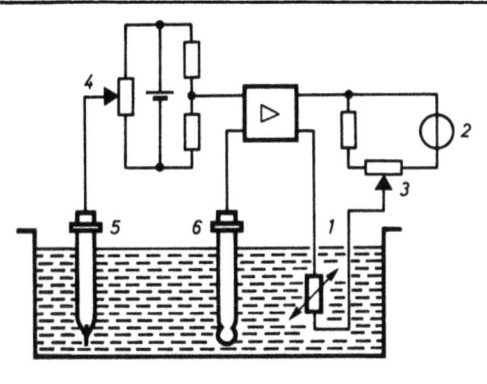

1 = Widerstandsthermometer
2 = Anzeiger
3, 4 = Potentiometer
5, 6 = Elektroden

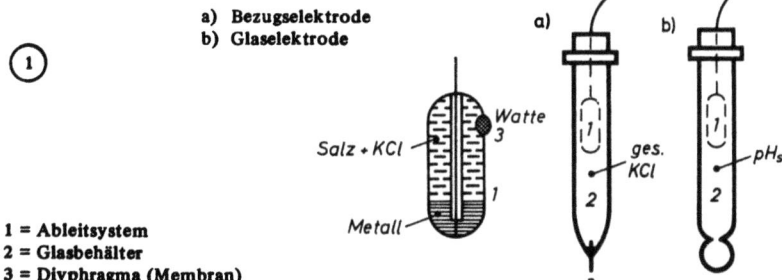

a) Bezugselektrode
b) Glaselektrode

1 = Ableitsystem
2 = Glasbehälter
3 = Diyphragma (Membran)

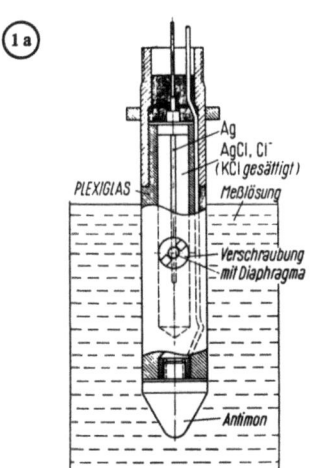

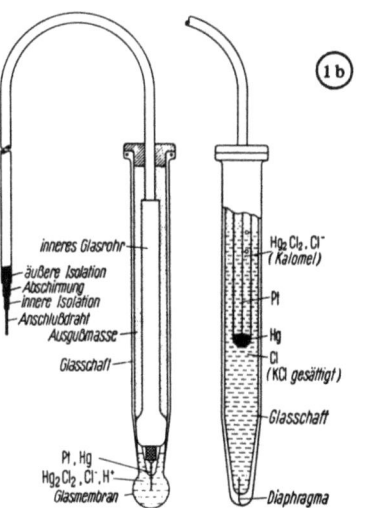

| Gruppen-Nr. 8.5.3 | **Betriebs-Meßtechnik** | Abschn./Tab. **BM/13** |

Verfahren und Prinzip der elektrometrischen Messungen

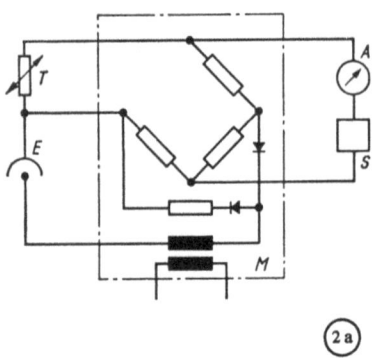

(2a)

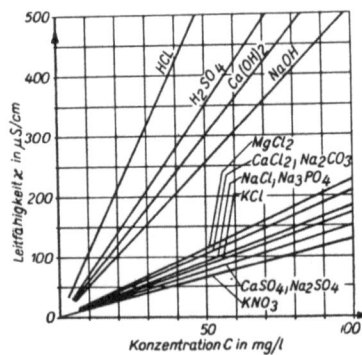

(2b)

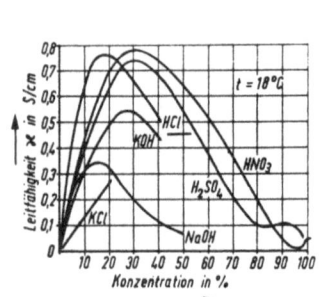

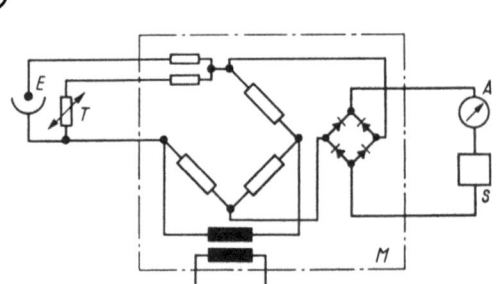

Übliche Meßbereiche von Leitfähigkeits-Meßgeräten in mg NaCl/l

Geber für niedrigste Konzentrationen $C = 0{,}0058$ cm^{-1}	0 bis 0,3; 0 bis 1; 0 bis 2,5; 0 bis 5 bis ∞
Geber für niedrige Konzentrationen $C = 0{,}058$ cm^{-1}	0 bis 10; 0 bis 25; 0 bis 100; 0 bis 600; 0 bis 50 bis ∞
Geber für mittlere Konzentrationen $C = 1$ cm^{-1}	50 bis 600; 200 bis 1000; 500 bis 2500; 500 bis 5000, 1000 bis 5000; 2000 bis 7000

Verfahren und Prinzip der elektrometrischen Messungen

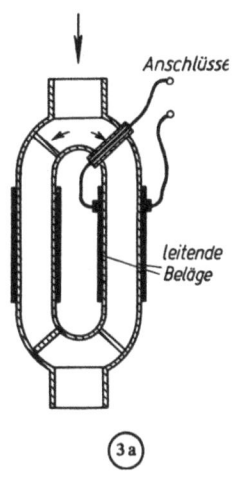

(3a)

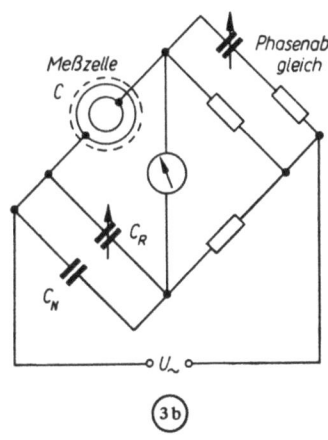

(3b)

Relative DK (ε) verschiedener Stoffe

Stoff	ε	Stoff	ε	Stoff	ε
Glas	5 ... 16	Ethylalkohol	24	Ammoniak	1,0072
Glimmer	4 ... 8	Benzol	2,3	Helium	1,000074
Kunstharz-Preßmasse	3,5 ... 4,5	Glycerin	43	Kohlendioxid	1,00096
Papier (trocken)	1,8 ... 2,6	Petroleum	2,1	Luft	1,000594
Porzellan	6	Schwefelkohlenstoff	2,6	Schwefeldioxid	1,0099
Polystyrol (Tritul)	2,3 ... 2,5	Toluol	2,3	Stickstoff	1,00061
Polyvinylchlorid (Vinidur)	3 ... 4,0	Wasser, rein	81,57	Wasserstoff	1,00026

| Gruppen-Nr. 8.5.3 | **Betriebs-Meßtechnik** | Abschn./Tab. BM/14 |

14. Verfahren und Prinzip der Analysenmessungen
(chemisch-physikalische Messungen: Analysenmeßgeräte)

Verfahren/Meßgerät	Prinzip (s.a. Bilder)	Anwendung
A. Gasanalyse		
1. Gaschromatographie	Ausnutzung der selektiven Adsorption in einer mit einem Adsorptionsmittel gefüllten Säule. Dem Dampf- oder Gasgemisch wird in geringer Menge ein Schlepp- oder Trägergas (Luft, H_2, N_2, CO_2 oder Edelgas) zugesetzt und durch einen wirksamen Trennstoff (z.B. Holzkohle in der Trennsäule) gedrückt; p, t und v = constant. Die Komponenten treffen zu verschiedenen Zeiten und damit getrennt am Ende des Rohres ein und können nacheinander erfaßt und gemessen oder registriert werden. Vergleich der Wärmeleitfähigkeit zwischen Trägergas und Trägergas-Meßgaskomp. liefert eine der jeweiligen Gaskonzentration proportionale Meßspannung, die ein elektrischer Kompensationsschreiber in einem „Gaschromatogramm" umsetzt (s. Bild: bis 5 Komponenten).	Bestimmung der Zusammensetzung v. Stoffen, die sich verdampfen lassen; quantitative u. qualitative Analysen von Gasgemischen (in 2–30 min). Zur Rauchgasprüfung. Analysieren v. CH-Gemischen und anorganischen Substanzen. Temp. 50–200°C. Nachteil: kein kontinuierliches Messen möglich.
a) Gas-Verteilungschromatograph	Trennstoff in flüssigem Zustand (unaktives Kieselgur in Flüss.).	
b) Gas-Absorptionschromatograph	Trennstoff in festem Zustand (feinkörnige Aktivkohle, Kieselgel, aktive Tonerde usw.)	
2. Strahlungsabsorption a) Ultrarot-, Infrarot-Gasanalysator	Verschiedenatomige Gase absorbieren von durchfallendem Licht gewisse Teile des Spektrums im Ultra- und Infraroten Bereich (Temperaturstrahlung); es zeigen sich Spektrallinien oder Absorptionsbanden. Die aufgenommene Energie bewirkt Druck- und Temperaturzunahme, die über Widerstandsthermometer gemessen bzw. registriert wird. Allgemein für Strahlung zwischen 2,5 und 12 μm.	Zum Messen der Konzentration von CO, CO_2, CH_4, C_2H_2, C_2H_4, C_2H_6, C_3H_8, C_4H_{10}, NH_3 usw. Nicht für gleichatomige Gasmoleküle
I. Dispersives Verfahren	Licht vom Infrarotstrahler wird in einem Monochromator spektral zerlegt. Testgas wird nur von monochromat. Licht bestrahlt.	Aufwendig und kostspielig

| Gruppen-Nr. 8.5.3 | **Betriebs-Meßtechnik** | Abschn./Tab. **BM/14** |

Verfahren und Prinzip der Analysenmessungen
(chemisch-physikalische Messungen: Analysenmeßgeräte)

Verfahren/Meßgerät	Prinzip (s.a. Bilder)	Anwendung
II. Nichtdispersives Verfahren	Unzerlegte Infrarot-/Ultrarotstrahlen treffen das Prüfgas auf dem der Empfänger besonders sensibilisiert ist (negative Filterung).	Allgemein angewendet
b) Ultraviolett-Gasanalysator	Für Strahlung zwischen 0,2 und 0,8 μm (ins Ultraviolette reichende Wellenlängenbereiche)	Für Gase (auch gleichatomige wie N_2, O_2, H_2, Cl_2)
I. Photometer mit selektivem Hg-Strahler	Empfänger ist eine Vakuum-Fotozelle; Gasentladungslampe liefert Strahlen von 0,25 μm	aggressive Gase (wie NO_2 und SO_2)
II. Photometer mit unselektivem Glühstrahler	Mit optischen Filtern (Meß- und Vergleichsfilter); für Strahlung von 0,2 bis 0,8 μm	organ. Dämpfe (z.B. Benzol) und Metalldämpfe (Hg)
3. Thermomagnetische Gasanalyse Paramagnet-Gasanalysator, O_2-Messer	Ausnutzung der paramagnetischen Eigenschaften des Sauerstoffs. Unterscheidung der Gase in bezug auf magnet. Suszeptibilität κ ($= \mu_r - 1$, wenn μ_r Permeabil. ist). Paramagnet. Gase (κ ist pos.), z.B. O_2, sind temperaturabhängig (κ sinkt bei steigender Temp.) und werden in ein inhomogenes Magnetfeld hineingezogen. Diamagnet. Gase (κ ist neg.) sind alle übrigen Gase. Curie-Gesetz (Konstante c): $\kappa = c \cdot p/R \cdot T^2$	Zur O_2-Bestimmung, Abgaskontrolle bei Dampfkesselfeuerungen, Kalk-, Zement-, Hoch-, Tief-, Glüh- und Schmelzöfen, Thomaskonvertoren. Überwachung des O_2-Gehaltes in Arbeits-, Betriebsräumen, Lagerräumen (f. Papier, Textil, Tabak, Lebensmitteln). Bei Reingasherst. z.B. von ClO_2, ClO_3, NO, NO_2
a) Ringkammer-O_2-Messer	Vergleichs- und Meßkammer enthalten je ein Platin-Widerstandsdraht; beide sind in einer Wheatstone-Brückenschaltung aufgenommen.	
b) Hitzdraht-O_2-Messer	Meßkammer mit Platin-Widerstandsschleife (300°C); Widerstandsänderung des Drahtes durch „magnetischen Wind" wird mit Hilfe der Wheatstone-Brücke gemessen bzw. registriert oder auch geregelt.	
4. Wärmeleit-Gasanalysator Thermoflux-Gasanalysator	Wärmeleitfähigkeit ist abhängig von der Konzentration und Zusammensetzung der Gasgemische und somit auch die Abkühlung eines elektrisch beheizten Leiters (Meßdraht). Wärmeleitvermögen ist bei einigen Gasen sehr unterschiedlich: klein für CO_2, groß für H_2 und He. Zwei bzw. vier Wärmeleitkammern	Zur Messung des Gehaltes an CO_2, H_2, N_2, Ar, NH_3 oder SO_2 (s.a. Tab. BM/13, 16). Als CO_2-Messer, CO + H_2-Messer. Auch zur Ermittlung von O_2 und Wassergehalt.

1-59

Verfahren und Prinzip der Analysenmessungen
(chemisch - physikalische Messungen: Analysenmeßgeräte)

Verfahren/Meßgerät	Prinzip (s.a. Bilder)	Anwendung
	(Meß- und Vergleichskammer) mit je einem Platindraht (für Meß- und Vergleichsgas); Meßschaltung ist die Wheatstone-Brücke mit Galvanometer.	
5. Wärmetönungs-Gasanalysator	Die unterschiedliche Verbrennungsdauer von Gasen wird als Meßgröße ausgenutzt. Zwei elektr. vorgeheizte Widerstände, die in je einer Meß- und Vergleichskammer liegen, sind mit zwei Festwiderständen zu einer Brückenschaltung vereinigt. Enthält das Meßgas brennbare Bestandteile (z.B. CO und H_2 bei Rauchgasen), so erfolgt an den Platindraht (in Meßkammer) eine katalyt. Verbrennung. Temperatur und Widerstand des Drahtes erhöhen sich; Meßgerät zeigt elektr. Spannung an, die proport. mit CO- und H_2-Konzentration ist.	Zur Bestimmung der Konzentration von brennbaren Gasen in einem Gemisch (z.B. CO, H_2)
6. Thermoelektrischer Gasanalysator	Ausnutzung der bei Absorption einer Komponente des Meßgases in einer entsprechend ausgewählten Flüssigkeit hervorgerufene Temperaturveränderung, die mit Hilfe einer Thermokette (3) und einem Spannungsmesser (4) angezeigt werden kann. 1 Reaktionsgefäß, 2 Meßgasgefäß oder -rohr	Gasspurenmessung z.B. von O_2, CO_2, SO_2, H_2S und Wasserdampf (Anzeige in Vol. %, g/m^3 oder mg/m^3 geeicht)
7. Elektroleit-Gasanalysator	Ausnutzung der Leitfähigkeitsänderung einer mit der zu ermittelnden Gaskomponente reagierenden Absorptionsflüssigkeit (im Gefäß 1, 2). Durch eine entsprechende Differenzschaltung des Elektrodenpaares (3 vor und 6 nach der Reaktion) wird die Veränderung der Leitfähigkeit bestimmt bzw. gemessen.	Gasspurenmessung z.B. von CO_2, H_2S, SO_2, NH_3 und Wasserdampf (Anzeige in Vol. %, g/m^3 oder mg/m^3 geeicht)
8. Chemischer Gasanalysator, Rauchgasprüfer (Orsatapparat)	Die genauesten und sichersten Meßverfahren sind die chemischen, die entweder mittels Meßbüretten oder als selbsttätiges Meßverfahren, mit Hilfe von Heberpumpen (und Elektromotoren) durchgeführt werden. Allgemein vier Arbeitsvorgänge:	Rauchgasprüfung auf Gehalt an nicht brennbaren Gasen (CO_2, CO + H_2 usw.). Auch für Frischgasanalyse geeignet.

| Gruppen-Nr. 8.5.3 | **Betriebs-Meßtechnik** | Abschn./Tab. BM/14 |

Verfahren und Prinzip der Analysenmessungen
(chemisch-physikalische Messungen: Analysenmeßgeräte)

Verfahren/Meßgerät	Prinzip (s.a. Bilder)	Anwendung
	1. Bestimmte Menge Abgas wird durch Kalilauge geleitet, die das CO_2 herauswäscht.	Das fehlende CO_2-Gehalt wird in Vol. % abgelesen.
	2. Restgas wird durch Pyrogallsäure oder zwischen Phosphorstangen hindurchgeleitet, wobei sich der O_2-Anteil bindet.	Das fehlende O_2-Volumen (in %) wird abgelesen
	3. Restgas wird durch Kupferchlorür geleitet, das evtl. vorhandenes CO bindet.	Das fehlende CO-Volumen (in %) wird gemessen
	4. Bestimmung des Feuchtigkeitsgehaltes; bei der Verbrennung wasserstoffhaltiger Substanzen (besonders ÖL) entsteht Wasser.	
9. Verbrennungs-Rauchgasprüfer	Chemische Analysenmessung beruht: a) auf der Verbrennung der im Gasgemisch enthaltenen brennbaren Bestandteile (z.B. CO_2, H_2) und b) auf dem Herauslösen der O_2-Anteile durch Verbrennung anderer Gase	Prüfung auf Gehalt an CO_2 und unverbrennbare Anteile (CO + H_2); allgemein nach Messung nach dem Absorptionsverfahren
B. Flüssigkeitsanalyse		
10. Trübungs- und Färbungsmesser (Kolorimeter)	Ausnutzung der Schwächung einer Licht- oder Ultraviolettstrahlung. Vergleichsküvette mit Vergleichsflüss. und Meßküvette durch die die Flüssigkeit strömt, deren Trübung oder Färbung gemessen werden soll (m. Blendenrad, Fotozelle und Meßgerät)	Reinheitsgradmessung von Kesselspeise- und Trinkwasser (z.B. Kieselsäuregehalt); titrimetrische Analyse zur Kontrolle der Ent- bzw. Verfärbung
11. H-Ionenmesser pH-Messer	Ausnutzung der Eigenschaften von Elektrodenketten (Meß- und Bezugselektrode); sie ergeben eine Potentialdifferenz, die in einem bestimmten Verhältnis zur Ionenkonzentration steht. Maß für die Anzahl der H-Ionen in einer Lösung ist der pH-Wert: pH $<$ 7 Lösung ist sauer pH $=$ 7 Lösung ist neutral pH $>$ 7 Lösung ist alkalisch	Messung der H-Ionenkonzentration zur Überwachung von: Abwässer, Trinkwasser, Kesselspeisewasser, Bleich-, Reinigungs-, Farb-, Seifen-, Beiz- und Galvanobädern, Flotationstrüben. Bei Messung wird oft m. Temperaturkompens. gearbeitet.
12. Elektroleit-, Konzentrationsmesser	Abhängigkeit der elektr. Leitfähigkeit κ von der Konzentration (und von der Temp.) einer Lösung:	Zum Messen: a) vom Salzgehalt von Wasser, Kesselspeise-

1-61

Verfahren und Prinzip der Analysenmessungen
(chemisch - physikalische Messungen: Analysenmeßgeräte)

Verfahren/Meßgerät	Prinzip (s.a. Bilder)	Anwendung
	I. linear bei wäßriger (stark verdünnter) Lösung, II. nichtlinear bei konzentrierter Lösung. Werden zwei Elektroden unterschiedlicher Polarität in eine Lösung gebracht, so erfolgt ein Stromtransport (Wechselstrom) durch die Wanderung der Ionen im elektrischen Feld.	wasser vom Chlorgehalt im Trinkwasser. b) der Konzentration von Laugen (z.B. Waschlaugen), Spülwasser, Säuren (z.B. H_2SO_4);
Meßmethoden: a) Strom-/Spannungsmessung b) Quotientenmessung c) Spannungsteilerschaltung d) Brückenschaltung e) Brückenschaltung	mit Galvanometer mit Kreuzspulinstrument Wheatstone - Brücke für kontinuierliche Messung geringer Konzentration	Bemerkung: Meßzellen sind aus Glas oder Keramik; Meßelektroden bestehen aus CrNi-Stahl, Nickel, Feinkohle oder Platin

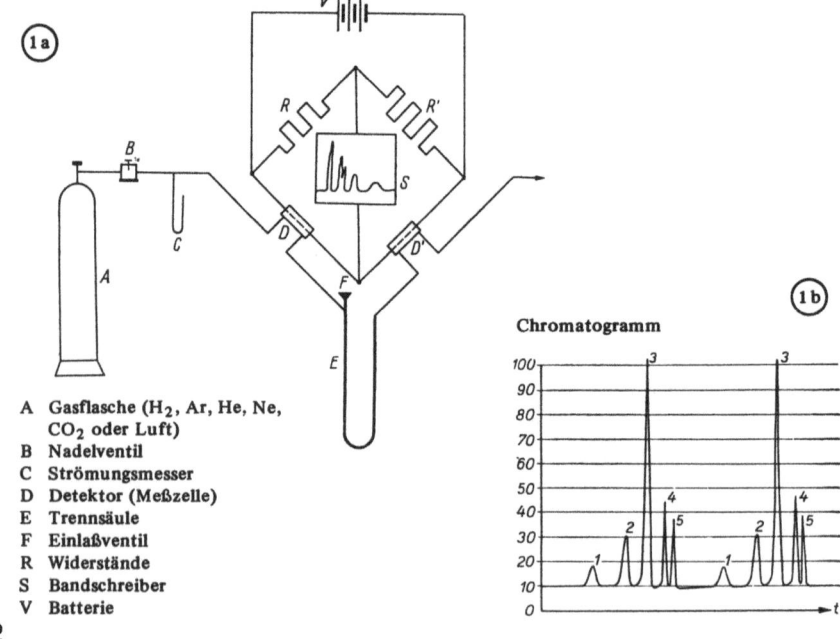

1a

1b Chromatogramm

A Gasflasche (H_2, Ar, He, Ne, CO_2 oder Luft)
B Nadelventil
C Strömungsmesser
D Detektor (Meßzelle)
E Trennsäule
F Einlaßventil
R Widerstände
S Bandschreiber
V Batterie

| Gruppen-Nr. 8.5.3 | **Betriebs-Meßtechnik** | Abschn./Tab. BM/14 |

Verfahren und Prinzip der Analysenmessungen
(chemisch-physikalische Messungen: Analysenmeßgeräte)

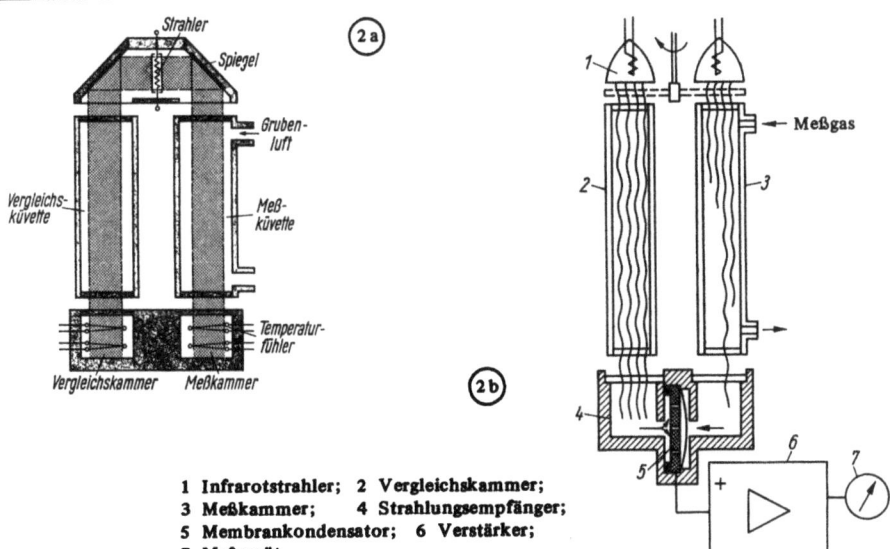

1 Infrarotstrahler; 2 Vergleichskammer;
3 Meßkammer; 4 Strahlungsempfänger;
5 Membrankondensator; 6 Verstärker;
7 Meßgerät

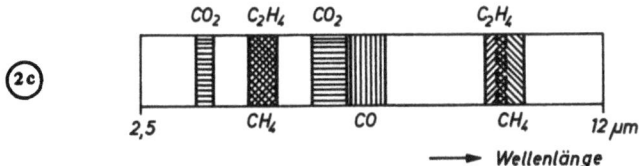

Absorptionsbanden im Ultraroten

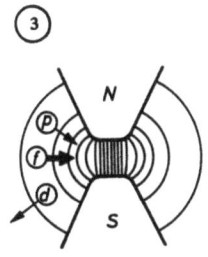

p = paramagnetische,
f = ferromagnetische,
d = diamagnetische Probe

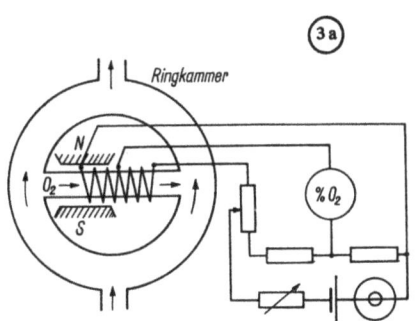

1-63

| Gruppen-Nr. 8.5.3 | **Betriebs-Meßtechnik** | Abschn./Tab. BM/14 |

Verfahren und Prinzip der Analysenmessungen
(chemisch-physikalische Messungen: Analysenmeßgeräte)

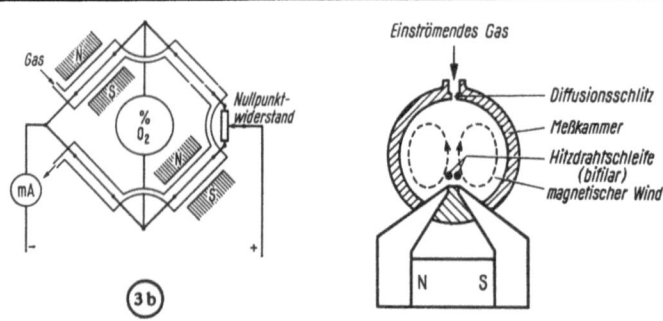

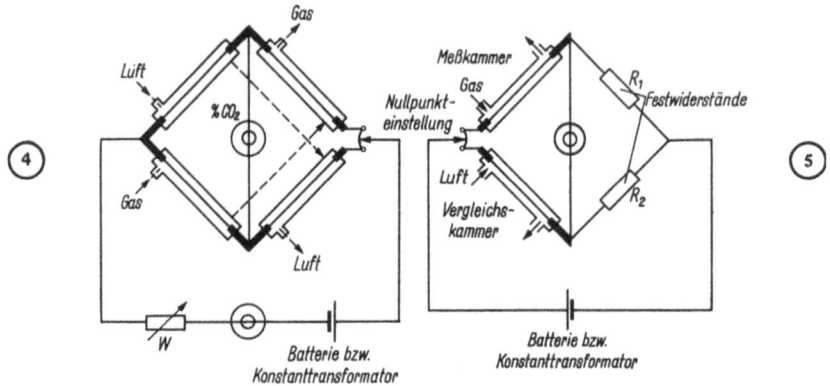

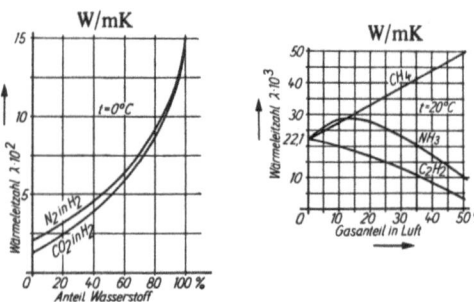

Wärmeleitzahlen von Gasen in Mischung:
a) mit Wasserstoff
b) mit Luft

| Gruppen-Nr. 8.5.3 | **Betriebs-Meßtechnik** | Abschn./Tab. BM/14 |

Verfahren und Prinzip der Analysenmessungen
(chemisch - physikalische Messungen: Analysenmeßgeräte)

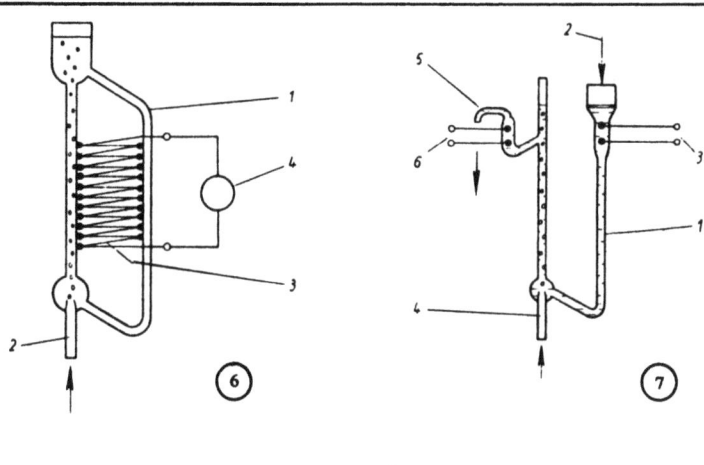

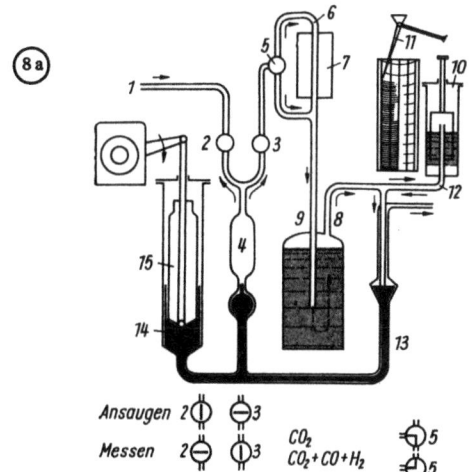

1 Gaseintrittsleitung; 2, 3, 5 Umsteuerventil; 4 Meßgefäß;
6 Verbrennungsrohr; 7 Ofen; 8, 9, 12 Rohrverbindungen;
10 Meßglocke; 11 Schreiber; 13 Absperrohr; 14, 15 Tauchkolbenpumpe;

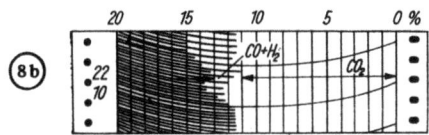

| Gruppen-Nr. 8.5.3 | **Betriebs-Meßtechnik** | Abschn./Tab. BM/14 |

Verfahren und Prinzip der Analysenmessungen
(chemisch - physikalische Messungen: Analysenmeßgeräte)

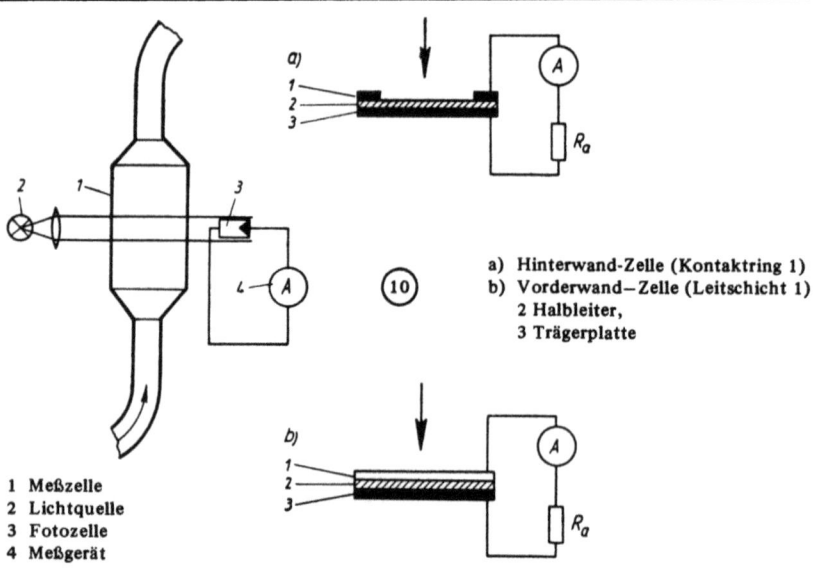

a) Hinterwand-Zelle (Kontaktring 1)
b) Vorderwand-Zelle (Leitschicht 1)
2 Halbleiter,
3 Trägerplatte

1 Meßzelle
2 Lichtquelle
3 Fotozelle
4 Meßgerät

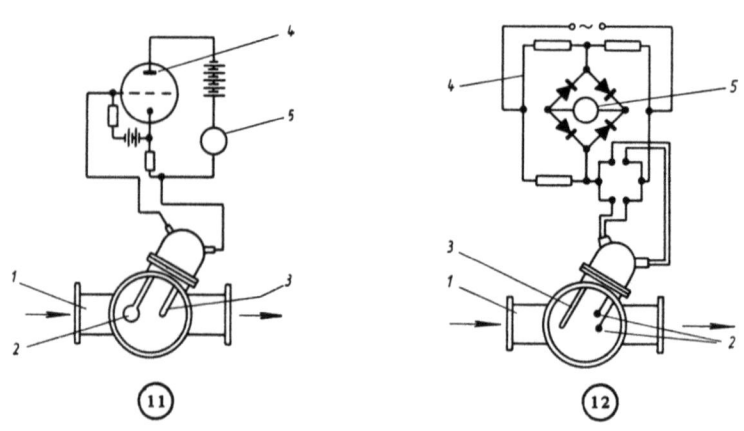

1-66

| Gruppen-Nr. 8.5.3 | **Betriebs-Meßtechnik** | Abschn./Tab. BM/15 |

15. Verfahren und Prinzip der Temperaturmessung

Verfahren/Meßgerät	Prinzip (s.a. Bilder)	Meßbereich
A. Mechanisches Berührungsthermometer	Wärmedehnung von Flüssigkeiten	
1. Flüssigkeits-Glasthermometer	Füllflüssigkeit: Quecksilber (Hg) (s.a. Tab.MD/28) Hg + Thall. (8%) Toluol Ethylalkohol Pentan	-35 bis $350°C$ -60 bis $625°C$ -70 bis $100°C$ -110 bis $50°C$ -200 bis $20°C$
a) Einschlußthermometer	Kapillarrohr mit Skale innen (bruchsicher)	
b) Stabthermometer	Glasstab mit Kapillare und Skale außen	-35 bis $600°C$
c) Beckmann-Thermometer	Vorratsgefäß (mit Kapillarerweiterung 1) mit Grobskale und Kapillare mit Feinskale (2)	Mit unterdrücktem Anzeigebereich
d) Kontakt-Hg-Thermometer	Kontakte: Zwei- oder Mehrpunktsglieder	-20 bis $250°C$
2. Flüssigkeits-Federthermometer	Durch Wärmeausdehnung wird Druck erzeugt: Quecksilber 100 bis 150, Toluol 5 bis 50 bar (x 0,1 MPa)	-60 bis $600°C$ ($\pm 1\%$)
a) Einfache Ausführ.	ohne Ausgleich	
b) mit Kompensation	mit Ausgleich	
3. Dampfdruck-Federthermometer (nicht lineare Anzeige)	Wärme bringt leicht siedende Flüssigkeiten zum Verdampfen. Dampfdruck ist proportional der Temperatur. (s.a. Tab. MD/29)	-200 bis $300°C$
	Kapillar z.T. gefüllt mit Propan Benzol Wasser Ethyläther, Toluol, Xylol	-40 bis $100°C$ 100 bis $300°C$ 100 bis $400°C$ -60 bis $600°C$
	Zum andern Teil mit dem Dampf der Flüss., Leitungen (evt. mit Sperrflüss.) bis 50 m Länge mögl.	
4. Metall-Ausdehnungsthermometer	Wärmeausdehnung zweier Körper wird zur Temperaturmessung benutzt	
a) Metallstabthermometer, Dehnstab $\Delta l = \Delta l_1 - \Delta l_2 = L(\alpha_1 - \alpha_2)\Delta t$	Ausdehnungsstab (2): Invarstahl, Porzellan, Quarz mit α_2 in Ausdehnungsrohr (1): Al, Ms, Ni, NiCr mit α_1 ($\alpha_1 > \alpha_2$) Porz./NiCr	-20 bis 1000, allg. 0 bis $200°C$ bis $1000°C$

Betriebs-Meßtechnik

Gruppen-Nr. 8.5.3 — Abschn./Tab. BM/15

Verfahren und Prinzip der Temperaturmessung

Verfahren/Meßgerät	Prinzip (s.a. Bilder)	Meßbereich
b) Bimetallthermometer $\gamma = \Delta t \; c \; L/s$ $M = \gamma \, E b s^3 / 12L$	Spirale aus zwei miteinander verbundenen Metallen unterschiedl. Wärmedehnung ($\alpha_1 > \alpha_2$) ruft Biegespannungen hervor. Biegungstemp. ist ein Maß für die Temperatur	-50 bis $400°C$ (meist bis $150°C$) γ = Wärmeleitfähigkeit E Elastizitätsmodul M Drehmoment
c) Bimetall - Kontaktthermometer	Kontakte: Zweipunktglied	-60 bis $200°C$
B. Elektrisches Berührungsthermometer		
5. Widerstandsthermometer (Meßspannung < 6 V)	Elektr. Widerstand R_t (z.B. Ni, CrNi, Pt) ändert seinen Widerstandswert bei Temperaturveränderungen $R_t = R_o (1 + \alpha t + \beta t^2)$ R_o bei $0°C$, β Korrekturfaktor ($\beta = 0$) bei $t < 200°C$. Direkte Anzeige mittels Kreuzspul-Ohmmeter (x) oder Anzeigegerät in einer Brückenschaltung (y) bzw. Registriergerät (über Verstärker 2 durch Motor 1 betätigt). Gesamt- oder Zuleitungswid. max. 10 Ohm (evtl. Abgleichwiderstand R_j benutzen	-200 bis $550°C$ mit besond. Schutzrohr bis $750°C$) s.a. Tab. MD/30, 31 Siehe auch DIN 43729, 43732 bis 43734, 43762 bis 43770

Schaltung
a) Ausschlagmethode
  I. Zweileiterschaltung
  II. Dreileiterschaltung
b) Kompensationsmethode
	Als Quotientenschaltung ausgeführt
	
	Leiterlänge bis 10 km möglich
	Als Heißleiter: Thermistoren (Halbleiter) z.B. Schwermetalloxiden (Co, Cr, Fe, Mn, Zn) zur Kompensation d. Temperaturganges v. Widerstandsdraht	

6. Thermoelemente Kombinationen: Cu - Konstantan Fe - Konstantan NiCr - Ni PtRh - Pt	Thermoelektr. Effekt; Urspannung (im mV-Bereich) a.d. Berührungsstelle zweier verschied. Metalle (3 u. 4) steigt mit wachsender Temperatur. Zwei Berührungsstellen (1 u. 2) ergeben Spannungsdiff. $E_1 - E_2$ und damit Temperaturdiff. $t_1 - t_2$ ($= \Delta t$); t_2 = Festwert 0, 20 oder $50°C$	-200 bis 1600 (allg. 50 bis 1300) $°C$ Siehe "Thermoelektr. Spannungsreihe" s.a Tab. MD/32 bis 37 DIN 43710, 43720, 43724, 43729, 43732 bis 43735, 43763 bis 43770

Betriebs-Meßtechnik

Abschn./Tab. BM/15

Verfahren und Prinzip der Temperaturmessung

Verfahren/Meßgerät	Prinzip (s.a. Bilder)	Meßbereich
Schaltung: a) Ausschlagmethode	Direkte Anzeige mittels mV-Meter (4). Thermoelement (t) + Ausgleichsleit. (1) + Leitung (3) + R_2 = = 20 Ohm. Anschlußkopf ist Vergleichsstelle (2)	Allgemein auch geeignet für Oberflächentemp.-Messung: 1 Bügeltherm. (bandförmig); Lötstelle schleift auf der Oberfläche;
b) Kompensationsmethode (-schaltung)	mit Galvanometer (1) und Anzeigegerät (2) zur stromlosen Messung (lichtelektr. Verfahren n. Lindeck-Rothe). c_t = I.R	2. Rollenvorrichtung m. Halbleiter (Meßwalze); 3. Rollenmeßbügel (bandförm. Thermoelement);
c) Kompensationsmethode mit Selbstabgleich. (Stromquelle: 3,7 V)	Kompensator in Brückenschaltung; Potentiometerverfahren nach Poggendorf. Brückenabgleichwid. (1) über Verstärker (3) durch Motor (2) betätigt.	4. Berührungslose Temperaturmessung (Meßplättchen)
d) Thermostatschaltung	Hierbei sind zwei Thermoelemente in einen Kreis geschaltet und die Temp. des einen Elementes mit Hilfe eines Thermostaten konstant gehalten	
e) Schwingquarz-Thermostat	siehe DIN 45170, bis 45172	
C. Strahlungspyrometer	Messung der Wärmestrahlung (Emissionsvermögen) vom Meßobjekt (Stefan - Boltzmannsches Gesetz). "Schwarzer Körper" ist Strahlungsnormal (Strahlungsverm. ϵ_0 = 1). Bei "Nichtschwarzen Körpern" ist stets $\epsilon_\lambda = \epsilon_g < 1$	Als vollautomat. Gerät gestaltet, können sie Steuer- und Regelvorgänge auslösen.
7. Gesamtstrahlungspyrometer	Strahlung durch Hohlspiegel oder durch Sammellinse (1) trifft: a) auf Strahlungsempfänger (geschwärztes Platinplättchen 2) mit mehreren Thermoelementen (3) z.B. Thermokette (11 bis 23fach) bzw. b) auf Fotoelement (Selenzelle, Germaniumdiode oder Silicium). Strom kann gemessen werden und die Strahlung durch Okular beobachtet werden.	500 bis 2000 (allg. 800 bis 1400) °C Marken: z.B. Ardonox, Ardometer, Astometer, Pyrradio, Ardofot.
8. Teilstrahlungs-Vergleichpyrometer (Glühfadenpyrometer)	mit Vergleichslampe (geeichter Strahler mit Wolframglühfaden; Wellenlänge = 0,65 μm).	700 bis 3500 (allg. 600 bis 2500) °C

Verfahren und Prinzip der Temperaturmessung

Verfahren/Meßgerät	Prinzip (s.a. Bilder)	Meßbereich
a) Leuchtdichte-pyrometer	Subjektive Anzeige: Methode I. Widerstandsänderung bei Lichtvergleich. Heizstrom (4 V) wird so einreguliert, daß die Leuchtdichten von Körper/Glühlampe übereinstimmen. II. Graukeil zwischen Strahler und Glühfaden wird so verschoben, daß gleiche Helligkeit vorliegt. Keilstellung ist das Temperaturmaß. Bei über 800°C Rotfilter im Okular erforderlich	1 Graufilter 2 Rotfilter s.a. Tab. MD/38
b) Intensitäts-pyrometer	Objektive Anzeige. Meßorgan ist Fotozelle; Motor mit Lochscheibe	
9. Farbpyrometer	Mit steigender Strahlertemp. wird der grüne Anteil der Strahlung relativ zum roten Anteil größer (Rot-Grün-Filter), Maß für die Farbtemp. des anvisierten Strahles ist die Stellung des verschiebbaren Rot-Grün-Keiles (mit Skale)	1000 bis 2000°C. Für Messungen außerhalb geschlossener Ofenräume usw.
10. Kombination von Farb- und Gesamtstrahlungspyrometer	Dadurch kann gleichzeitig oberer und unterer Grenzwert abgelesen werden. Siehe Taschenbuch „Techniker und Ingenieure"	
D. Temperaturmeßfarben	Siehe Tab. W/7 .... (Umschlagfarben bei Maximaltemperatur)	40 bis 1350°C
E. Temperaturfarbstifte	Siehe Tab. W/7	65 bis 670°C
F. Segerkegel	Siehe Tab. W/5 .... (in 59 Ausführungsstufen). Dreiseitig schlanke Pyramidenstümpfe von 30 mm Höhe (Laborkegel) oder 65 mm Höhe (Normalkegel). Mischungen v. Silikaten, Aluminiumoxiden usw.	600 bis 2000°C

| Gruppen-Nr. 8.5.3 | **Betriebs-Meßtechnik** | Abschn./Tab. **BM/15** |

Verfahren und Prinzip der Temperaturmessung

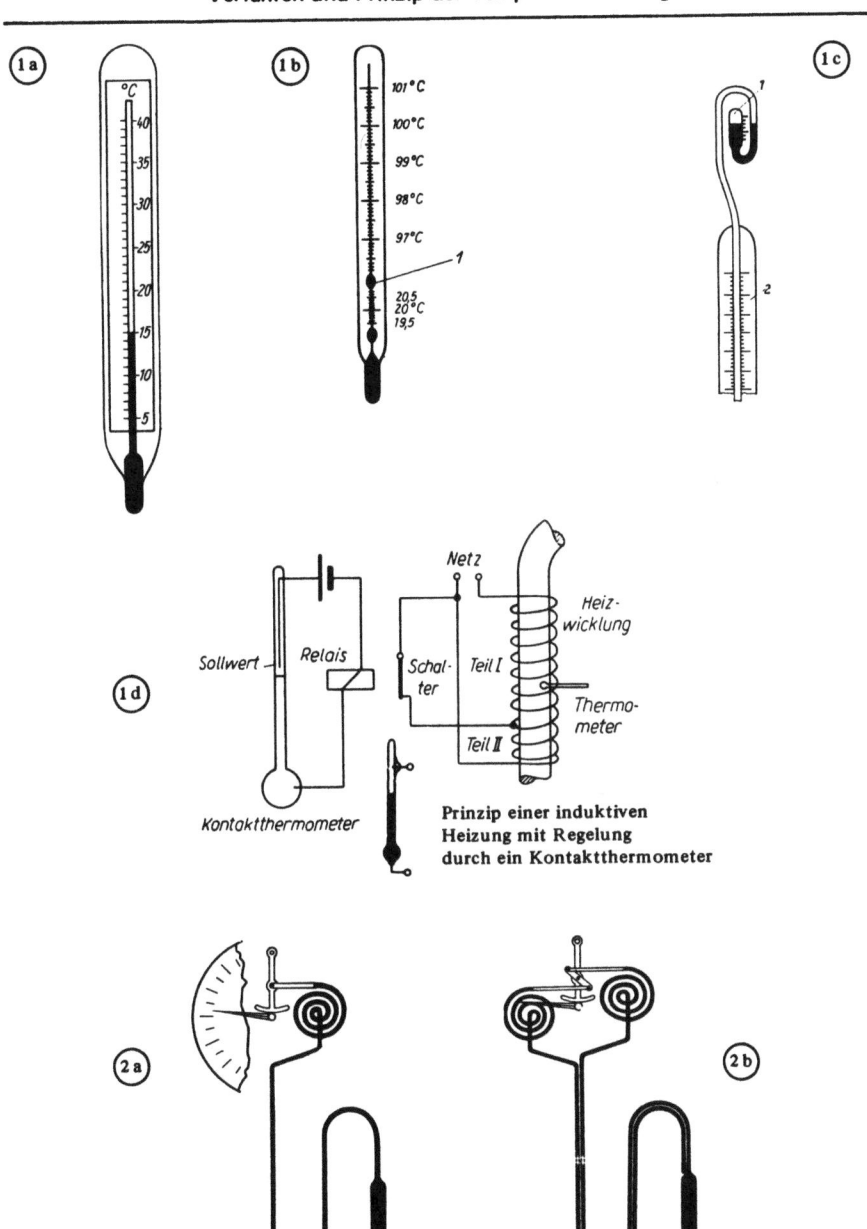

| Gruppen-Nr. 8.5.3 | **Betriebs-Meßtechnik** | Abschn./Tab. **BM/15** |

Verfahren und Prinzip der Temperaturmessung

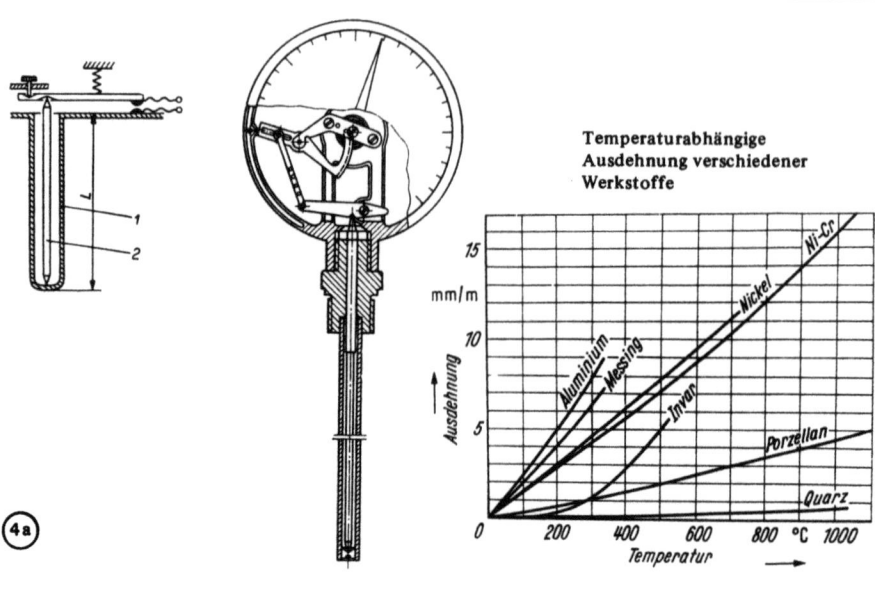

(4a)

1 Bimetallstreifen
2 Schreibhebel
3 Papiertrommel mit eingebautem Uhrwerk, das die Trommel gleichmäßig dreht

(4c)

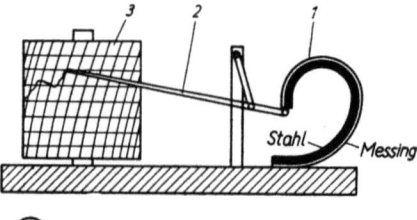

(4b)

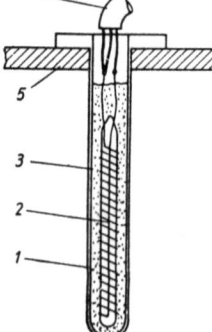

(5)

1 Schutzrohr
2 Widerstandseinsatz
3 Magnesiumoxyd
4 3adrige Zuleitung
5 Rohr- od. Behälterwand

1-72

| Gruppen-Nr. 8.5.3 | **Betriebs-Meßtechnik** | Abschn./Tab. **BM/15** |

Verfahren und Prinzip der Temperaturmessung

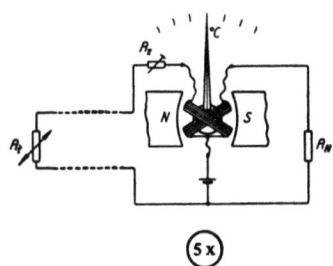

(5 x)

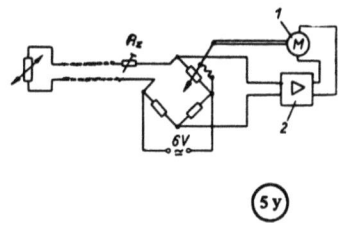

(5 y)

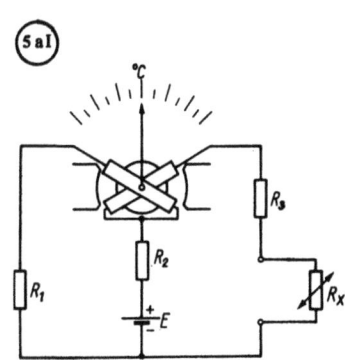

(5 a I)

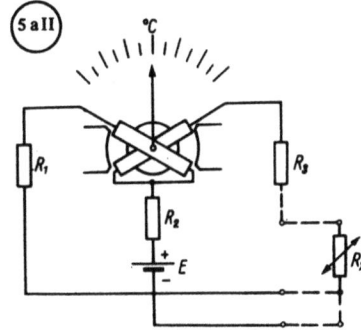

(5 a II)

R_1, R_2, R_3 Abgleichwiderstände;
R_x Widerstandsthermometer
E Spannungsquelle

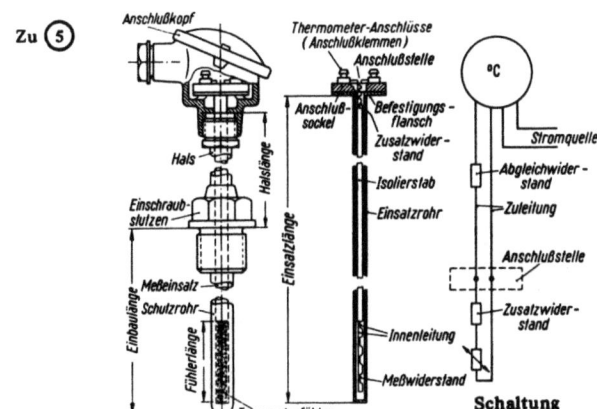

Zu (5)

Schaltung

1-73

| Gruppen-Nr. 8.5.3 | **Betriebs-Meßtechnik** | Abschn./Tab. **BM/15** |

Verfahren und Prinzip der Temperaturmessung

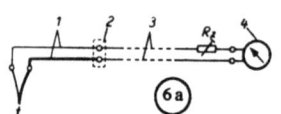

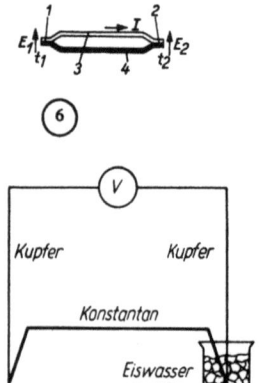

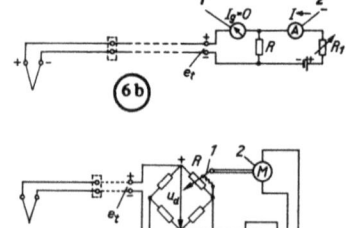

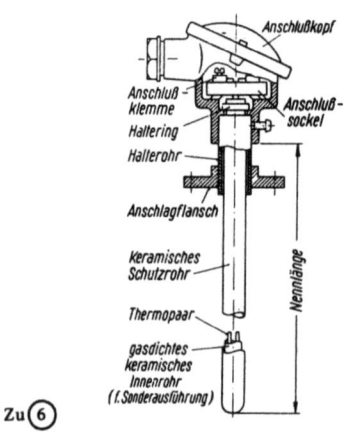

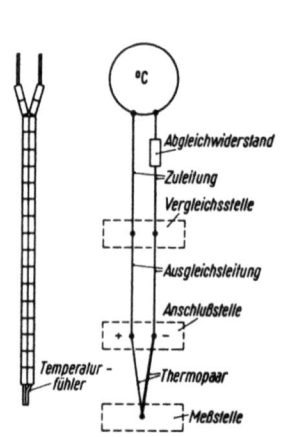

Einbauweise der Thermoelemente

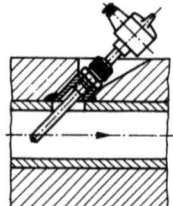
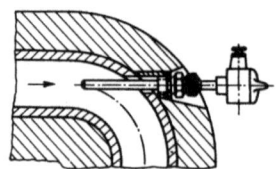

| Gruppen-Nr. 8.5.3 | Betriebs-Meßtechnik | Abschn./Tab. BM/15 |

Verfahren und Prinzip der Temperaturmessung

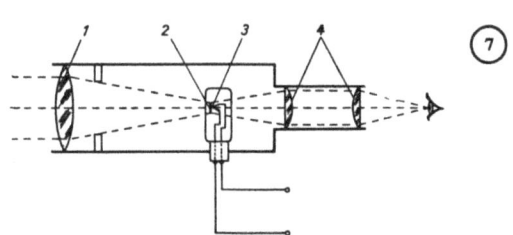

(7)

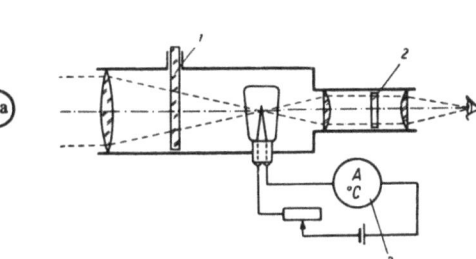

(8a)

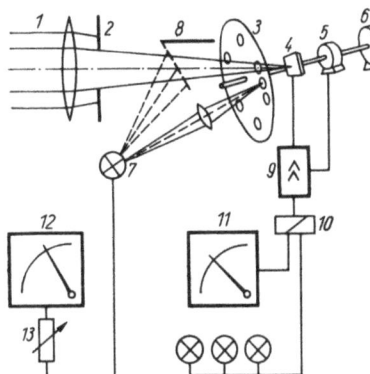

(8b)

1 eintretende Strahlung; 2 Blende; 3 Lochscheibe;
4 Fotozelle; 5 Hilfsgenerator f. Phasenbestimmung;
6 Antriebsmotor f. Lochscheibe; 7 Eichlampe;
8 Klappspiegel; 9 Verstärker; 10 Relais;
11 Nullinstrument; 12 Temperaturanzeige;
13 Einstellwiderstand f. Eichlampenstrom;

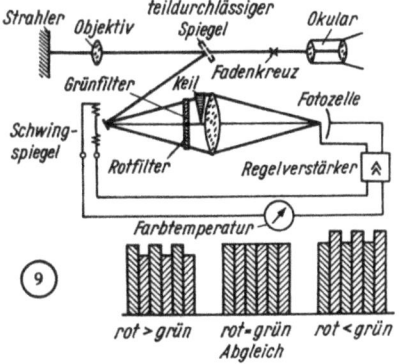

(9)

1–75

Verfahren und Prinzip der Temperaturmessung

Korrektur der angezeigten Temperatur bei Strahlungs-Pyrometern
a) beim Gesamtstrahlungs-Pyrometer;   b) beim Teilstrahlungs-Pyrometer

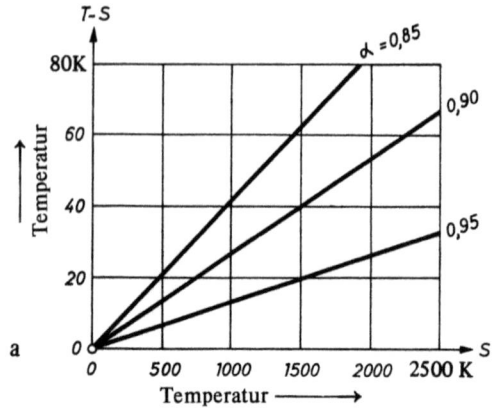

a

S = angezeigte „schwarze" Temperatur
T = wahre Temperatur
a = Absorptionsgrad

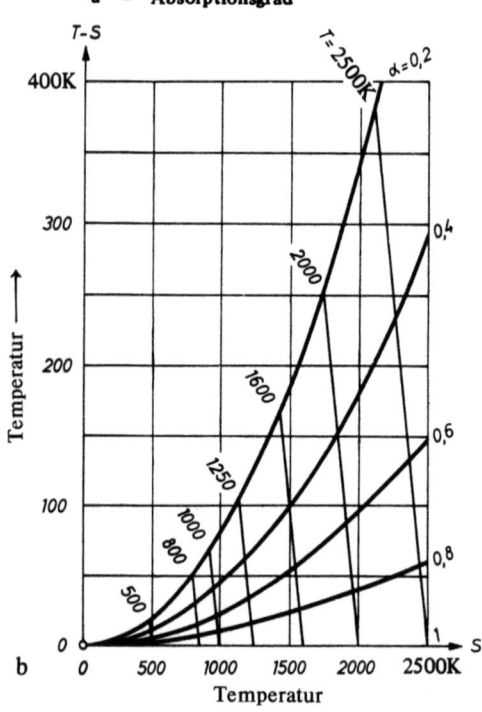

b

| Gruppen-Nr. 8.5.3 | Betriebs-Meßtechnik | Abschn./Tab. BM/16 |

16. Verfahren und Prinzip der kalorimetrischen Messung

Verfahren	Prinzip (s.a. Bilder)	Anwendung/Bemerkungen
1. Ermittlung der Wärmemenge	Zur Ermittlung bzw. Messung der erzeugten oder verbrauchten Wärmemengen Q (in kJ oder kWh je kg). a) als Produkt aus der Menge M und dem Heizwert H_o, bei der Verbrennung primärer Energieträger (z.B. gasförmige oder flüssige Brenn- und Kraftstoffe); b) als Produkt aus der Menge M, spez. Wärmekapazität oder Wärme c_p und der Temperaturdifferenz Δt (zw. Ein- und Austritt; $t = t_e - t_a$), bei den Vorgängen sekundärer Energieträger (z.B. flüssige Heizmedien oder Kühlsolen). $Q = M c_p \Delta t$	
a) Elektrische Wärmemengenzähler	Mit einem Mengenmeßgerät (z.B. Woltman-Zähler) wird die durchfließende Menge des Stoffes gemessen (ist prop. mit der Drehzahl); bei bestimmter Drehzahl wird der Schreiber durch einen Fallbügel zur Betätigung freigegeben. Anzeiger zeigt Stromänderung der Widerstandsthermometer oder der Thermoelemente (in Brückenschaltung)	Zum Messen von Wärmemenge Q (in kJ) oder Wärmestrom Q_h (in kJ/h, kW)
b) Elektrolytische Wärmemengenzähler	Stoffmenge wird mittels elektrolytischer Arbeitszähler (kWh-Zähler) gemessen und die Temperaturdifferenz (Δt) wird mittels zweier Widerstands- oder Dehnungsthermometer bzw. Thermoelemente auf ein Registriergerät übertragen. Durch Brückenschaltung ergibt sich die Kombination von Menge M und Temperaturdifferenz.	wie oben Z Arbeitszähler W Flüssigkeitsmesser der einen Generator (G) antreibt.
2. Heizwertbestimmung	A. Heizwert H_u ist diejenige Wärmemenge, die von 1 kg bzw. 1 m³ (bei Gas) eines Brenn- oder Kraftstoffes bei vollkommener Verbrennung entwickelt wird: $H_u = H_o - r (w_f + w_v)$ im Abgas (nach der Verbrennung) B. Verbrennungswärme H_o ist Kondensationswärme des Wassers (Wasserdampf verflüssigt wieder).	Früher unterer Heizwert. Wasserdampf w_f und Wasserstoff w_v im Brenn-Kraftstoff vorhanden; r Verdampfungswärme (etwa 2512 kJ/kg = 0,7 kWh/kg) Früher oberer Heizwert.
a) Bombenkalorimeter	Verbrennungsbombe (Bild 2 a) im Kalorimetergefäß (Wasserbad mit Rührwerk und Thermometer). Stoffprobe (Brikettform) im Platin- oder Porzellantiegel (T) wird elektr. entzündet (Heizdraht a_1 und a_2) und verbrennt in Sauerstoff (20 – 30 bar)	Heizwertbestimmung fester und schwerflüchtiger Brenn- und Kraftstoffe (DIN 51700). D Platindraht; R Platinrohr; V_1, V_2 Ventile;

1-77

Verfahren und Prinzip der kalorimetrischen Messung

Verfahren	Prinzip (s.a. Bilder)	Anwendung/Bemerkungen
	Entwickelte Wärmemenge ergibt sich aus Wassertemperatur (Δt Temperaturdifferenz). $H_o = (m_w c_w \Delta t + H_K - H_F)/m$ in kJ/kg bzw. kWs/kg	K_1, K_2 Gaszu- und -ableitung; S_1, S_2 Verschlußschrauben; P_1, P_2 Stromanschlüsse (10 – 20 V)
	Masse des Brennstoffes m, des Wassers m_w (kg); H_F Heizwert des Glühdrahtes; H_K aufgenommene Wärmemenge v. d. Kalorimeter	c_w spez. Wärme bzw. Wärmekapazität in J/kg K bzw. Ws/kg K
b) Durchflußkalorimeter	I. Gleichmäßiger Gasstrom (Gasvolumen V_o) wird im Gerät (Schacht a, Rohr b) kontinuierlich verbrannt und die erzeugte Wärme an das durchfließende Wasser (Menge m_w übertragen (Wärmemenge Q). Resttemperatur des Gases wird gemessen (Austritt c, Thermometer t_r). $H_o = Q/V_o = c \Delta t\, m_w/V_o$ (kJ/m³ oder kWh/m³) $H_u = H_o - H_k$ (H_k Kondensationswärme des aufgefangenen Wassers)	Heizwertbestimmung von Gasen. Meßgenauigkeit ± 0,1 – 0,4%. t_a, t_e Thermometer; $\Delta t = t_a - t_e \approx 10\,°C$ halten; e Ventil, d Überlaufgefäß, f Ablauf, g Kondensatablauf; c Spez. Wärmemenge des Wassers, Volumetrische Bestimmung d. Gasmenge durch einen Gaszähler (Eichvorrichtung)
	II. Der kontinuierlich zugeführte flüssige Brennstoff wird in einer Verdampfungseinrichtung unter Anwendung von Druckluft vergast, im Brenner des Kalorimeters entzündet und kontinuierlich verbrannt. Die Wärmemenge wird vollständig an einen ebenfalls ununterbrochen fließenden Wasserstrom abgeführt (m_w Menge; Temperaturzunahme Δt).	Heizwertbestimmung flüssiger Brennstoffe $H_o = \Delta t\, c\, m_w/G$ G Gewicht des Brennstoffes. Bestimmung der Brennstoffmenge erfolgt mittels einer Waage.
3. Bestimmung der Wobbezahl (W_o)	Kenngröße zur Beurteilung (und Regelung) d. Wärmeleistung brennbarer Gase). Hierbei wird im Gegensatz zur Heizwertbestimmung (Volumenverhältnis Gas : Wasser = konstant), durch Druckregelung das Druckgefälle in der abgestimmten Brennerdüse konstant gehalten. $W_o = H_o \sqrt{\text{Dichteverhältnis Gas : Luft}}$ $W_o = (Q/V)/\sqrt{\rho_g/\rho_l}$	Berücksichtigung des Einflusses der sich ändernden Dichte beim Ausströmen aus einer Brennerdüse (Luftbedarf, Zustand der Ofenatmosphäre und Flammenbildung) $W_o = (1/\sqrt{d})\,\Delta t\, c\, m_w/V$

| Gruppen-Nr. 8.5.3 | **Betriebs-Meßtechnik** | Abschn./Tab. **BM/16** |

Verfahren und Prinzip der kalorimetrischen Messung

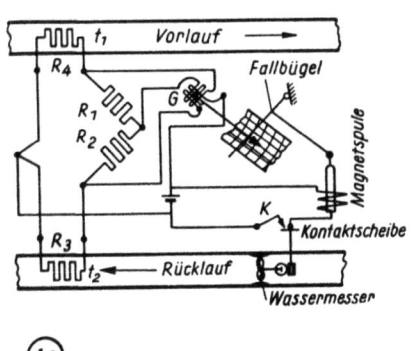
(1a)

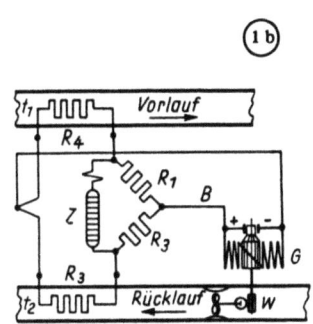
(1b)

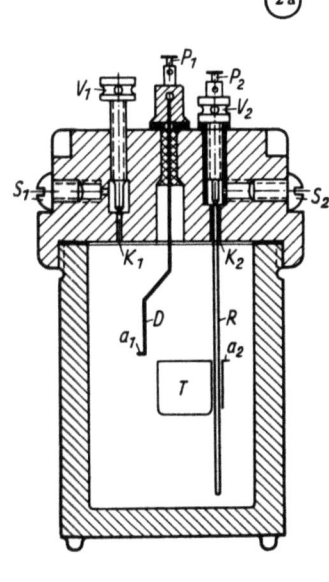
(2a)

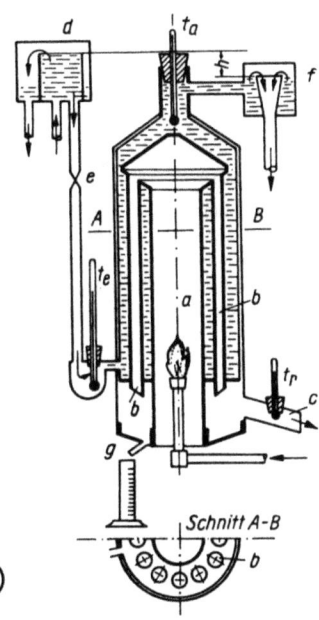
(2b)

Betriebs-Meßtechnik — BM/16

Verfahren und Prinzip der kalorimetrischen Messung

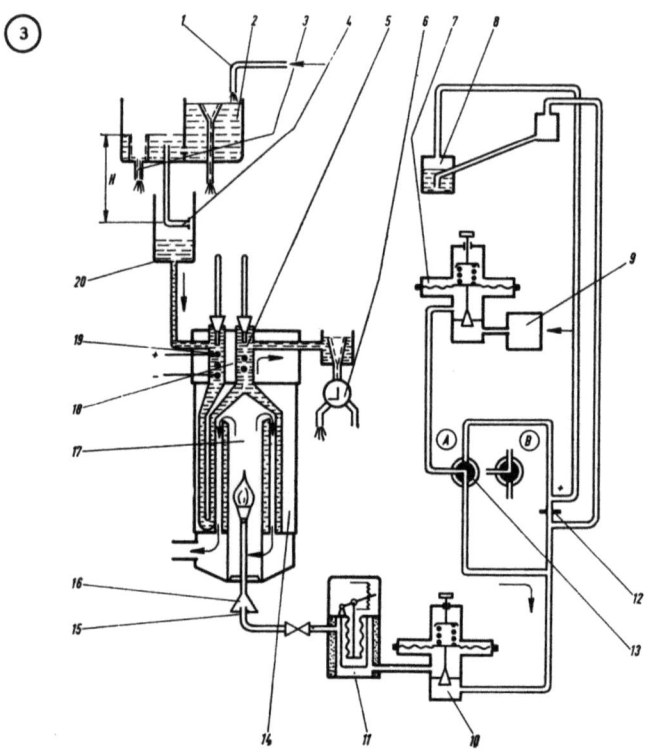

1 Kühlwasserzulauf; 2 Sammelbehälter; 3 Doppelüberlauf; 4 Ausströmdüse;
5 Wasseraustritt; 6 Dreiwegehahn; 7 Vordruckregler; 8 Schrägrohrmanometer;
9 Filter; 10 Feindruckregler; 11 Reduziereinrichtung; 12 Meßdüse; 13 Dreiwegehahn;
14 Kalorimeter; 15 Meßblende; 16 Brenner; 17 Röhrenheizkörper; 18 Thermosäule;
19 Wassereintritt; 20 Ausgleichgefäß

17. Meßgröße und Anwendungsbereiche elektrischer Gasanalysatoren

Meßgröße und Meßbereiche	Anwendungen
Wärmeleitfähigkeit	
0 bis 0,3% CO_2 0 bis 100% CO_2 95 bis 100% CO_2	Abgase von Dampfkessel- und Industrieofen-Feuerungen, von Brennöfen der Kalk- und Zementindustrie sowie von Kalköfen in Zuckerfabriken, Ammoniak-Sodafabriken usw. Raumluft in Frucht-Lagerräumen und Frucht-Transportschiffen Kohlensäuregas bei der Kohlensäureherstellung
0 bis 4% $CO + H_2$ 0 bis 8% $CO + H_2$	Abgase von Feuerungen (in Verbindung mit CO_2-Messung)
70 bis 100% H_2 und 0 bis 30% H_2 und 0 bis 100% CO_2	Überwachung von wasserstoffgekühlten Generatoren
0 bis 5% H_2 0 bis 30% H_2 70 bis 100% H_2 99 bis 100% H_2	Hochofengas, Generatorgas; Formier- und Schutzgase. H_2-N_2-Gemische bei der NH_3-Herstellung (Synthesegas) Reinheit von Wasserstoff
0 bis 20% Ar 99 bis 100% Ar	Argongewinnung, Schweißargon
0 bis 15% NH_3 0 bis 25% NH_3	Ammoniakgas bei der Ammoniaksynthese
0 bis 10% SO_2 0 bis 20% SO_2	Röstgase bei der Schwefelsäureherstellung
0 bis 1% CO 0 bis 10% CO	Abgase von Brennöfen der Kalk- und Zementindustrie und von Hochleistungskesseln
0 bis 1% N_2 in He	Überwachung des Gaskreislaufes von Reaktoren
0 bis 1% H_2 in O_2 0 bis 1% O_2 in H_2 0 bis 0,5 O_2 in N_2	Elektrolyse Schutzgas
Spurenanalysen	Betriebslaboratorien
Paramagnetismus	
0 bis 1% O_2 0 bis 100% O_2 95 bis 100% O_2 oder zwei umschaltbare Meßbereiche	Abgase von Dampfkesseln, Industrieöfen, Winderhitzern sowie Zement- und Kalköfen; Obstfrischhaltung in Kühlanlagen; Konverterverfahren; Stickstoffreinheit; Schutzgase; Schweißsauerstoff; Hüttensauerstoff; Luftreinheit
Infrarotabsorption	
0 bis 5% CH_4	Grubengas
Verschiedene	Chemische Industrie, Hüttenindustrie

18. Anwendungsbereiche von Temperaturmeßgeräten

Art des Temperaturmessers	Art der Einzelausführung	Temperaturmeßbereich üblich (maximal) [°C] von	bis	Messung der Temperatur möglich	Feststellung der Temperaturlage möglich	Temperaturdifferenzen direkt meßbar
Flüssigkeits-Glasthermometer	Pentanfüllung	−200	+20	=		
	Alkoholfüllung	−110	+50	=		
	Toluolfüllung	−70	+100	=		
	Quecksilber/Vakuum	−30	+280	=		
	Quecksilber/Druckgas hochwertiges Glas	−30	500	=		
	Quecksilber/Druckgas Quarzglas	−30	750	=		
Quecksilber-Federthermometer		−30	600	=		
Dampfspannungsthermometer	Ethyläther, Hexan, Toluol u. a.	+25	350	=		
Metallausdehnungsthermometer	Bimetall	−20	500	=		
Thermoelemente	Eisen-Konstantan	−200	800 (1000)	=		=
	Nickelchrom-Nickel	−200	1000 (1200)	=		=
	Platinrhodium-Platin	−200	1400 (1600)	=		=

= gilt unbeschränkt. — gilt nur bedingt

| Gruppen-Nr. 8.5.3 | Betriebs-Meßtechnik | Abschn./Tab. BM/18 |

Anwendungsbereiche von Temperaturmeßgeräten

Meßstelle muß zugänglich sein	Meßstelle muß sichtbar sein	Meßstelle braucht nicht zugänglich zu sein	Einbaulage beliebig	Schreibgeräte anwendbar	Schalteinrichtung anwendbar	von festen Körpern	von Oberflächen	von Luft im Freien oder in geschlossenen Räumen	von ruhenden Flüssigkeiten (Bäder, Metallschmelzen u. dgl.)	von Flüssigkeiten, Gasen u. Dämpfen in geschlossenen Kanälen	in Industrieöfen	mit Durchfluß Pyrometern
	=	=	=	=	=	=	=	=	=	=	=	=
	=		=				=					
	=										=	
=			—			=						
	=		—	—		=		=		—	=	—
=			—	—	=		=		=	—	=	—
		=	=	=	=		=		=		—	=	—
	=		=			=						

Betriebs-Meßtechnik

Gruppen-Nr. 8.5.3 — **Abschn./Tab. BM/18**

Anwendungsbereiche von Temperaturmeßgeräten

Art des Temperaturmessers	Art der Einzelausführung	Temperaturmeßbereich üblich (maximal) [°C] von	bis	Messung der Temperatur möglich	Feststellung der Temperaturlage möglich	Temperaturdifferenzen direkt meßbar
Widerstandsthermometer	Platin	−200 (−200)	500 (650)	=	=	=
	Nickel	−70 (−70)	+150 (+200)	=	=	=
Temperaturmeßfarben	Temperaturempfindliche Farben	+30	1350		=	
Seger-Kegel	Keramische Massen	600	2000		=	
Schmelzlote	Metalle und Metallegierungen	+60	420		=	
Strahlungspyrometer	Helligkeits- oder Teilstrahlungspyrometer	600 (200)	3000 (4000)	=		
	Farbpyrometer	900 (200)	1900 (2000)	=		
	Gesamtstrahlungspyrometer	600 (100)	2000 (4000)	=		
Temperatur-Bildmessung	Infrarotempfindliche Platten	+250	1000	=		

= gilt unbeschränkt,   = gilt nur bedingt

Betriebs-Meßtechnik

Gruppen-Nr. 8.5.3 — **Abschn./Tab. BM/18**

Anwendungsbereiche von Temperaturmeßgeräten

Meßstelle muß zugänglich sein	Meßstelle muß sichtbar sein	Meßstelle braucht nicht zugänglich zu sein	Einbaulage beliebig	Schreibgeräte anwendbar	Schalteinrichtung anwendbar	\multicolumn{7}{c}{Gebräuchliches Anwendungsgebiet, Messen}						
						von festen Körpern	von Oberflächen	von Luft im Freien oder in geschlossenen Räumen	von ruhenden Flüssigkeiten (Bäder, Metallschmelzen u. dgl.)	von Flüssigkeiten, Gasen u. Dämpfen in geschlossenen Kanälen	In Industrieöfen	mit Durchfluß-pyrometern
=								=	=	=		=
=								=	=	=		=
=					=			=	=	=		=
		=	=	=	=			=	=	=		=
		=	=	=	=				=	=		=
=			=	=	=			=	=	=		=
		=	=	=	=	=	=	=	=	=	=	=
		=	=	=	=	=	=	=	=	=	=	=
		=	=	=	=	=	=	=	=	=	=	=

Betriebs-Meßtechnik — BM/19

19. Anwendungsbereiche elektrischer Anzeiger und Schreiber

		Widerstandsthermometer	Thermoelemente Cu-Konst	Fe-Konst	NiCr-Ni	Pt Rh-Pt	Strahlungspyrometer	Wärmeleitfähigkeitsmesser	Magn. Sauerstoffm.
Linienschreiber	Normal-Meßwerk								
Linienschreiber	Drehspulmeßwerk und Galvanometerverstärker	●	●	●	●	●		●	●
Linienschreiber	Drehspulmeßwerk	●							
Punktschreiber	Quotientenmeßwerk	●							
Punktschreiber	Drehspulmeßwerk		●	●	●	●		●	●
Anzeiger	Normal-Meßwerk								
Anzeiger	Selbsttätige Kompensationsschaltung	●	●	●	●	●		●	●
Anzeiger	Quotientenmeßwerk	●							
Anzeiger	Drehspulmeßwerk und Galvanometerverstärker		●	●	●	●	●		
Anzeiger	Drehspulmeßwerk		●	●	●	●	●		●

Meßgröße und Meßwertgeber:
- **Temperatur**: Widerstandsthermometer, Thermoelemente (Cu-Konst, Fe-Konst, NiCr-Ni, Pt Rh-Pt), Strahlungspyrometer
- **Gaskonzentration**: Wärmeleitfähigkeitsmesser, Magn. Sauerstoffm.

| Gruppen-Nr. 8.5.3 | Betriebs-Meßtechnik | Abschn./Tab. BM/19 |

Feuchte von Luft oder Gasen – Lithiumchlorid-Feuchtegeber	pH-Wert – pH-Geber mit Antimonelektrode	pH-Geber mit Glaselektrode und pH-Verstärker	Elektrolytische Leitfähigkeit – Leitfähigkeitsgeber	Überdruck, Unterdruck, Differenzdruck, Durchfluß, Höhenstand – Mechanische Meßgeräte mit Widerstands-Ferngeber	Ringkolbenzähler mit Durchfluß-Ferngeber (Tourendynamo)	Elektrische Meßumformer für Druck, Elektrische Meßumformer für Durchfluß	Stellgliedstellung (Ventil- und Klappenstellung) – Fernanzeige mit Schleifdraht-Ferngeber (% Öffnung, mm Hub usw.)
				●			
				●	●		
		●		●	●	●	
●				●			
	●	●	●			●	●
				●			
●	●	●	●	●		●	
●				●			●
				●			
	●	●	●		●	●	●

1–87

Betriebs-Meßtechnik

Gruppen-Nr. 8.5.3
Abschn./Tab. BM/20

20. Sinnbilder für elektrische Meßgeräte
(nicht anwenden bei Schaltbildern)

Art des Meßwerkes	Sinnbild	Art des Meßwerkes	Sinnbild
Drehspul-Meßwerk mit Dauermagnet		Meßwerk mit Eisenschirm (Sinnbild für den Schirm)	○
Drehspul-Quotientenmeßwerk		Meßwerk mit elektrostatischem Schirm (Sinnbild für den Schirm)	
Drehmagnet-Meßwerk		Astatisches Meßwerk	ast
Dreheisen-Meßwerk		Gleichstrominstrument	—
Elektrodynamisches Meßwerk		Wechselstrominstrument	∼
Eisengeschlossenes, elektrodynamisches Meßwerk		Gleich- und Wechselstrom-Instrument	≂
Elektrodynamisches Quotientenmeßwerk		Drehstrominstrument mit einem Meßwerk	≈
Eisengeschlossenes elektrodynamisches Quotientenmeßwerk		Drehstrominstrument mit zwei Meßwerken	≋
Induktions-Meßwerk		Drehstrominstrument mit drei Meßwerken	≋
Bimetall-Meßwerk		Senkrechte Gebrauchslage	⊥
Elektrostatisches Meßwerk		Waagerechte Gebrauchslage	⌐
Vibrations-Meßwerk		Schräge Gebrauchslage mit Angabe des Neigungswinkels	∠60°
Thermoumformer allgemein		Zeigernullstellvorrichtung	
Drehspul-Meßwerk mit Thermoumformer		Prüfspannungszeichen: Die Ziffer im Stern bedeutet die Prüfspannung in kV (Stern ohne Ziffer 500 V Prüfspannung)	☆
Isolierter Thermoumformer		Achtung (Gebrauchsanweisung beachten)	⚠
Gleichrichter		Instrument entspricht bezüglich Prüfspannung nicht den Regeln	⚡
Drehspul-Meßwerk mit Gleichrichter			

1. Dichte ϱ der bei Flüssigkeitsdruckmessern verwendeten Medien

Meßflüssigkeit	Dichte ϱ in g/cm^3
Ethylalkohol	0,79
Ethylalkohol mit Wasser gemischt	0,8 … 0,9
Petroleum	0,85
Wasser	0,998
Tetrabromäthan	2,97
Quecksilber	13,55

2. Meßbereiche und Nullpunktunterdrückung von Kolbendruckmessern (für PN 200)

Kolben-Querschnittsfläche in cm^2	0,2	0,5	1,0
Meßbereichsumfang in kPa			
minimal	500	200	100
maximal	10000	4000	2000
Nullpunktunterdrückung in kPa			
minimal	3000	1200	600
maximal	17000	4000	2000

1 bar = 100 kPa

3. Federdruckmesser mit angebautem elektrischen Ferngeber

Federdruckmesser mit	Ferngeber mit Drehmoment	
	bis einschließlich 0,01 Ncm	über 0,01 Ncm bis einschl. 0,02 Ncm
	ab Meßspanne	
Rohrfeder	± 100 kPa = 1 bar	160 kPa = 1,6 bar
Plattenfeder (waagrecht angeordnet)	± 25 kPa = 0,25 bar	± 63 kPa = 0,63 bar
Kapselfeder (waagrecht angeordnet)	± 25 hPa (mbar)	± 25 hPa (mbar)

1 bar = 100 kPa; 1 mbar = 1 hPa

4. Meßbereiche von Federmanometern (Federdruckmessern)

a) Rohrfederdruckmesser (1 bar = 100 kPa)

Überdruck	Unterdruck	Über- und Unterdruck
0 bis 25	− 60 bis 0	− 100 bis 60
0 bis 250000	− 100 bis 0	− 100 bis 2500

b) Plattenfederdruckmesser (1 mbar = 1 hPa)

Überdruck	Unterdruck	Über- und Unterdruck
0 bis 4000 Pa	− 4000 bis 0 Pa	− 2500 bis 1600 Pa (− 1600 bis 2500 Pa)
0 bis 2500 kPa	− 100 bis 0 kPa	− 100 bis 2500 kPa

c) Kapselfederdruckmesser (alle Werte in Pa)

Überdruck	Unterdruck	Über- und Unterdruck
Senkrechte Federlage 0 bis 100	Senkrechte Federlage − 100 bis 0	Senkrechte Federlage − 60 bis 100 (− 100 bis 60)
0 bis 63000	− 63000 bis 0	− 25000 bis 40000 (− 40000 bis 25000)
Waagrechte Federlage 0 bis 1600	Waagrechte Federlage − 1600 bis 0	Waagrechte Federlage − 630 bis 100 (− 1000 bis 630)
0 bis 100000	− 100000 bis 0	− 4000 bis 63000 (− 63000 bis 40000)
Flachprofilinstrumente 0 bis 160	Flachprofilinstrumente − 160 bis 0	Flachprofilinstrumente − 60 bis 100 (− 100 bis 60)
0 bis 40000	− 40000 bis 0	− 16000 bis 25000 (− 25000 bis 16000)
Differenzüberdruck	**Differenzunterdruck**	**Diff.-Üb.- u. Diff.-Unt.-Druck**
Senkrechte Federlage 0 bis 100	Senkrechte Federlage − 100 bis 0	Senkrechte Federlage − 60 bis 100 (− 100 bis 60)
0 bis 1000	− 1000 bis 0	− 400 bis 630 (− 630 bis 400)
Flachprofilinstrumente 0 bis 160	Flachprofilinstrumente − 160 bis 0	Flachprofilinstrumente − 60 bis 100 (− 100 bis 60)
0 bis 6300	− 6300 bis 0	− 2500 bis 4000 (− 4000 bis 2500)

1 mm WS = 0,1 m bar = 10 Pa; 1 m WS = 0,1 bar = 100 kPa

| Gruppen-Nr. 8.5.4 | **Meßtechnische Daten** | Abschn./Tab. MD/5,6 |

5. Anzeigestufen und Meßbereiche von Flüssigkeitsstandmessern nach dem Schrittschalt-Verfahren

Anzeigestufen in cm	2	5	10
Meßbereiche in m	0 bis 1	0 bis 2,5	0 bis 5
	0 bis 2	0 bis 3	0 bis 6
	0 bis 2,5	0 bis 4	0 bis 8
	0 bis 3	0 bis 5	0 bis 10
	0 bis 4	0 bis 6	0 bis 12
	0 bis 5	0 bis 8	0 bis 15
		0 bis 10	0 bis 20
		0 bis 12	0 bis 25

6. Meßbereiche von Wasserstandanzeigern mit Schwimmerdruckmessern (in kP) [1]

(PN = Nenndruck; 1 bar = 100 kPa; 1 m WS = 10 kPa)

für PN 100 u. PN 200		für PN 40, PN 100, PN 250 und PN 400					
\multicolumn{8}{c}{Größter Schwimmerhub}							
16,3 mm	27,2 mm	100 mm	150 mm	150 mm	150 mm	150 mm	150 mm
0 bis 3	0 bis 5	0 bis 15	0 bis 30	0 bis 60	0 bis 120	0 bis 180	
⋮	⋮	⋮	⋮	⋮	⋮	⋮	
(0 bis 2)	(0 bis 3)	(0 bis 2,5)	(0 bis 5)	(0 bis 10)	(0 bis 20)	(0 bis 30)	

[1] Während die jeweilige Druckstufe (PN) das zu verwendende Plusdruckgefäß bestimmt (nach Feststellung, ob ein kurz- oder langhubiges den Erfordernissen entspricht), bestimmen die Wirkdruckstufen [3;5] 15; 30; 60; 120 und 180 das Minusdruckgefäß; die Ausführungen für 3 und 5 unterscheiden sich durch verschiedene Übersetzungen im Plusdruckgefäß. Innerhalb jeder Wirkdruckstufe können durch Auswechseln von Zahnrädern kleinere Meßbereiche erzielt werden.
1 m WS = 10 kPa = 0,1 bar; 1 kPa = 0,01 bar = 10 mbar

| Gruppen-Nr. 8.5.4 | **Meßtechnische Daten** | Abschn./Tab. **MD/7,8** |

7. Wirkdruckendwerte p (in 10 Pa) bei Durchflußmessern

a) Ringwaage

PN 0,3	20,25; 36 ;	56,25; 81 ;	110,25; 144;	Wirkdruckend-
PN 0,3	225 ; 361 ;			wert jeweils
PN 0,64	36 ; 56,25;	81 ;	110,25; 144 ;	abhängig vom
PN 1	56,25; 81 ;	110,25;	144 ;	Rückstell-
PN 2	625 ; 900 ;	1406,25;		gewicht

b) Schwimmerdruckmesser

PN 40
PN 100 } 1500 ; 3000 ; 6000 ; 12000 ; 18000 ; Wirkdruckend-wert abhängig vom Minus-druckgefäß
PN 250
PN 400

c) Balgdruckmesser

PN 40 } 500 ; 1600 ; 2500 ; 5000 ; 10000 ; Wirkdruckend-wert abhängig von Zugfeder
PN 100

PN = Nenndruck; 1 mm WS = 10 Pa = 0,1 mbar

8. Erforderliche gerade Rohrstrecke vor dem Drosselgerät
(in Vielfachen der lichten Weite D)

Störungsursachen	Drosselgerät	Öffnungsverhältnis m		
		0,2	0,4	0,6
Einfacher Krümmer	Normblende [1) 2)]	10	22	38
	Normdüse [1) 2) 4)]	6	18	40
Raumkrümmer (dahinter Strömungsgleichrichter)	Normblende [1) 2)]	15 [5)]	15 [5)]	20 [5)]
	Normdüse [1) 2) 4)]	15 [5)]	15 [5)]	20 [5)]
Doppelter ebener Krümmer	Normblende [1) 2)]	6	16	30
	Normdüse [1) 2) 4)]	6	16	30
Geöffnetes Ventil	Normblende [1) 3)]	10	18	28
	Normdüse [1) 3) 4)]	10	18	30
Ein Drittel geöffneter Schieber	Normblende [1) 2)]	10	12	15
	Normdüse [1) 2) 4)]	10	10	10

[1)] Mit Ringkammern.
[2)] Für Einzelanbohrungen doppelte Werte ansetzen.
[3)] Für Einzelanbohrungen dreifache Werte ansetzen.
[4)] Für Normventuridüse etwa um 1/3 erhöhte Werte ansetzen.
[5)] Werte gelten für die Strecke bis zum Strömungsgleichrichter, der notwendig ist, weil Drall in der Strömung erst nach über 100 D abklingen würde.

9. Anwendungsbereiche der Durchflußzähler (Wasser, 30 °C)

Bauart	Nennweiten d in mm	max. zulässiger Durchfluß $\dot{V}_{max}$ in m³/h	$\dot{V}_{max}/\dot{V}_{min}$	Meßgenauigkeit in % ±	max. Druckverlust Δp in kPa bei $\dot{V}_{max}$	max. Betriebsdruck p in Pa
Ringkolbenzähler	8…100	2… 70	300:1	1	<100	1…1,6
Ovalradzähler	10…400	0,25… 900	30:1	1	<100	0,6 (3,5)
Schraubenradzähler	20… 80	3… 100	1000:1	1	<100	
Flügelradzähler Flügelzähler	13… 50	3… 30	100:1	2 (±5)	<100	1…1,6
Woltman-Zähler Axial-Fl.	40…600	15… 600	60:1	2 (±5)	10	1…1,6
Senkrecht-Fl.	50…150	30… 300	150:1	2 (±5)	30	1…1,6
Verbundzähler (Nebenzähler)	50…150 (13…50)	30… 300	1000:1	2	<100	1…1,6
Magnetimpuls-Zähler Pottermeter	3…300	0,3…6000	20:1	0,5 (±1)	80	35
Rotoquant	15…300	3…2000	10:1	0,5	50	70 (250)
Wirbel-(Vortex-)Zähler	50…400	3…6000	10:1	0,5	50	12 (35)

1 bar = 100 kPa = 10⁵ Pa; 1 hPa = 100 Pa = 1 mbar

| Gruppen-Nr. 8.5.4 | Meßtechnische Daten | Abschn./Tab. MD/10,11 |

10. Dichte und Viskosität von reinem Wasser (DIN 51550)

Temperatur t °C	Dichte ϱ g/cm³	Viskosität Dynam. $10^3 \eta$ Pas	Viskosität Kinemat. $10^6 \nu$ m²/s	Temperatur t °C	Dichte ϱ g/cm³	Viskosität Dynam. $10^3 \eta$ Pas	Viskosität Kinemat. $10^6 \nu$ m²/s
0	0,99984	1,792	1,792				
5	0,99996	1,520	1,520	55	0,98570	0,505	0,512
10	0,99970	1,307	1,307	60	0,98321	0,467	0,475
15	0,99910	1,138	1,139	65	0,98057	0,434	0,443
20	0,99820	1,002	1,0038	70	0,97778	0,404	0,413
25	0,99705	0,890	0,893	75	0,97486	0,378	0,388
30	0,99565	0,797	0,801	80	0,97180	0,355	0,365
35	0,99403	0,719	0,724	85	0,96862	0,334	0,345
40	0,99221	0,653	0,658	90	0,96532	0,315	0,326
45	0,99022	0,598	0,604	95	0,96189	0,298	0,310
50	0,98805	0,548	0,554	100	0,95835	0,282	0,295

Anm.: Für H_2O ist $\varrho_0 = 1{,}1046$ g/cm³ und $\varrho_{20} = 1{,}1050$ g/cm³, ϱ_{max} bei 11,6 °C.

11. Einheit für die kinemat. Viskosität ν und konventionelle Viskositätsmaße (DIN 51560)

Physik. Einheit Kinem. Viskosität $10^6 \nu$ m²/s	Konventionelle Einheiten Engler-Grad E	Konventionelle Einheiten Redwood Nr 1 Viskosity (70° F) s	Konventionelle Einheiten Saybolt Universal Viskosity (100° F) s	Physik. Einheit Kinem. Viskosität $10^6 \nu$ m²/s	Konventionelle Einheiten Engler-Grad E	Konventionelle Einheiten Redwood Nr. 1 Viskosity (70° F) s	Konventionelle Einheiten Saybolt Universal Viskosity (100° F) s
2	1,1195	30,215	32,62	20	2,876	85,64	97,77
3	1,218	32,725	36,03	22	3,11	93,17	106,4
4	1,3075	35,33	39,14	24	3,35	100,7	115,0
5	1,394	37,94	42,35	26	3,59	108,4	123,7
6	1,4805	40,55	45,56	28	3,83	116,2	132,5
7	1,566	43,26	48,77	30	4,08	124,1	141,3
8	1,6535	46,07	52,09	35	4,71	143,75	163,7
9	1,743	48,93	55,50	40	5,35	163,7	186,3
10	1,834	51,80	58,91	45	5,995	183,8	209,1
12	2,023	58,02	66,04	50	6,64	203,9	232,1
14	2,222	64,50	73,57	55	7,30	224,0	255,2
16	2,435	71,32	81,30	60	7,95	244,2	278,3
18	2,646	78,31	89,44	100	13,21	406,1	463,5

12. Reynoldszahl Re und Durchflußzahl α bei Drosselgeräten

Die Reynoldszahl

$$R_e = 36 \cdot 10^{-5} \cdot \frac{\dot{m}}{d \cdot \eta}; \dot{m} \text{ in kg/h}, d \text{ in m}, \eta \text{ in Pa s}$$

die den Massendurchfluß $\dot{m}$, den Rohrdurchmesser d und die dynamische Zähigkeit η des strömenden Mittels in ein d i m e n - s i o n s l o s e s Verhältnis setzt, kennzeichnet die Art und das Verhalten einer Strömung. Es gilt die folgende Gegenüberstellung:

Bei einer Reynoldszahl

$R_e < 2320$ | $R_e > 3000$

ist die Strömung

laminar (schlicht, glatt). | turbulent (wirbelig, verflochten).

Die Stromfäden verlaufen

geordnet nebeneinander (parallel). | durch Querbewegungen miteinander verflochten.

Der bleibende Druckverlust p_v ist

klein. | erheblich.

Die Durchflußzahl α ist von der Reynoldszahl

abhängig. | unabhängig.

Das „Geschwindigkeitsprofil" der Strömung, das ist die Änderung ihrer Geschwindigkeit über den Rohrdurchmesser, ist

parabolisch. | gleichmäßig.

Das Verhältnis des Mittelwertes der Strömungsgeschwindigkeit zur größten Geschwindigkeit in der Rohrachse ist

0,5. | 0,8...0,9.

13. Herstellungsmaße für genormte Drosselgeräte

a) Normblende; b) Normdüse für $m \leqq 0{,}45$
c) Normdüse für $m > 0{,}45$
d) Norm-Venturidüse für $m \leqq 0{,}45$ (lange Bauart)
e) Norm-Venturidüse für $m \leqq 0{,}45$ (kurze Bauart)
f) Norm-Venturidüse für $m > 0{,}45$ (kurze/lange Bauart)

Öffnungsverhältnis $m = d^2/D^2$

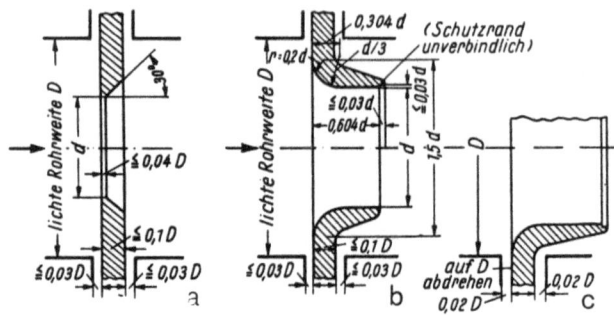

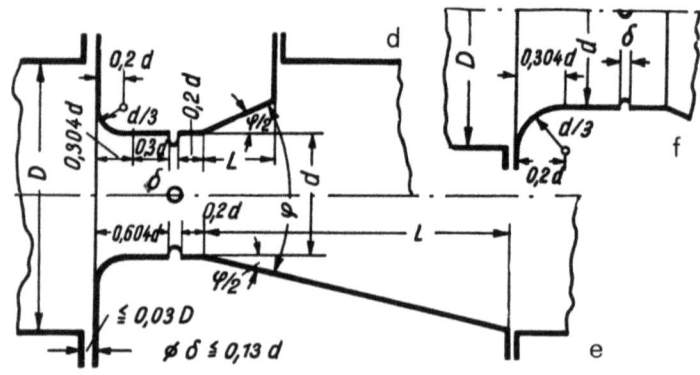

| Gruppen-Nr. 8.5.4 | Meßtechnische Daten | Abschn./Tab. MD/14 |

14. Druckverluste an den Drosselgeräten in Abhängigkeit vom Öffnungsverhältnis m

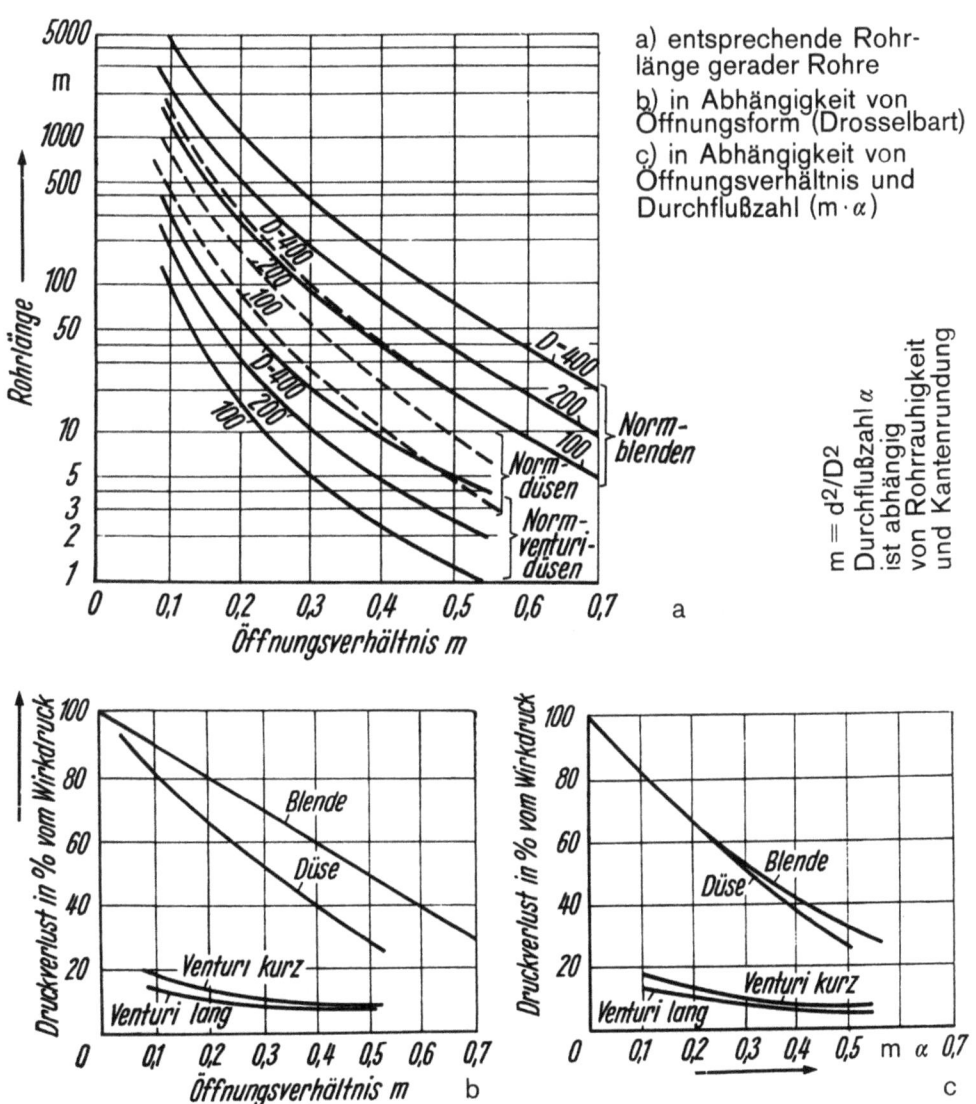

a) entsprechende Rohrlänge gerader Rohre
b) in Abhängigkeit von Öffnungsform (Drosselbart)
c) in Abhängigkeit von Öffnungsverhältnis und Durchflußzahl (m·α)

$m = d^2/D^2$
Durchflußzahl α ist abhängig von Rohrrauhigkeit und Kantenrundung

2-9

15. Durchflußzahl (α) für Normblenden bei verschiedenen Rohrdurchmessern (D)

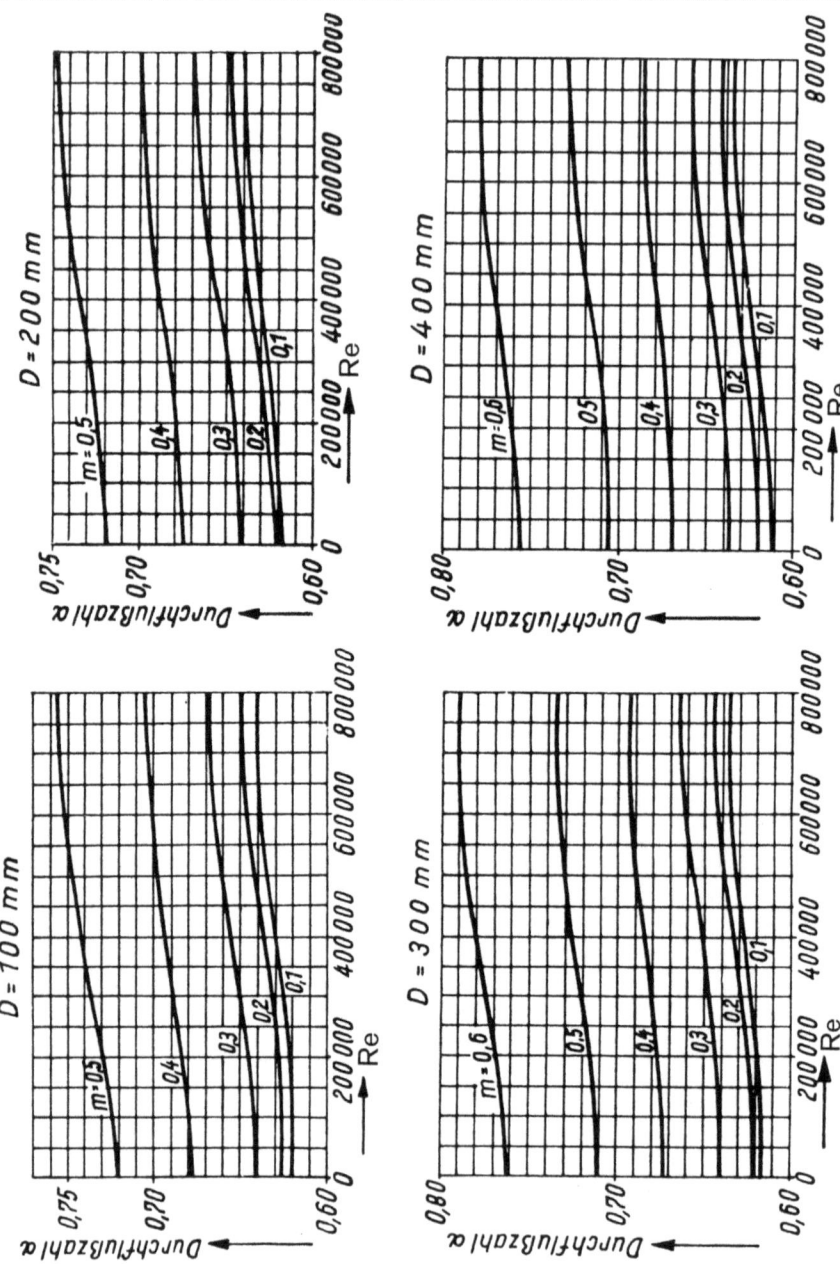

| Gruppen-Nr. 8.5.4 | **Meßtechnische Daten** | Abschn./Tab. MD/15 |

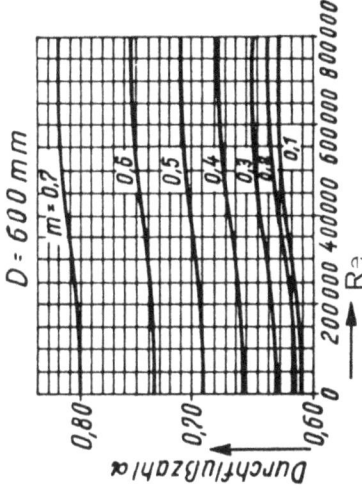

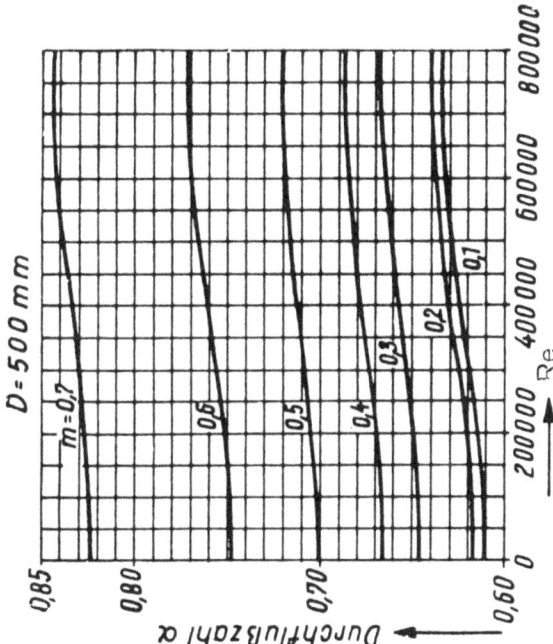

16. Kinematische Viskosität (Zähigkeit) ν von Luft
a) Atmosphärische Luft; b) Preßluft (je nach Druck)

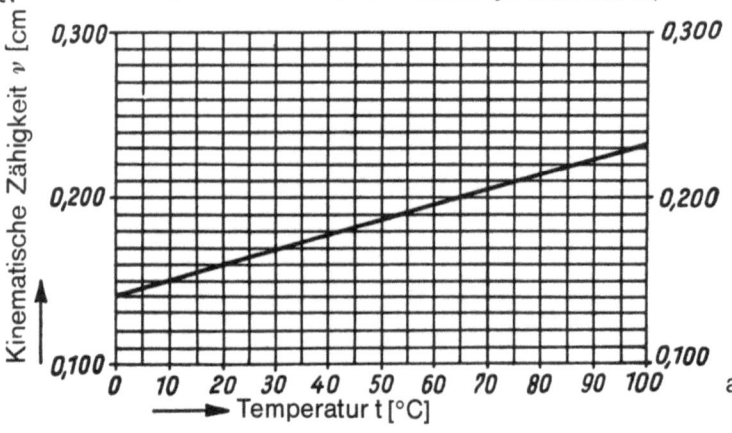

a

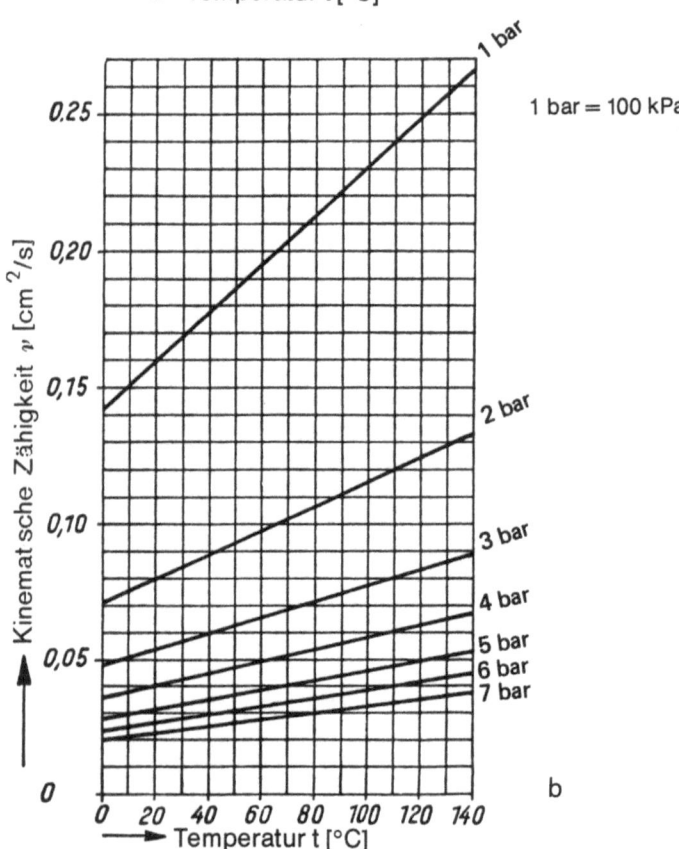

1 bar = 100 kPa

b

17. Kinematische Viskosität (Zähigkeit) ν von Flüssigkeiten
a) von Wasser; b) von Öl

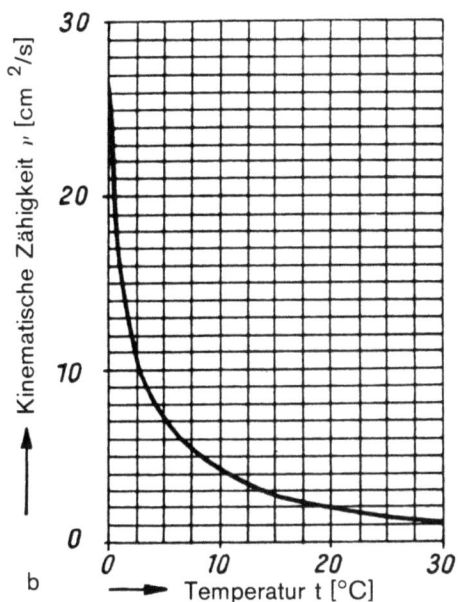
b

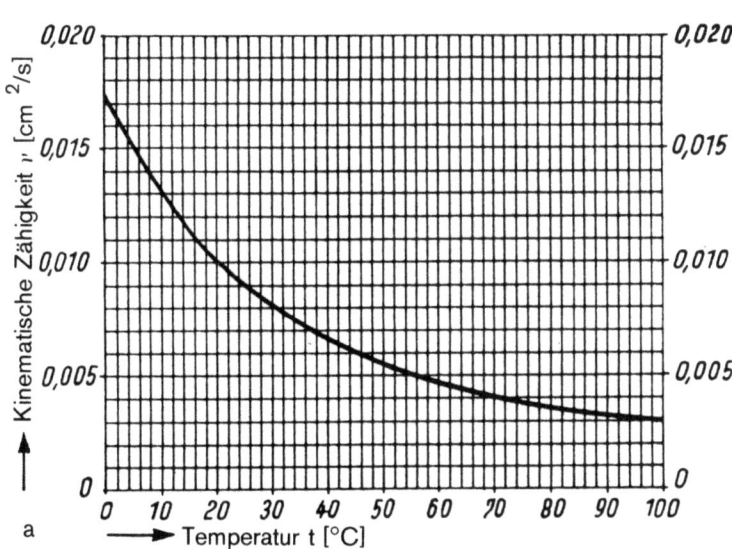
a

18. Dynamische Viskosität (Zähigkeit) η verschiedener Gase in Abhängigkeit von der Temperatur

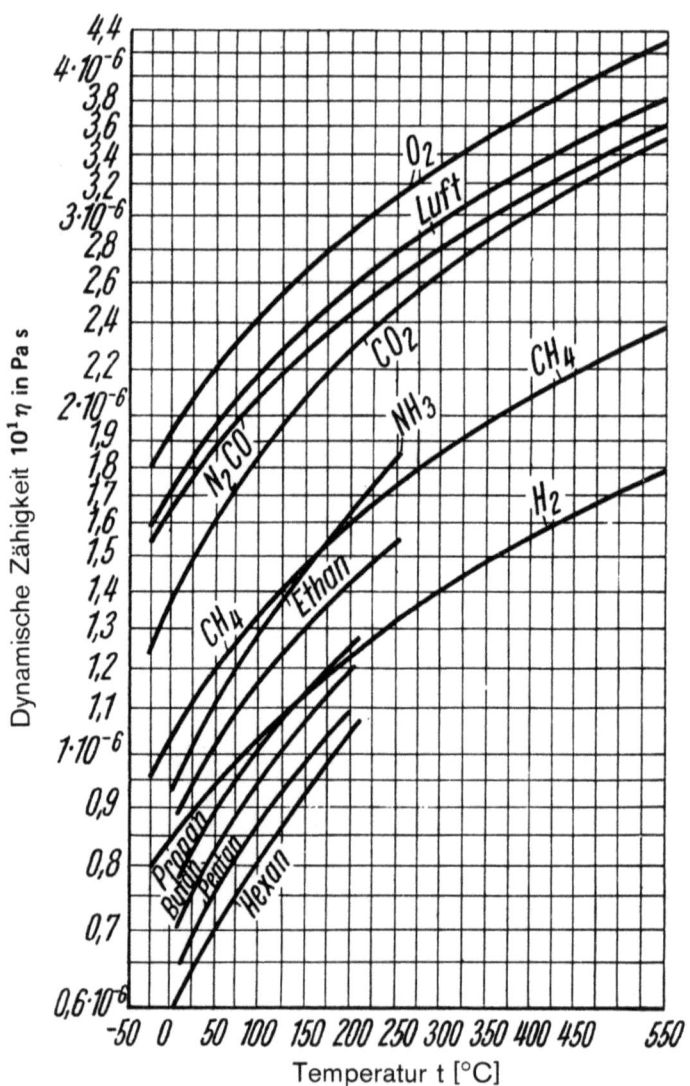

19. Leitertafel zur Ermittlung des Druckverlustes an Normdrosseln (Normblenden, -düsen, -venturidüsen)

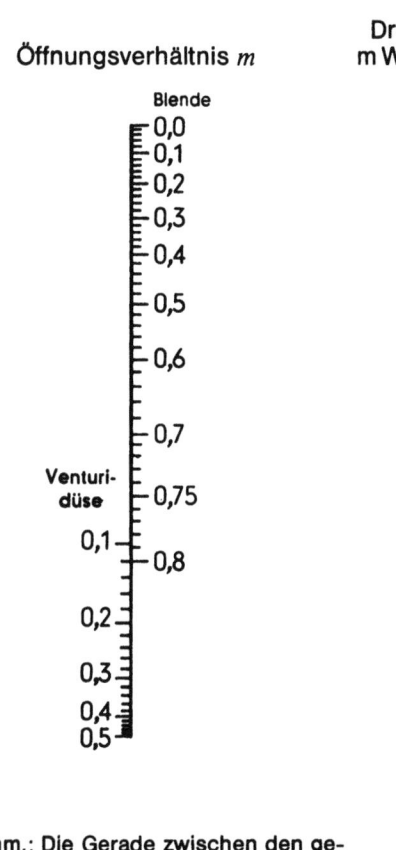

Anm.: Die Gerade zwischen den gegebenen Werten des Öffnungsverhältnisses m (linke Leiter) und des Durchflusses (rechte Leiter) ergibt im Schnittpunkt mit der mittleren Leiter den gesuchten bleibenden Druckverlust p_v in m WS

1 m WS = 0,1 bar = 10 kPa

Werte gelten für 1,5 m WS
(= 0,15 bar = 15 kPa):

Wirkdruck:
   bei 3 m **WS** = 0,3 bar =   30 kPa x 2
   bei 6 m **WS** = 0,6 bar =   60 kPa x 4
   bei 12 m **WS** = 1,2 bar = 120 kPa x 8
   bei 18 m **WS** = 1,8 bar = 180 kPa x 12

20. Leitertafel zur Ermittlung des Öffnungsverhältnisses m
(Normblenden und -venturidüsen f. Flüss. und Dampf)

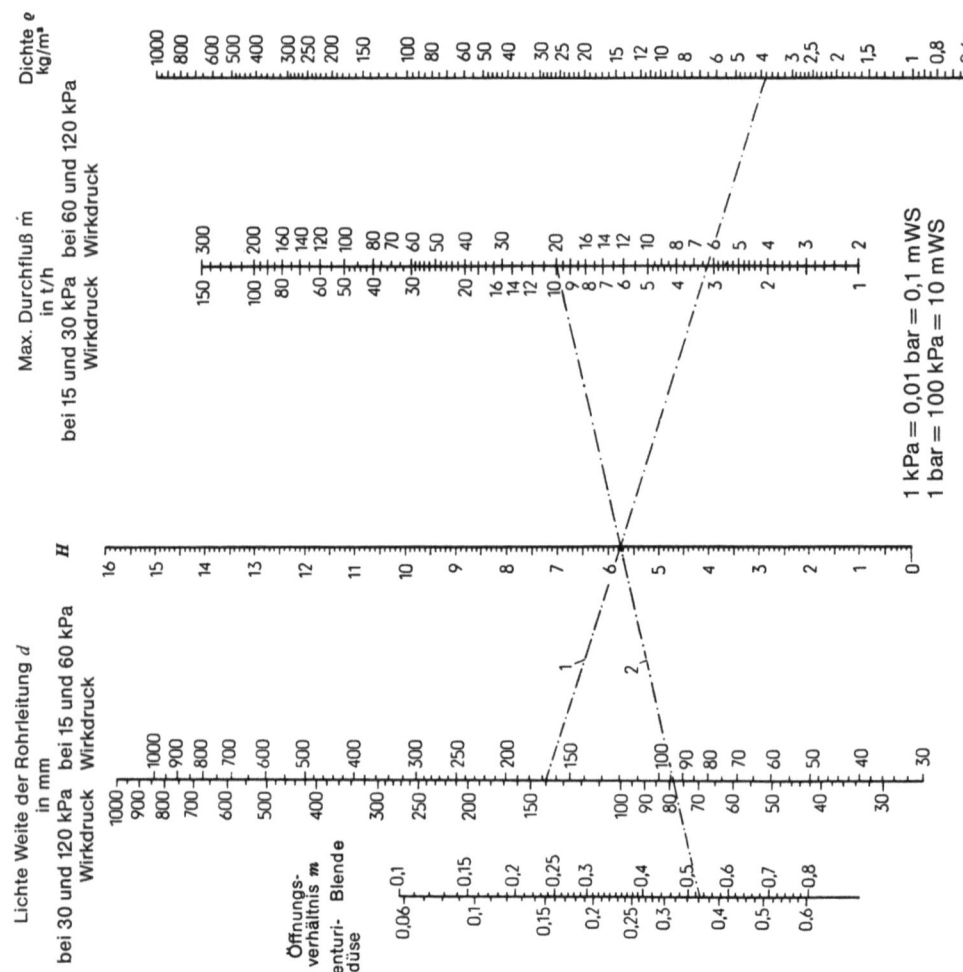

| Gruppen-Nr. 8.5.4 | **Meßtechnische Daten** | Abschn./Tab. **MD/20** |

Bemerkung zu der Leitertafel:

1. Die Gerade zwischen den gegebenen Werten für Dichte und Rohrweite auf ϱ und d-Leiter ergibt Schnittpunkt auf Hilfslinie H.
2. Die Gerade zwischen dem gegebenen Wert für max. Durchfluß auf $\dot{m}$-Leiter und Schnittpunkt auf Hilfslinie H ergibt bei Verlängerung bis zur m-Leiter gesuchtes Öffnungsverhältnis.

Bei der d- und $\dot{m}$-Leiter auf Wirkdruck achten!

Beispiel:

Dichte $\varrho = 3,8$ kg/m^3

Rohrweite $d_i = 140$ mm

Max. Durchfluß = 10 t/h bei Wirkdruck (= 10000 kg/h)
(p = 30 kPa = 0,3 bar = 3 m WS)

Verbindungslinie 1 ergibt H-Schnittpunkt = 5,75
Verlängerung der Verbindungslinie 2 ergibt für Blende $m = 0,53$ und für Venturidüse $m = 0,36$

21. Zusammenhänge zwischen absoluter und relativer Feuchte

Maße für die **absolute Feuchte** sind u. a.:

Taupunkttemperatur τ in °C;
Wasserdampfdruck p in m bar bzw. hPa
Wasserdampfgehalt bezogen auf 1 m³ Luft oder Gas bei Betriebstemperatur und 1 bar (= 100 hPa), in g/m³;
Wasserdampfgehalt, bezogen auf 1 m³ trockene Luft oder trockenes Gas bei 0°C und 1 bar (= 100 hPa), in g/m^3_{tr}.

Die **relative Feuchte** φ gibt man stets in % an. Mit sehr großer Annäherung ist sie das mit 100 multiplizierte Verhältnis des tatsächlichen Wasserdampfdrucks p zu dem der gleichen Temperatur entsprechenden Sättigungsdruck p_s (gemäß Dampfdruckkurven im Bild):

$$\varphi \approx \frac{p}{p_s} \cdot 100.$$

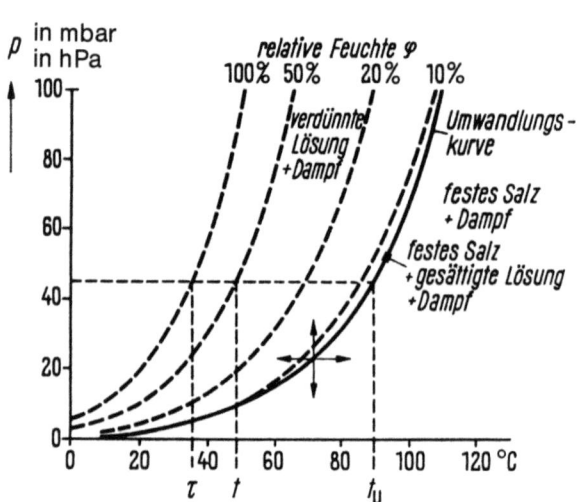

Beziehungen zwischen Dampfdruck p, Umwandlungstemperatur t_u und Taupunkt τ sowie Raumtemperatur t und relativer Feuchte φ

Der Diagramm vermittelt die Zusammenhänge zwischen absoluter und relativer Feuchte bei Temperaturen zwischen –10 und 100 °C.

| Gruppen-Nr. 8.5.4 | **Meßtechnische Daten** | Abschn./Tab. **MD/21** |

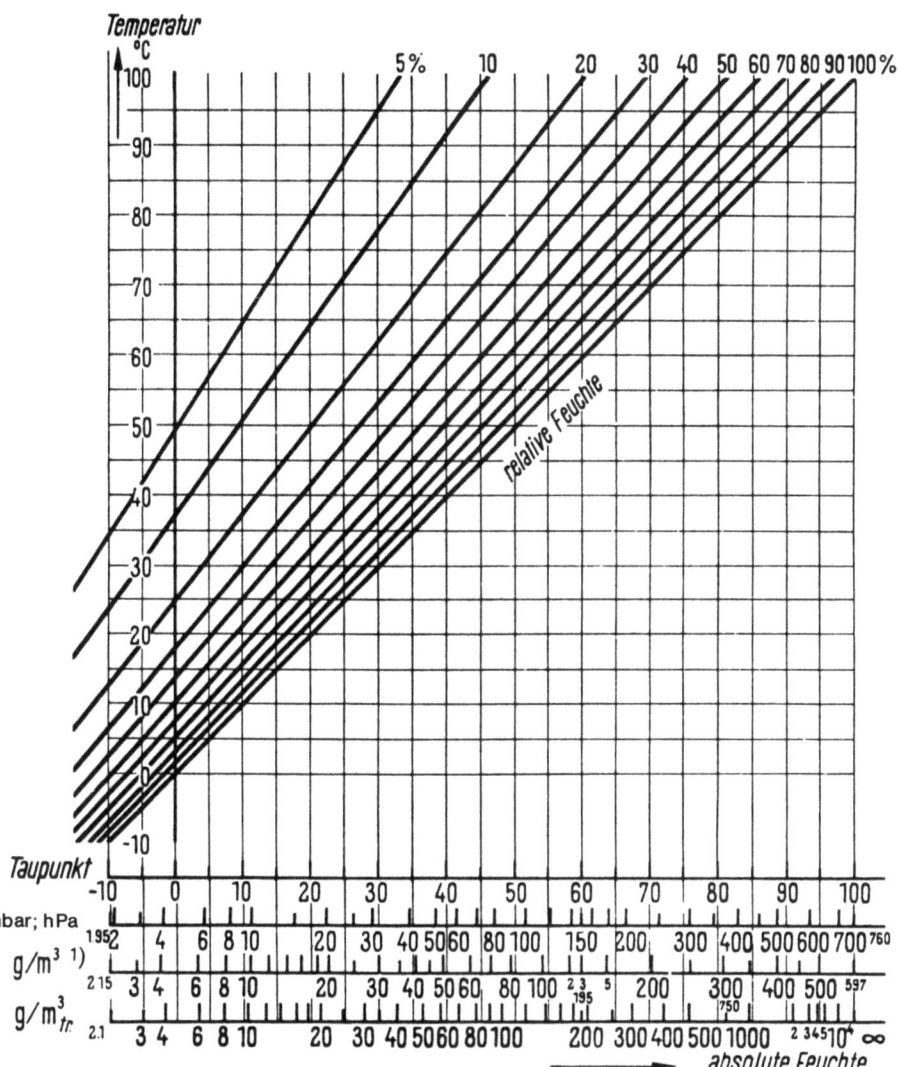

[1]) bei Betriebstemperatur und 1 bar = 100 kPa im Sättigungszustand.

   Beispiel:
   Bei einer Temperatur von 72 °C ist die höchstmögliche absolute
   Feuchte (Sättigung) 255 (p_s = 255 mbar = 255 hPa).
   — Beträgt bei dieser Temperatur die absolute Feuchte 150
     (p = 150 mbar = 150 hPa) dann ist die relative Feuchte φ = 60 %.

22. Relative Feuchte φ in Abhängigkeit von der Temperatur und der psychrometrischen Differenz (zwischen Trocken- und Feuchtthermometer)

a) Temperatur −10 bis 40 °C

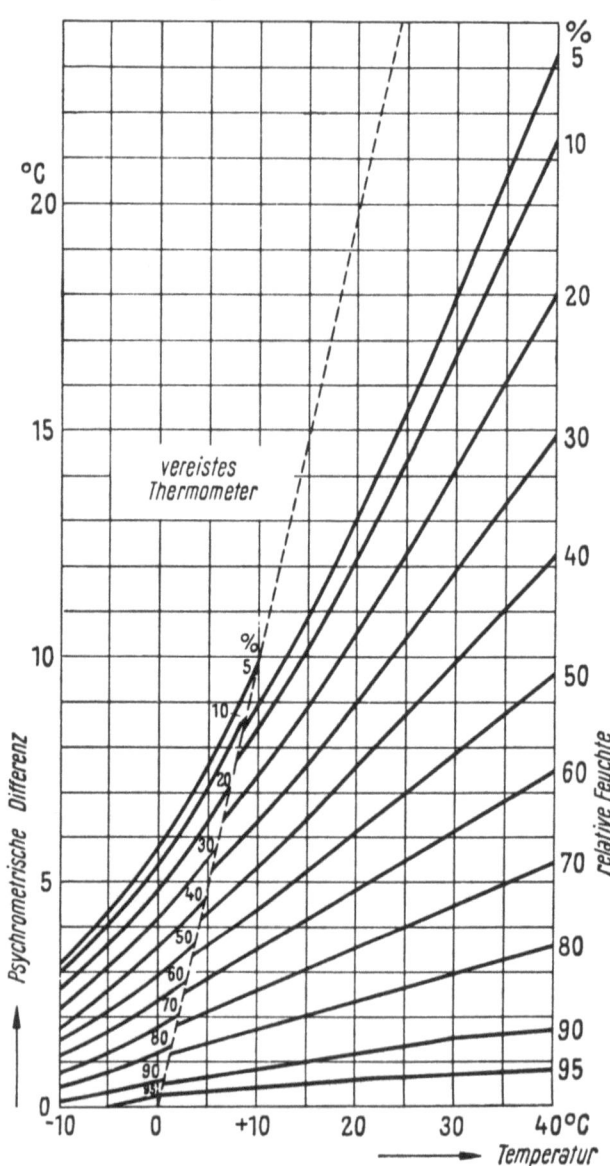

b) Temperatur 40 bis 100°C

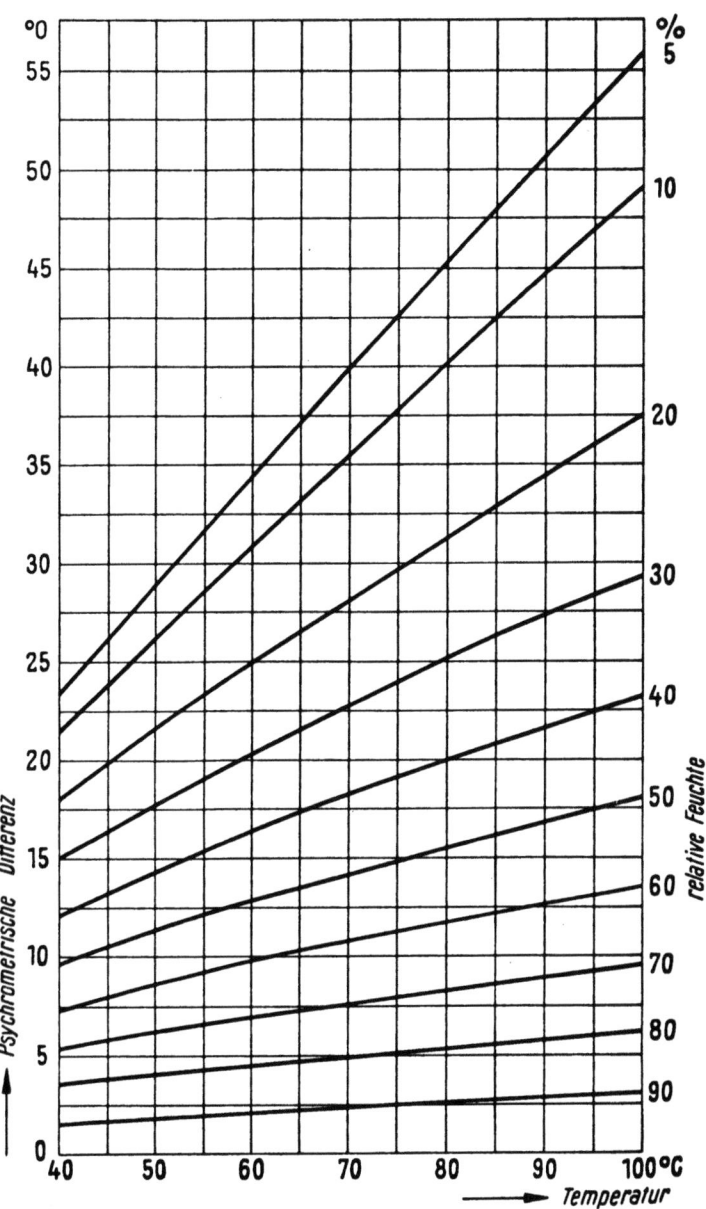

23. Psychrometertafel (Luftgeschwindigkeit > 2,5 m/s; normaler Luftdruck)

Psychro-meter-differenz in K	Lufttemperatur [°C]														
	−8	−4	0	4	8	12	16	20	24	28	32	36	40	44	48
0	96	97	98	100	100	100	100	100	100	100	100	100	100	100	100
0,5	83	88	91	93	94	95	96	96	96	96	96	96	97	97	97
1,0	70	77	82	85	87	89	91	91	92	93	93	93	94	95	95
1,5	57	67	73	79	80	83	86	87	88	88	89	90	92	92	92
2,0	45	57	65	71	75	78	81	82	84	85	86	87	88	90	90
2,5	35	47	56	64	69	73	77	79	80	82	83	85	85	87	87
3,0	22	38	48	58	63	68	72	74	76	78	80	81	82	84	84
3,5	12	29	41	50	57	63	69	70	72	74	76	79	79	81	81
4,0		22	33	43	51	57	62	66	69	71	74	75	77	79	79
4,5		18	29	40	47	54	59	64	65	67	71	72	74	76	76
5,0		9	20	31	40	48	54	58	62	65	68	69	71	73	74
5,5				25	35	43	49	54	59	62	64	66	68	71	72
6,0				18	30	38	46	51	56	59	62	64	66	68	70
6,5				12	25	33	42	47	52	56	60	62	64	66	68
7,0				7	20	29	38	44	49	53	57	59	61	63	65
7,5					15	24	34	40	46	51	55	57	59	61	62
8,0					10	20	30	36	43	47	52	54	56	59	60
8,5						15	26	33	40	45	49	52	54	56	58
9,0						11	23	30	37	42	46	49	51	54	56
9,5							19	27	34	40	44	48	49	52	54
10,0							16	24	31	37	42	45	47	50	52
11							8	17	26	32	37	40	43	46	48
12								11	20	27	32	36	40	43	46
13									15	22	27	32	36	39	42
14									10	17	23	28	32	36	39
15										12	19	24	28	33	36
16											16	21	25	30	33
17											12	17	22	27	30
18												14	19	24	27
19													17	21	24
20													14	18	22
21													11	15	19
22													8	13	17
23														10	14
24														8	12
25															10
26															8

Beispiel:
Lufttemperatur 20 °C
Psychrometerdifferenz 2 K
Feuchtigkeit 82 %

24. Günstige Luftbedingungen für Arbeitsräume

Betrieb	Arbeitsvorgang	Temperatur °C	Rel. Feuchte %
Textilindustrie			
Baumwolle	Vorbereitung	20 bis 25	50 bis 60
	Spinnerei	20 bis 25	60 bis 70
	Weberei	20 bis 25	70 bis 85
Wolle	Vorbereitung	20 bis 25	65 bis 70
	Spinnerei	20 bis 25	60 bis 80
	Weberei	20 bis 25	60 bis 80
Kunstseide	Spinnerei		80 bis 90
	Zwirnerei		70 bis 80
Seide	Spinnerei	22 bis 25	65 bis 70
	Weberei	22 bis 25	60 bis 70
Tabakindustrie	Herstellung	20 bis 22	60 bis 70
	Befeuchtung	30 bis 35	80 bis 90
Druckerei	Mehrfarbendruck	20 bis 22	60 bis 70
Filmindustrie	Entwicklung	20 bis 22	60
	Trocknung	22 bis 25	50
	Schneiden	22	65
Schokoladenindustrie	Herstellung	17 bis 18	50 bis 55
	Packraum	18	50 bis 60
	Lagerraum	16 bis 20	50 bis 60
Bücherei	Buchlager	18 bis 20	40 bis 60
Lackiererei	Spritzlackieren	20 bis 25	56 bis 65
Krankenhaus	Operationsraum	20 bis 27	40 bis 65

25. Begriffe der elektrometrischen Meßtechnik

Elektrolyt: Wäßrige Lösung (von Säuren, Basen oder Salzen), die den elektrischen Strom leitet

Elektrolytische Dissoziation: Vorgang des Zerfalls der im Wasser gelösten Moleküle eines Stoffes in elektrisch geladene Teilchen, d.h. in Ionen (z.B. $HCl \rightleftharpoons H^+ + Cl^-$, $NaOH \rightleftharpoons Na^+ + OH^-$, $NaCl \rightleftharpoons Na^+ + Cl^-$).

Dissoziationsgrad: Prozentualer Anteil der dissoziierten Moleküle an den in das Wasser eingebrachten Molekülen eines Stoffes. Er ist um so größer, je verdünnter die Lösung ist, und hängt von der Temperatur ab.

Konzentration: Anzahl der Gramm-Äquivalente je Liter Lösung.

Die Konzentration von undissoziiertem Wasser wäre z.B. $1000:18 = 55{,}5$, da 1 Gramm-Äquivalent (1 Mol Wasser) 18 g sind. Aber sogar chemisch reines Wasser ist dissoziiert: In 1 Liter sind bei 25 °C 10^{-7} Gramm-Äquivalent in H- und OH-Ionen zerfallen. Die Wasserstoffionenkonzentration c_{H^+} beträgt demnach wie die Hydroxylionenkonzentration c_{OH^-} 10^{-7} Gramm-Äquivalent je Liter.

pH-Wert (potentia hydrogenii): Der mit (-1) multiplizierte dekad. Logarithmus der Wasserstoffionenaktivität a_{H^+}. Anstelle von a_{H^+} kann man bei sehr verdünnten Lösungen die Wasserstoffionenkonzentration setzen: $p\text{H} = -\log c_{H^+}$. Der pH-Wert ist ein Maß für die Stärke einer Säure, für die Neutralität einer Lösung und auch für die Stärke einer Base; denn aus dem für alle chemischen Reaktionen gültigen Massenwirkungsgesetz, das für die Dissoziation von Wasser

$$c_{H^+} \cdot c_{OH^-} = k = 10^{-14} \text{ (bei 25 °C)}$$

lautet, folgt, daß sich c_{OH^-} durch c_{H^+} angeben läßt. Ist $c_{H^+} > 10^{-7}$, also $p\text{H} < 7$, so hat man eine saure Lösung, und ist $c_{H^+} < 10^{-7}$, also $p\text{H} > 7$, so wirkt die Lösung alkalisch. $c_{H^+} = 10^{-7}$ entspricht $p\text{H} = 7$ und bedeutet Neutralität (Bild a).

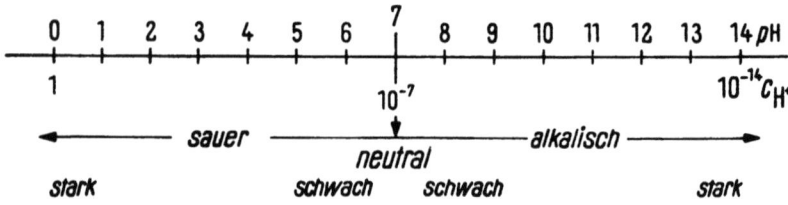

Bild a pH-Skale

Titration: Änderung des pH-Wertes einer Lösung durch Zusetzen von Säuren oder Basen. Der Titrationskurve a in Bild b kann man entnehmen, daß bei gleich großem Zusatz die pH-Wert-Änderung um so größer ist, je näher der pH-Wert am Neutralpunkt liegt.

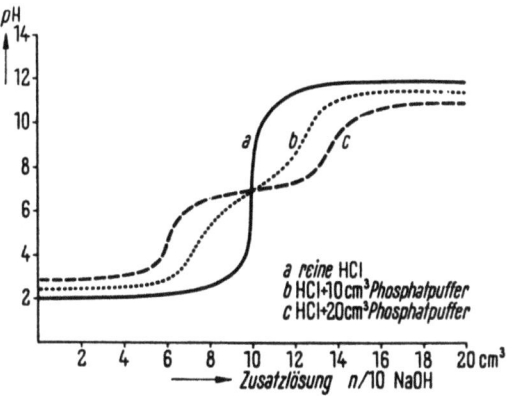

Bild b
Titration ungepufferter und gepufferter Lösungen

Pufferlösung: Lösung, die ihren pH-Wert bei Zugabe von Säuren oder Basen nur wenig ändert, weil diese mit den im Wasser gelösten Bestandteilen so reagieren, daß die zugegebenen H- oder OH-Ionen „gepuffert", d. h. gebunden werden (im Bild b Kurve b und c).

Gebräuchliche Pufferlösungen

Bezugslösung nach Veibel Lösung von 6,71 g KCl in 1 l n/100 HCl	pH = 2,04
Standardazetat Mischung von 50 cm³ 1 n NaOH, 100 cm³ 1 n Essigsäure und 350 cm³ destilliertem Wasser	pH = 4,62
Phosphatpuffer Mischung der folgenden Grundlösungen im Verhältnis 1:1 a) 9,08 g primäres Kaliumphosphat (KH_2PO_4) in 1 l destilliertem Wasser b) 11,88 g sekundäres Natriumphosphat nach Sörensen ($Na_2HPO_4 \cdot 2 H_2O$) in 1 l destilliertem Wasser	pH = 6,8
Boratpuffer 85 Teile einer Lösung von 19,1 g Borax ($Na_2B_4O_7 \cdot 10 H_2O$) in 1 l destilliertem Wasser mit 15 Teilen n/10 HCl gemischt	pH = 9,0

Anm.: Bei Gebrauch können diese Lösungen im Verhältnis 1:5 bis 1:10 mit (destill.) Wasser verdünnt werden. n bedeutet Normallösung (1 Gramm-Äquivalent/l; Gramm-Äquivalent = Molekulargewicht/Wertigkeit).

Meßtechnische Daten
MD/26
26. pH-Werte verschiedener Stoffe

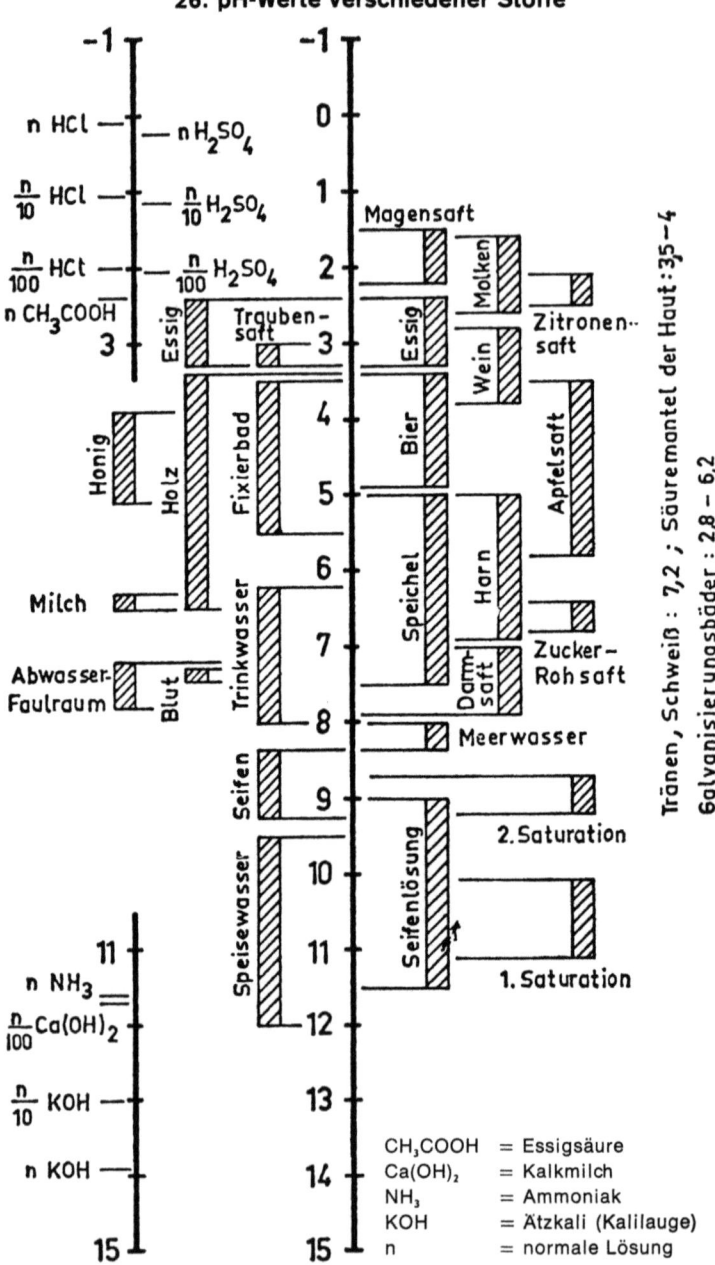

CH₃COOH = Essigsäure
Ca(OH)₂ = Kalkmilch
NH₃ = Ammoniak
KOH = Ätzkali (Kalilauge)
n = normale Lösung

27. Temperaturbereiche gebräuchlicher Temperaturmeßgeräte

—— gesamte, —— übliche, --- wenig verwendete Bereiche

Mechanische Berührungsthermometer

- Flüssigkeits-Glasthermometer (−200 bis 750)
  - Pentan (−200 bis 20)
  - Alkohol (−110 bis 50)
  - Toluol (−70 bis 100)
  - Hg-Vakuum (−30 bis 280)
  - Hg-Gasfüllung unter Druck, Quarzglas (−30 bis 750)
- Flüssigkeits-Federthermometer (−35 bis 600)
  - Hg, 100 bis 150 at (−35 bis 600)
- Dampfdruck-Federthermometer (−200 bis 360)
- Metallausdehnungsthermometer (−30 bis 1000)
  - Bimetallthermometer (−30 bis 400)
  - Stabausdehnungsthermometer (... 1000)

Elektrische Berührungsthermometer

- Widerstandsthermometer (−220 bis 550; 750)
  - Cu (−50 bis 150)
  - Ni (−60 bis 180)
  - Pt (−220 bis 550; 750)
  - Halbleiter: THERNEWID (−20 bis 180)
- Thermoelemente (−200 bis 1300; 1600)
  - Cu-KONSTANTAN, Manganin-KONSTANTAN (−200 bis 400; 600)
  - Fe-KONSTANTAN (−200 bis 700; 900)
  - NiCr−Ni (−200; 0 bis 1000; 1200)
  - PtRh−Pt (−100; 0 bis 1300; 1600)

Strahlungspyrometer

- Strahlungspyrometer (−40 ···)
  - Gesamtstrahlungspyrometer (−40 ···)
  - Teilstrahlungspyrom. (200; 800 ···)

Besond. Temp.-Meßverfahren

- Temperaturmeßfarben (40 bis 1350)
- Temperatur-Farbstifte (65 bis 670)
- Temperaturkennkörper (100 bis 1600)
- Segerkegel (600 bis 2000)

Temperatur t [°C]: −200, 0, 200, 400, 600, 800, 1000, 1200, 1400, 1600, 1800

Meßtechnische Daten

28. Zulässige Fehlergrenzen von Flüssigkeits-Glasthermometern

Füllung	Temperaturbereich in °C	Fehlergrenzen in ± °C bei Einteilung in								
		$1/100°$	$1/50°$	$1/20°$	$1/10°$	$1/5°$	$1/2°$	$1°$	$2°$	5 oder 10°
Organische Flüssigkeit	−190 bis −60							3	4	6
	−60 bis 0						1	2	4	6
	0 bis 50						1	1	2	5
	50 bis 100						1	2	3	6
	100 bis 200							3	4	8
Quecksilber	−58 bis 0	0,02			0,3	0,4	0,7	1	2	3
	0 bis 50		0,04		0,15	0,2	0,5	0,7	1	2,5
	50 bis 100		0,04	0,1	0,25	0,3	0,5	1	1,5	3
	100 bis 200			0,15		0,5	1	1,5	2	4
	200 bis 300						1,5	2	3	5
	300 bis 400							2,5	4	7
	400 bis 515							3	5	10
	515 bis 700								6	10
	700 ···									10

29. Temperatur-Meßbereiche von Dampfdruck-Federthermometern in °C

20 bis 75	20 bis 120	50 bis 170	100 bis 220	150 bis 315
20 bis 95	20 bis 145	50 bis 205	100 bis 255	150 bis 360

30. Temperatur-Meßbereiche von Widerstandsthermometern in °C

−220 bis 50	−20 bis 20	0 bis 100	0 bis 300	50 bis 150
−100 bis 50	0 bis 40	0 bis 150	0 bis 400	200 bis 400
− 30 bis 60	0 bis 60	0 bis 200	0 bis 550	300 bis 550

31. Richtwerte für Ni- und Pt-Meßwiderstände (DIN 43 760)

Ni		Pt	
Meßtemp. t	Widerstand R	Meßtemp. t	Widerstand R
°C	Ω	°C	Ω
−60	69,5 ± 1,0	−220	10,41 ± 0,7
0	100,0 ± 0,1	−200	18,53 ± 0,5
100	161,7 ± 0,8	−100	60,20 ± 0,3
180	223,1 ± 1,3	0	100,00 ± 0,1
		100	138,50 ± 0,2
		200	175,86 ± 0,4
		300	212,08 ± 0,6
		400	247,07 ± 0,8
		500	280,94 ± 1,0
		550	297,30 ± 1,1
		600	313,85 [1]
		650	329,99 [1]
		700	345,80 [1]
		750	361,40 [1]

Mittl. Temperaturbeiwert zwischen 0 und 100 °C
Ni $(0{,}617 \pm 0{,}007) \cdot 10^{-2}$ 1/K
Pt $(0{,}385 \pm 0{,}0012) \cdot 10^{-2}$ 1/K

[1]) Nicht genormt.

32. Werkstoffeigenschaften von Thermopaaren (DIN 43 710, 43 712)

Werkstoff	Grenztemperatur t °C	Spezifischer Widerstand bei 20° C ϱ Ω mm²/m	Mittlerer Temperaturbeiwert des Widerstandes 10^{-3} 1/K		Widerstand bei 20° C R Ω/m	Drahtdurchmesser d mm
Cu (E Cu)	400	0,017		4,3	0,085	0,5
Konst	400	0,48 bis 0,50	20 bis 600° C	0,05	2,50	0,5
Konst	600	0,48 bis 0,50		0,05	0,62	1
Konst	700	0,48 bis 0,50		0,05	0,16	2
Konst	800	0,48 bis 0,50		0,05	0,069	3
Fe	600	0,11 bis 0,13		9,5	0,15	1
Fe	700	0,11 bis 0,13		9,5	0,017	3
NiCr	900	0,70 bis 0,75	20 bis 1000	0,27	0,48	1,38
NiCr	1000	0,70 bis 0,75		0,27	0,10	3
Ni (95%)	900	0,25 bis 0,35		1,2	0,20	1,38
Ni (95%)	1000	0,25 bis 0,35		1,2	0,042	3
PtRh	1400	0,20	20 bis 1600	1,4	2,09	0,35
PtRh	1400	0,20		1,4	1,02	0,50
Pt	1400	0,107		3,1	1,11	0,35
Pt	1400	0,107		3,1	0,54	0,50

33. Thermospannungen der wichtigsten Thermoelemente in mV (DIN 43 710)

Meß-temperatur °C	Fe-Konst. (Eisen-Konstanten)				NiCr-Ni (Nickelchrom-Nickel)			
	Vergleichstemperaturen			zulässige Abweichg. in mV	Vergleichstemperaturen			zulässige Abweichg. in mV
	0° C*	20° C*	50° C*		0° C*	20° C*	50° C*	
—100	—8,15	—9,20	—10,80	±0,5				
—200	—4,75	—5,80	—7,40					
0	0,00	—1,05	—2,62		0,00	—0,82	—2,02	
+100	+5,37	+4,32	+2,72	±0,17	+4,10	+3,28	+2,08	
200	10,95	9,90	8,30		8,13	7,31	6,11	±0,12
300	16,55	15,50	13,90		12,21	11,39	10,19	
400	22,15	21,10	19,50		16,40	15,58	14,38	
500	27,84	26,79	25,19		20,65	19,83	18,63	
600	33,66	32,61	31,01	±0,28	24,91	24,09	22,89	
700	39,72	38,67	37,07		29,14	28,32	27,12	±0,22
800	46,23	45,18	43,58		33,30	32,48	31,28	
900	53,15	52,10	50,00	±0,44	37,36	36,54	35,34	
1000					41,31	40,49	39,29	
1100					45,16	44,34	43,14	±0,32
1200					48,49	47,67	46,47	

Meß-temperatur °C	PtRh-Pt (Platinrhodium-Platin)			
	Vergleichstemperaturen			zulässige Abweichg. in mV
	0° C*	20° C*	50° C*	
0	0,00	—0,11	—0,30	
100	+0,64	+0,53	+0,34	
200	1,44	1,33	1,14	
300	2,32	2,21	2,02	±0,03
400	3,25	3,14	2,95	
500	4,22	4,11	3,92	
600	5,22	5,11	4,92	
700	6,26	6,15	5,96	
800	7,33	7,22	7,03	
900	8,43	8,32	8,13	
1000	9,60	9,49	9,30	±0,06
1100	10,74	10,63	10,44	
1200	11,94	11,83	11,64	
1300	13,14	13,03	12,84	
1400	14,34	14,23	14,04	
1500	15,53	15,42	15,23	±0,09
1600	16,72	16,61	16,42	

* 0° C, 20° C, 50° C sind die gebräuchlichen Vergleichstemperaturen. Die DIN-Normen enthalten nur die Bezugstemperaturen von 0° C. Die stärkere Linie begrenzt den Temperaturbereich für Dauerbenutzung.

| Gruppen-Nr. 8.5.4 | Meßtechnische Daten | Abschn./Tab. MD/34 |

34. Anwendung von Außenschutzrohren für Berührungsthermometer (nach Temperatur)

Höchsttemperatur in °C		Zulässige Meßmedien	Anwendungsbeispiele	Werkstoff des Rohres
dauernd	kurzzeitig			
700	750	Atmosphäre neutral bis oxydierend, H_2-, H_2S-, SO_2-, C-, H_2O-haltig	Glühöfen, Rauch- und Röstabgase, Glühöfen mit Schutzgasfüllung	Reineisen
850	900	Salpeter-, Zyan-, Bleibad[1]	Härte- und Anlaßöfen	
500	550	Zinn-, Blei-, Lagermetall-, Druckguß- und Zinkschmelzen	Verzinnungs- und Verzinkungsbäder, Gießereien	
700	750	Zink, Aluminium, Aluminiumlegierungen	Gießereien, Verzinkungsanlagen	Spezialguß
1200	1220	Atmosphäre neutral und oxidierend, reduzierende C-, H_2-, S_2-haltige Gase	Glühöfen mit und ohne Schutzgasfüllung, Temperöfen, Hydrier-, Crack-, Röst-, Glüh-, Temperöfen	Chromeisen-Aluminium
1300	1320	Atmospähre neutral und oxidierend, Chlorbarium, Borax	Zement-, Kalköfen, Härtebad für Schnelldrehstahl	Chromnickel
1250	1300	Atmosphäre oxidierend, reduzierend, schwefelhaltig	Röstöfen, Öfen mit Schutzgas	
1150	1220	Kupfer- und Kupferlegierungen	Gießereien	Chromeisen
1250	1300	Bleischmelzen	Härtebad (Schnelldrehstahl)	

Für chemische Industrie mit Sonderbeanspruchung CrNi-Stahl

1400	1450	Atmosphäre oxidierend, reduzierend, schwefelhaltig	Glühöfen (Außenschutz)	Schamotte (nicht gasdicht)
1300	1350	Glasschmelzen	Glasöfen	
1600	1650	Atmosphäre mit aggressiven Gasen, Flugstaub (Stichflammen)	Industriegase	Kernmasse (gasdicht)

[1] Diese Schmelzen beanspruchen die Schutzhüllen sehr stark; es empfiehlt sich daher in vielen Fällen, nur kurzfristig zu messen.

35. Eigenschaften der Schutzrohrwerkstoffe für Berührungsthermometer

Werkstoff	Höchsttemperatur dauernd/ kurzzeitig [°C]	Hauptsächliche Verwendung	Einflüsse Haltbarkeit
Gußeisen	500/700	Blei, Zinn-, Zinkschmelzen Alkalischmelzen	Gußhaut ist guter Schutz. Dünne Rohre nicht gasdicht
Baustahl	600/800	luftige, oxidierende Gase, Heißwind	bis 600 °C Verschleiß gering, ab 600 °C starke Verzunderung
		Salzbäder, Blei-, Zinn-, Zinkschmelzen	Verschleiß ziemlich hoch
		Abgase von Verbrennungsmotoren	nicht für Edelelemente, da nicht gasdicht
Baustahl emailliert	600/700	Rauchgas	Verschleiß bis 600 °C mäßig Emaille wird bei 700 °C klebrig
		Gase mit aggressiven Beimengungen	
Baustahl alitiert	800/900	oxidierende Gase ohne wesentliche Feuchtigkeit, Muffelöfen	Verschleiß bis 800 °C mäßig
CrNi-Stahl	1000/1100	Härteöfen	empfindlich gegen schweflige Gase

| Gruppen-Nr. 8.5.4 | Meßtechnische Daten | Abschn./Tab. MD/35 |

Eigenschaften der Schutzrohrwerkstoffe für Berührungsthermometer

Werkstoff	Höchsttemperatur dauernd/kurzzeitig [°C]	Hauptsächliche Verwendung	Einflüsse Haltbarkeit
CrNi-Stahl	1000/1100	Chlorbariumbäder	Verschleiß gering, wenn an Badoberfläche mit häufig zu erneuernder Verstärkungsmuffe aus Eisen versehen
		Schmelzen von Nickel, Zinn und Blei, Kupfer und Kupferlegierungen	Verschleiß hoch nur 150 bis 200 Messungen mit *einem* Rohr möglich
Sonderstahl Nichrotherm	1100/1200	Glüh- und Härteöfen	gut zunderbeständig, Verschleiß gering, wenn nicht dauernd der Höchsttemperatur ausgesetzt
		Rauchgase	Verschleiß mäßig
Chromstahl	1100/1200	für oxidierende, reduzierende und schwefelhaltige Gase, Metallschmelzen	gut zunderbeständig, nichtrostend
Quarzglas und Quarzgut	1100/1500	oxidierende Gase, Laboröfen, Muffeln	bis 900°C Verschleiß gering ab 1000°C hoch; bei 1200°C erweichend, deshalb senkrechter Einbau zu bevorzugen. Ab 1000°C Entglasung, die das Rohr leichtbrüchig und gasdurchlässig macht. Innenrohr für Edelelemente erforderlich.

2-33

Eigenschaften der Schutzrohrwerkstoffe für Berührungsthermometer

Werkstoff	Höchsttemperatur dauernd/ kurzzeitig [°C]	Hauptsächliche Verwendung	Einflüsse Haltbarkeit
Quarzglas und Quarzgut	1100/1500	Metallschmelzen	kurzzeitig bis 1000 °C anwendbar, Verschleiß hoch, Metalloxide und Alkalien greifen ab 600 °C stark an
		Eisenschmelzen	nur für Versuchsmessungen, meist nur einmal verwendbar
Hartporzellan	1200/1300	Muffeln, Laboröfen	empfindlich gegen schroffe Temperaturwechsel, deshalb nur bei stetigem Temperaturverlauf geeignet; ab 1200 °C senkrechter Einbau; ab 1400 °C nicht mehr gasdicht
Marquardtsche Masse	1400/1600	technische Öfen	bei konstanten Temperaturen Verschleiß gering. Empfindlicher gegen schroffe Temperaturwechsel als Hartporzellan; durch Glasieren bis 1400 °C gasdicht, Glasur erweicht bei 1400 °C; Metalloxide und Alkalien greifen an
Freiberger und Pythagorasmasse	1500/1600	Öfen der Grob- und Feinmechanik	mechanisch fest, beständig gegen Temperaturwechsel, gasdicht, hauptsächlich für Innenrohre verwendet

Eigenschaften der Schutzrohrwerkstoffe für Berührungsthermometer

Werkstoff	Höchsttemperatur dauernd/ kurzzeitig [°C]	Hauptsächliche Verwendung	Einflüsse Haltbarkeit
Freiberger und Pythagorasmasse	1500/1600	Öfen der keramischen und der Glasindustrie	Verschleiß mäßig; in Glasschmelzen unter Verwendung von Silit-außen- oder Quarzinnenrohren gut bewährt
Schamotte	1500/1600	Brenn-, Glüh- und Muffelöfen, Öfen der keramischen Industrie	gut bewährt, wird verwendet als Außenrohr zur Abhaltung von Stichflammen von den Innenrohren. Porös und empfindlich gegen schroffen Temperaturwechsel
		Glasöfen	kurzzeitig bis 1600 °C verwendbar, Lebensdauer unter ungünstigen Umständen 1 bis 2 Wochen
Korund	1600/1700	alle technischen Öfen Härtebäder, Metallschmelzen	mechanisch fester Werkstoff hoher Temperaturwechselbeständigkeit; gasdicht bis 1700 °C beständig gegen reduzierende Gase; wird bei den hohen Temperaturen angegriffen von geschmolzenen Metalloxiden, Alkalien und Schlacken; springt oft bei Messungen in Eisenschmelzen

36. Beständigkeit der Schutzrohrwerkstoffe für Berührungsthermometer

Werkstoff Marken-bezeichnung	In Luft anwendbar bis °C	Beständigkeit in Gasen (anwendbar bis °C)				Anwendungsbeispiele und Verwendungsbereich in °C		Anmerkungen
		oxidierend	reduzierend	N_2-haltig O_2-arm	Aufkohlung	Gase und Dämpfe	Schmelzen und Flüssigkeiten	
Bronze SnBz 4	350						Wasser[1] …250	[1] Vgl. Kurven [2] Verlängerte Lebensdauer durch Emaillieren oder Schutzanstrich mit Aluminiumbronze bzw. mit Kokillenschichte [3] Bei 600 °C zwei bis drei Wochen Lebensdauer [4] Bleioxid vermeiden! …700 °C, wenn Rohr hartverchromt
Eisen, technisch rein, C2[2]	550	gering (490)	gering (490)	mittel (500)	—		Salpeter …550 Cyan …950 Magnesium und magnesiumhaltiges Aluminium …700 Zink[3] …600	
Stahl, unlegiert St 35.8[2]	550	gering (450)	gering (450)	mittel (500)	—	Rauchgase Wasserdampf[1] …450 Anlaßöfen …550 Dieselabgase …700	Salpeter …550 Cyan …950 Lagermetall und Blei[4] …600 Zink …480 Zinn …650 Wasser[1] …300	
Stahl, warmfest 13 CrMo 4 4	550	gering (450)	gering (450)	mittel (500)	—	Wasserdampf[1] …550	Wasser[1] …300	
10 CrMo 9 10	600	gering (450)	gering (450)	mittel (500)	—	Wasserdampf[1] …600	Wasser[1] …570	

Meßtechnische Daten

Beständigkeit der Schutzrohrwerkstoffe für Berührungsthermometer

Werkstoff Markenbezeichnung	In Luft anwendbar bis °C	Beständigkeit in Gasen (anwendbar bis °C)			Anwendungsbeispiele und Verwendungsbereich in °C		Anmerkungen
		oxidierend	reduzierend	N_2-haltig O_2-arm / Aufkohlung	Gase und Dämpfe	Schmelzen und Flüssigkeiten	
Stahl, hitzebest. X 10 CrSi 18	1050	sehr groß (1050)	mittel (850)	mittel (750) / mittel (850)	Glüh- und Härteöfen mit oxid., S- und C-halt. Gasen	chloridhaltig*) 600 bis 1050	*) Bei $BaCl_2$ begrenzte Lebensdauer
X 10 CrSi 29	1200	sehr groß (1200)	ziemlich groß (1000)	mittel (1000) / mittel (1000)	Glüh- und Härteöfen mit oxid., S- und C-halt. Gasen	chloridhaltig*) 600 bis 1050 Zink ... 480 Kupfer*) ... 1250 Messing ... 900	*) Immer etwas Angriff *) Gasdicht *) Porzellan *) Sintertonerde
X 15 CrNiSi 24 19	1200	gering	gering	ziemlich groß (1000) / gering	Öfen mit stickstoffhaltigen, sauerstoffarmen Gasen; Nitrieröfen mit NH_3	Cyan ... 950	
Keramischer Isolierstoff DIN 40 685		Temperaturwechsel-Beständigkeit					Schutzrohre werden an den stärksten an den Grenzflächen angegriffen. Man verhindert das durch eine Muffe oder eine Bandage aus Asbestband mit Wasserglas.
Typ 410*)*)		gut			Gase, frei von Flußsäure oder Alkalidämpfen ... 1400	Zink Kupfer	
Typ 710*)*)		mittel			Gase mit Alkalidämpfen ... 1600	Glas ... 1500 Aluminium Zink Kupfer	

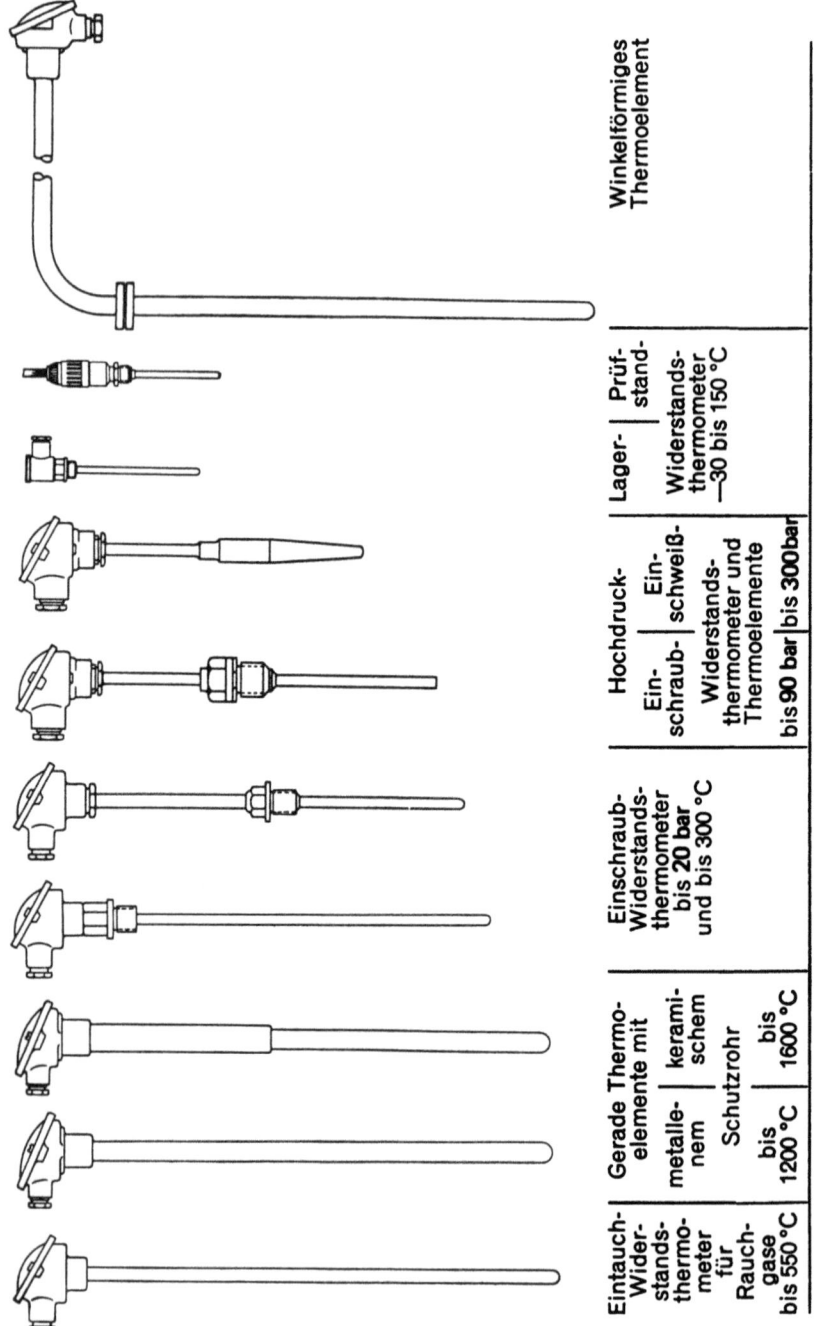

37. Ausführungsformen elektrischer Berührungsthermometer (Maßstab etwa 1 : 10)

38. Teilstrahlungsvermögen von Körpern mit frei strahlender Oberfläche
(Richtwerte bei $\lambda = 0{,}65\ \mu\text{m}$) – Schwärzegrad ε

Werkstoff	Strahlungsvermögen ε
Aluminium	0,12 bis 0,40
Aluminium, oxidiert	0,11 bis 0,20
Bleibad, schlackenfrei	0,5 bis 0,6
Eisen und Stahl, flüssig, nicht oxidiert, ohne Fältelung	0,35 bis 0,68
Eisen und Stahl, flüssig, oxidiert oder gefältelt	0,68 bis 0,95
Mittlere Erfahrungswerte	0,75 bis 0,85
Eisen und Stahl, fest, je nach Oberflächenbeschaffenheit	0,35 bis 1
Kalkstein	0,8 bis 0,9
Kohle oder Graphit	0,84 bis 0,95
Kupfer, fest, blank	0,1 bis 0,25
Kupfer, flüssig, je nach Oxidationsgrad	0,15 bis 0,8
Magnesium	0,08 bis 0,45
Nickel	0,30 bis 0,39
Platin	0,29 bis 0,41
Porzellan	0,25 bis 0,50
Schlacke	0,56 bis 0,90
Silber	0,05 bis 0,1
Silikatsteine	0,9 bis 1
Ton	etwa 0,75
Wolfram	0,40 bis 0,47
Zink	0,23 bis 0,40

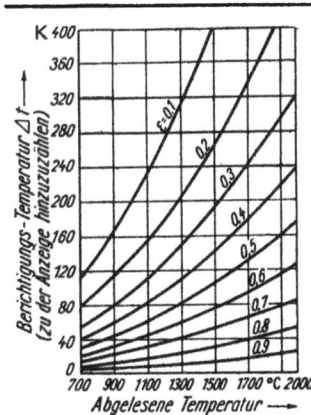

Da das Leuchtdichte-Pyrometer am schwarzen Körper geeicht ist, zeigt es also die zu niedrige "schwarze" Temperatur t_s an. Die wahre Temperatur (°C) ergibt sich aus:

$$\frac{1}{273 + t} = \frac{1}{273 + t_s} = \frac{\lambda \lg \varepsilon}{6240}$$

ε ist Strahlungsvermögen des gemessenen Körpers (s. Tafel) bei der Meßwellenlänge λ.
Nebenstehendes Diagramm zeigt, welche Temperatur Δt (Berichtigungstemperatur) zu der Anzeigetemperatur t_s hinzugezählt werden muß, um t zu erhalten (wahre) Temperatur). Strahlungszahl (Emissionskonstante) $C = \varepsilon \cdot 4{,}96\ (\text{W}/\text{m}^2\,\text{K}^4)$

Meßtechnische Daten

Gruppen-Nr. 8.5.4
Abschn./Tab. **MD/39**

39. Eigenschaften der Meßflüssigkeiten für Druckmesser (Manometer)

Meßflüssigkeit	Dichte ϱ in kg/m³	Wärmedehnzahl $\gamma \cdot 10^{-3}$ in 1/K	Siedepunkt °C	Schmelzpunkt °C	Verhalten gegenüber Wasser	Verhalten Sonstiges
Äther $C_4H_{10}O$	714	1,65	35	−116	schwach löslich	brennbar
Toluol $C_6H_5CH_3$	864	1,1	110	−94	gut	brennbar
Petroleum	etwa 0,87	0,95	−	−	−	brennbar
Nitrobenzol $C_6H_5NO_2$	1206	0,84	210	9	Häutchen	giftig
Schwefelkohlenstoff C_2S	1260	1,20	46	−112	gut	brennbar
Chloroform $CHCl_3$	1489	1,27	61	−64	Häutchen	brennbar
Wasser H_2O	998	0,18	100	0	−	−
Ethylenbromid $C_2H_4Br_2$	2174	2,2	132	10	−	−
Bromoform $CHBr_3$	2903	−	150	8	gut	giftig
Quecksilber Hg	13499	0,18	357	−39	gut	−

40. Schutzflüssigkeiten für Meßgeräte

Schutzflüssigkeit	Dichte ϱ in kg/dm³	Geeignet als Schutz gegen:
Wasser	1,0	leichte Öle ohne wasserlösliche Beimengungen
Lösungen von Schwermetallsalzen, insbesondere Bariumchlorid	1,27	schwere Öle, Chlorbenzol, flüssige Kohlenwasserstoffe (Methan, Propan), Rohöle, Benzolwaschöl
Kunstöle	1,35 bis 1,55	wässerige Lösungen, Laugen, Säuren der verschiedensten Arten
Benzol, Toluol	0,88 bis 1,25	Ammoniak, bei − 5 °C oder wärmer, gasförmig oder flüssig
Eismaschinenöl	0,9	Ammoniak, kälter als − 5 °C, gasförmig oder flüssig

41. Temperatur - Fixpunkte zum Eichen von Temperaturmeßgeräten

Über den ganzen technisch wichtigen Temperaturbereich verteilt sind Temperatur-Festwerte, "Fixpunkte", gesetzlich festgelegt. Es sind das die Temperaturen, bei denen bestimmte Stoffe sieden (Sd), schmelzen (Sm) oder erstarren (E). Die wichtigsten sind in der folgenden Tabelle zusammengestellt. Zwischen den Fixpunkten liegende Temperaturen sind mit den angegebenen Meßgeräten zu bestimmen, die nach vorgeschriebenen Verfahren geeicht werden müssen.

Fixpunkte		°C		vorgeschriebenes Eichgerät
Wasserstoffpunkt	(Sd)	− 252,78		
Sauerstoffpunkt	(Sm)	− 183,032*	(− 183,7)	
Quecksilberpunkt	(Sm)	− 38,87		Platin-
Eispunkt	(Sm)	0,00		Widerstands-
Wasserdampfpunkt	(Sd)	100,00		Thermometer
Schwefelpunkt	(Sd)	444,60		
Zinnpunkt	(E)	231,85		
Antimonpunkt	(E)	630,5		Platin-
Silberpunkt	(E)	961,93	(960,8)	Platinrhodium-Thermometer
Goldpunkt	(E)	1064,43	(1063)	
Nickelpunkt	(E)	1453,0		
Platinpunkt	(Sm)	1773,0	(1769)	
Iridiumpunkt	(E)	2454,0		Teilstrahlungs-Pyrometer
Molybdänpunkt	(E)	2622,0		
Tantalpunkt	(E)	3030,0		
Wolframpunkt	(Sm)	3380,0	(3350)	

Notizen

1. Aufgabe und Bedeutung der Regelungstechnik

a) Regeln, Regelung

Das **Regeln** — die **Regelung** — ist ein Vorgang, bei dem eine physikalische Größe — die zu regelnde Größe oder **Regelgröße** x — fortlaufend erfaßt und durch Vergleich mit einer anderen Größe im Sinne einer Angleichung an diese Größe beeinflußt wird. Bei der Regelung sind somit zwei miteinander verknüpfte Vorgänge zu verwirklichen: Vergleichen und Stellen (Verstellen). Der hierzu notwendige Wirkungsablauf vollzieht sich in einem geschlossenen Kreis — dem **Regelkreis**.

Die Regelung löst also die Aufgabe, den Angleich des Wertes (Istwertes) einer Größe, der ohne Regelung infolge störender Einflüsse — der **Störgrößen** z — in unerwünschter Weise veränderlich wäre, an einen vorgegebenen Wert — den **Sollwert** x_K — im Rahmen gegebener Möglichkeiten herzustellen und aufrechtzuerhalten.

Regelung ist nicht zu verwechseln mit Steuerung. Das Regeln setzt immer einen geschlossenen Wirkungskreis — eben den Regelkreis — voraus. Das Steuern dagegen läuft nicht in einem geschlossenen Wirkungskreis ab; denn der Betrag einer Größe wird hier nicht auf Grund fortlaufender Messungen dieser Größe hergestellt, d. h. nicht durch Signale, die von der Größe selbst herrühren. (Beispiel: Die Gitterspannung einer **Elektronenröhre** steuert den Anodenstrom, ohne daß der Anodenstrom die Gitterspannung beeinflußt. Das Hauptmerkmal eines **Transistors** ist die Steuerung des Kollektorenstromes mit einem relativ kleinen Basisstrom.

Eine **selbsttätige Regelung** oder kurz: eine **Regelung** ist gegeben, wenn sie ohne Eingreifen des Menschen abläuft. Greift der Mensch mit in die Regelung ein, dann spricht man von einer **nichtselbsttätigen Regelung** oder **Handregelung**.

Ist für die Regelgröße x ein unveränderlicher Sollwert durch eine feste Einstellung des Sollwertgebers an der Regeleinrichtung vorgegeben, dann nennt man die Regelung **Festwertregelung**. Ändert sich der Sollwert der Regelgröße in Abhängigkeit von einer anderen Größe, wird also der Sollwert — wie man sagt — von einer anderen Größe geführt und muß er dieser Größe folgen, dann liegt eine **Folgeregelung** vor. Die Zeit gilt nicht als **Führungsgröße** w. Eine Regelung, bei der sich der Sollwert der Regelgröße mit der Zeit ändert, wird als **Zeitplanregelung** bezeichnet.

Jede Abweichung der Regelgröße vom Sollwert x_K bzw. von der Führungsgröße w, die einen Regelungsvorgang auslöst, wird **Regelabweichung** x_w genannt; sie ist positiv, wenn der **Istwert** (tatsächlich vorhandener Wert) der Regelgröße größer ist als der Sollwert, und negativ, wenn der Istwert kleiner ist als der Sollwert.

Bei vielen Regelungen ist es nicht möglich oder nicht erforderlich, die Regelabweichung x_w vollkommen aufzuheben, so daß auch im Beharrungszustand noch eine Regelabweichung vorhanden ist. Diese Regelabweichung wird ausdrücklich als **bleibende Regelabweichung** bezeichnet. Wie groß sie sein darf,

| Gruppen-Nr. 8.9.1 | **Regelungstechnik** | Abschn./Tab. RT/1a,b |

hängt von der geforderten Genauigkeit der Regelung ab; im allgemeinen darf sie ±5% des Sollwerts der Regelgröße betragen.

Der in den Blockschaltplänen von Regelungsanlagen durch Pfeile gekennzeichnete **Wirkungsweg** oder **Signalflußweg** ist der Weg in einem Regelkreis, längs dessen die einen Regelungsvorgang bestimmenden Wirkungen (Größen oder Signale) übertragen werden. Weg und Richtung der Wirkungen müssen nicht mit Weg und Richtung zugehöriger Energieflüsse oder Massenströme übereinstimmen (s. Bilder 1, 2). Die Bilder befinden sich auf den Seiten 3-7 u. 3-8).

Betrachtet man die **technische Einrichtung** einer Regelung, so verwendet man zum Beschreiben der Geräte als Merkmale deren physikalische und technische Eigenschaften und ihre Verwendung im Regelkreis. Bei der **Betrachtung ihrer Wirkungsweise** beschreibt man allein die Zuordnung (den Zusammenhang) der dafür in der Anlage zu berücksichtigenden Größen der Signale.

Regelungsanlagen werden — wie man kurz sagt — aus **Gliedern** aufgebaut. Bei der gerätetechnischen Betrachtung kann von **Baugliedern,** bei der wirkungsmäßigen Betrachtung von **Übertragungsgliedern** gesprochen werden. Unter Berücksichtigung der Richtung des Wirkungswegs (Signalflußwegs) werden **Eingang** e und **Ausgang** a, bzw. Eingangsgröße (Eingangssignal) und Ausgangsgröße (Ausgangssignal) unterschieden.

b) Regelkreis

Der Regelkreis besteht aus der **Regelstrecke** — meist nur Strecke S genannt — und der **Regeleinrichtung** R (Bild 2). Die Strecke ist derjenige Teil des Regelkreises, der den aufgabengemäß zu beeinflussenden Abschnitt des Wirkungswegs enthält. Die Regeleinrichtung ist die Gesamtheit aller Glieder, die die aufgabengemäße Beeinflussung der Strecke bewirkt. Innerhalb einer Regeleinrichtung kann ein Gerät als **Regler** bezeichnet werden, wenn es mehrere Aufgaben der Regeleinrichtung zusammenfaßt. Das Gerät muß jedoch den Vergleicher (Ermittler der Regelabweichung) sowie mindestens ein weiteres wesentliches Glied, z. B. einen Verstärker oder einen Sollwerteinsteller enthalten.

Regelstrecke und Regeleinrichtung sind am **Meßort** und am **Stellort** miteinander verbunden (siehe Bild 1). Am Meßort befindet sich der **Meßfühler** zur Erfassung des Istwerts der Regelgröße und gegebenenfalls ein **Meßumformer** (-wandler, -umsetzer), der den erfühlten Istwert der Regelgröße in eine für die Regeleinrichtung zur Verarbeitung geeignete Größe umformt (umwandelt, umsetzt). Stellort heißt der Ort, an dem die Regeleinrichtung in die Strecke eingreift, indem sie das **Stellglied** beeinflußt, das den Energiefluß oder den Massenstrom in der Strecke steuert (verstellt).

Bei jedem Regelkreis ist zu unterscheiden zwischen **Störverhalten** und **Führungsverhalten.** Das Störverhalten ist das Verhalten der Regelgröße unter dem Einfluß von Störgrößen, das Führungsverhalten das Verhalten der Regelgröße unter dem Einfluß von Führungsgrößen.

Der Wert $1/(1+V_0)$ wird **Regelfaktor** R genannt. Dabei bedeutet V_0 die sogenannte **Kreisverstärkung.** Zur Ermittlung der Kreisverstärkung wird der

Regelkreis am Stellort aufgetrennt, d. h. die Regeleinrichtung vom Eingang der Strecke abgetrennt (Bild 3). Der aufgeschnittene Regelkreis kann nun als Übertragungsglied aufgefaßt werden mit der Störgröße z am Eingang und der Stellgröße y am Ausgang:

Ändert man die Störgröße (z. B. die Belastung der Strecke) um den Betrag Δz, dann erfährt die Stellgröße – während der Regelkreis sich auf einen neuen Beharrungszustand einstellt – die Änderung Δy. Das Verhältnis $\Delta y/\Delta z$ heißt **Übertragungsbeiwert des aufgeschnittenen Regelkreises**; er ist gleichbedeutend mit der Kreisverstärkung V_0.

c) Regelstrecken (Strecken)

Regelstrecken können als Übertragungsglieder aufgefaßt werden mit der **Stellgröße** y als Eingangsgröße und der **Regelgröße** x als Ausgangsgröße. Der Bereich, innerhalb dessen die Stellgröße einstellbar (verstellbar) ist, wird als **Stellbereich** oder **Stellhub** y_h bezeichnet.

Störgrößen z sind alle von außen auf die Strecke einwirkenden Größen, die eine Regelabweichung zur Folge haben können. In fast allen Fällen ist die Belastung oder der Durchsatz der Strecke die wichtigste Störgröße.

Der **Übertragungsbeiwert** K_S der Strecke ist definiert als das Verhältnis der Regelgrößenänderung Δx zur Stellgrößenänderung Δy, die die Regelgrößenänderung (konstante Störgröße vorausgesetzt!) bei der von der Regeleinrichtung abgetrennten Strecke beim Erreichen eines neuen Beharrungszustands bewirkt hat ($K_S = \Delta x/\Delta y$). Der reziproke Wert des Übertragungsbeiwerts wird **Ausgleichswert** q genannt (q bzw. $Q = 1/K_S = \Delta y/\Delta x$).

Man unterscheidet grundsätzlich zwei Arten von Regelstrecken: Strecken mit Ausgleich und Strecken ohne Ausgleich. Bei **Strecken mit Ausgleich** ist der Ausgleichswert q ein bestimmter, von Null verschiedener Wert. Das bedeutet, daß jede Änderung Δy der Stellgröße eine bestimmte Änderung Δx der Regelgröße bewirkt, daß also selbst die von der Regeleinrichtung abgetrennte Strecke bei einer Änderung der Stellgröße in einen neuen Beharrungszustand einläuft.

Strecken ohne Ausgleich haben den Ausgleichswert $q = 0$. Man kann auch sagen, der Übertragungsbeiwert K_S dieser Strecken ist „unendlich" groß; denn eine – wenn auch noch so kleine – Änderung der Stellgröße bewirkt eine unbegrenzte Änderung der Regelgröße ($\Delta x/\Delta y \to \infty$). Ohne das Eingreifen einer Regeleinrichtung stellt sich also in einer Strecke ohne Ausgleich bei einer Änderung der Stellgröße kein neuer Beharrungszustand ein: die Strecke „geht durch".

Strecken werden weiter unterschieden nach dem sogenannten **Übergangsverhalten**. Darunter versteht man das Zeitverhalten der Regelgröße x bei einer sprunghaften Beaufschlagung des Eingangs einer von der Regeleinrichtung abgetrennten Strecke mit einer Stellgrößenänderung Δy (bzw. einer Störgrößenänderung Δz). Die graphische Darstellung des Zeitverhaltens der Regelgröße, das man auch als **Sprungantwort** bezeichnet, ist die **Übergangsfunk-**

tion. Die Bildreihe 4 a bis d zeigt die typischen Verläufe der Sprungantwort bei Strecken:
Strecke nullter Ordnung (Bild 4 a): Die durch die Eingangsgrößenänderung Δy (bzw. Δz) bewirkte Regelgrößenänderung $\Delta x = K_S \cdot \Delta y$ (bzw. $K_S \cdot \Delta z$) wird ohne Verzögerung sprunghaft erreicht.
Strecke 1. Ordnung (Bild 4 b): Die durch die Eingangsgrößenänderung bewirkte Regelgrößenänderung wird allmählich (verzögert) erreicht, und zwar steigt die Regelgröße nach einer Exponentialfunktion an. Maßgebend für die Schnelligkeit des Ansteigens ist die **Zeitkonstante** T.
Strecke höherer Ordnung (Bild 4 c): Die durch die Eingangsgrößenänderung bewirkte Regelgrößenänderung wird ebenfalls verzögert erreicht; die Übergangsfunktion weist jedoch einen Wendepunkt und eine Wendetangente auf. Bei einer Sprungantwort mit Wendetangente wird das Übergangsverhalten durch die Ausgleichszeit T_G und die Verzugszeit T_u gekennzeichnet.
Strecke mit Totzeit (Bild 4 d): Es vergeht eine gewisse Zeit, bis sich eine Eingangsgrößenänderung auf die Regelgröße auszuwirken beginnt. Die Zeit, um die die Regelgrößenänderung gegenüber der Eingangsgrößenänderung verspätet einsetzt, wird Totzeit T_t genannt.

d) Regeleinrichtungen

Regeleinrichtungen können als Übertragungsglieder aufgefaßt werden mit der **Regelgröße** x als Eingangsgröße und der **Stellgröße** y als Ausgangsgröße. Die **Führungsgröße** w am Eingang der Regeleinrichtung ist – ähnlich wie die Störgröße z bei Strecken – eine von außen auf die Regeleinrichtung einwirkende Größe, die jedoch durch die Regelung selbst nicht beeinflußt wird.
Nach dem Verlauf der Verstellung des Stellglieds unterscheidet man zwei Hauptgruppen von Regeleinrichtungen: unstetige und stetige Regeleinrichtungen. Der Grundtyp der **unstetigen Regeleinrichtungen** ist die **Zweipunkt-Regeleinrichtung**, bei der in der Beharrung, d. h. ohne Berücksichtigung der Schaltübergänge nur zwei Werte für die Stellgröße möglich sind, z. B. „Eingeschaltet" ($y = 100\%$) und „Ausgeschaltet" ($y = 0$). Durch Zusammenziehen mehrerer Zweipunkt-Regeleinrichtungen ergibt sich eine **Mehrpunkt-Regeleinrichtung**, bei der mehr als zwei Werte für die Stellgröße möglich sind. Wohl die gebräuchlichsten Mehrpunkt-Regeleinrichtungen sind die **Dreipunkt-Regeleinrichtungen**, die drei Werte für die Stellgröße ermöglichen, z. B. „Voll eingeschaltet" ($y = 100\%$), „Halb eingeschaltet" ($y = 50\%$) und „Ausgeschaltet" ($y = 0$).
Bei **stetigen Regeleinrichtungen** kann innerhalb des Stellbereichs oder Stellhubs y_h die Stellgröße stetig verstellt (geändert) werden, also jeden beliebigen Wert annehmen. Nach dem Übergangsverhalten (der Sprungantwort) werden die stetigen Regeleinrichtungen eingeteilt in:

e) P-Regeleinrichtungen

Beim sprunghaften Aufschalten einer Regelabweichung x_w am Eingang der Regeleinrichtung – sei es durch Ändern der Regelgröße oder durch Ändern der Führungsgröße – erfährt die Stellgröße bei der von der Strecke abgetrennten Regeleinrichtung (im Idealfalle unverzögert) eine Änderung Δy, die ein bestimmtes Vielfaches der Regelabweichung beträgt oder – wie man sagt – der Regelabweichung proportional (verhältnisgleich) ist (Bild 5 a). Man spricht daher von proportionalem Verhalten oder kurz P-Verhalten.

Der Faktor, mit dem die Regelabweichung multipliziert werden muß, um die Stellgrößenänderung zu erhalten, ist der Übertragungsbeiwert K_P der Regeleinrichtung (bisher Verstärkungsfaktor genannt); es ist also: $\Delta y = K_P \cdot x_w$ oder: $K_P = \Delta y / x_w$.

Bei P-Regeleinrichtungen sind innerhalb des Stellbereichs beliebige Beharrungszustände möglich. Dabei ist jedem Wert der Regelgröße ein bestimmter Wert der Stellgröße zugeordnet, und zwar steigt die Stellgröße in demselben Maße an, wie die Regelgröße abnimmt, und sie fällt in demselben Maße ab, wie die Regelgröße zunimmt. (Umkehrwirkung der Regeleinrichtung im Sinne der Regelung!)

Der Betrag, um den sich die Regelgröße insgesamt ändern muß, um die Stellgröße über den ganzen Stellbereich oder Stellhub y_h zu ändern, heißt **P-Bereich**. Der P-Bereich ist um so kleiner, je größer der Übertragungsbeiwert der Regeleinrichtung ist.

f) I-Regeleinrichtungen

Bei einer I-Regeleinrichtung ist die Geschwindigkeit, mit der sich die Stellgröße ändert, der Regelabweichung proportional; es gilt also: Änderungsgeschwindigkeit der Stellgröße $= K_I \cdot x_w$.

Sich selbst überlassene I-Regeleinrichtungen laufen bei einer Regelabweichung nicht in einen neuen Beharrungszustand ein. Beim sprunghaften Aufschalten einer konstanten Regelabweichung steigt die Stellgröße vielmehr mit der Zeit gleichmäßig an (Bild 5 b), und zwar um so schneller, je größer die Regelabweichung und der Übertragungsbeiwert der Regeleinrichtung sind. Die gesamte während einer bestimmten Zeit erfolgte Stellgrößenänderung entspricht der zwischen der Übergangsfunktion und der t-Achse liegenden Fläche oder – wie der mathematische Ausdruck lautet – dem Zeitintegral der Übergangsfunktion. Man nennt das Verhalten der Regeleinrichtung daher **integrierendes Verhalten** oder kurz I-Verhalten.

Wird die Regelabweichung – beispielsweise durch eine entsprechende Änderung der Führungsgröße – beseitigt, dann geht bei P-Regeleinrichtungen die Stellgröße auf den Wert Null zurück. Bei I-Regeleinrichtungen ist dies nicht der Fall: Die Stellgröße bleibt auf dem Wert stehen, den sie während der Zeit, die vom Aufschalten bis zum Abschalten der Regelabweichung verstrichen ist, erreicht hat.

g) PI-Regeleinrichtungen

Eine PI-Regeleinrichtung ist die Kombination einer P-Regeleinrichtung und einer I-Regeleinrichtung, die parallel zusammenarbeiten. Beim sprunghaften

Aufschalten einer Regelabweichung bewirkt nun der P-Anteil der Regeleinrichtung (im Idealfalle unverzögert) zunächst eine Stellgrößenänderung, die der Regelabweichung proportional ist. Anschließend addiert der I-Anteil der Regeleinrichtung eine weitere Stellgrößenänderung hinzu, die dem Zeitintegral der Übergangsfunktion des I-Anteils entspricht (Bild 5c).

Der Schnittpunkt der Übergangsfunktion der PI-Regeleinrichtung mit der t-Achse ergibt die sogenannte **Nachstellzeit** T_n. Es ist dies die Zeit, um die die Regelung „voreilen" müßte, um allein mit dem I-Anteil der Regeleinrichtung diejenige Stellgrößenänderung zu erreichen, die der P-Anteil beim Aufschalten der Regelabweichung (im Idealfalle sprunghaft) bewirkt. Rechnerisch ergibt sich die Nachstellzeit als das Verhältnis des Übertragungsbeiwerts des P-Anteils der Regeleinrichtung zum Übertragungsfaktor des I-Anteils. ($T_n = K_P/K_I$)

h) Regeleinrichtungen mit D-Einfluß (mit Vorhalt)

D-Verhalten (differenzierendes Verhalten) zeigt ein Übertragungsglied, wenn die Ausgangsgrößenänderung der Änderungsgeschwindigkeit oder — wie der mathematische Ausdruck lautet — dem Zeitdifferential der Eingangsgröße proportional ist. Für eine Regeleinrichtung mit D-Verhalten gilt also: $\Delta y = K_D$ mal Abweichgeschwindigkeit der Regelgröße vom Sollwert.

Beim sprunghaften Aufschalten einer Regelabweichung ist die Geschwindigkeit, mit der die Regelgröße vom Sollwert abweicht, zunächst „unendlich" groß und geht unmittelbar danach wieder auf Null zurück. Das bedeutet, daß sich die Stellgröße — allerdings nur theoretisch — plötzlich um einen unbegrenzt hohen Betrag ändert und ebenso plötzlich wieder auf den Ausgangswert zurückgeht. In Wirklichkeit ändert sich die Stellgröße jedoch um einen begrenzten (endlichen) Betrag — den sogenannten **Vorhalt** — und geht anschließend mehr oder weniger verzögert zurück.

Regeleinrichtungen mit reinem D-Verhalten, d. h. nur mit Vorhalt, gibt es nicht; sie enthalten zumindest einen P-Anteil, der mit dem D-Anteil parallel zusammenarbeitet. Derartige Regeleinrichtungen werden als **PD-Regeleinrichtungen** oder als **P-Regeleinrichtungen mit Vorhalt** bezeichnet. Dabei bewirkt bei einer Regelabweichung der D-Anteil der Regeleinrichtung den Vorhalt der Stellgröße, während der P-Anteil die Stellgröße auf einem der Regelabweichung proportionalen Wert hält (Bild 5d). Kenngröße dieser Regelung ist die sogenannte **Vorhaltezeit** T_v, die sich aus dem Verhältnis des Übertragungsbeiwertes des D-Anteils der Regeleinrichtung zum Übertragungsbeiwert des P-Anteils ergibt ($T_v = K_D/K_P$).

Eine **PID-Regeleinrichtung** oder **PI-Regeleinrichtung mit Vorhalt** erhält man, wenn man eine PI-Regeleinrichtung mit einem D-Anteil ausrüstet. Das Bild 5e zeigt die Übergangsfunktion einer derartigen Regeleinrichtung; ihre Kenngrößen sind die **Nachstellzeit** T_n, die durch das Zusammenwirken des P-Anteils mit dem I-Anteil bestimmt ist, **und** die **Vorhaltezeit** T_v, die sich aus dem Zusammenwirken des P-Anteils mit dem D-Anteil ergibt.

i) Bilder 1 bis 5

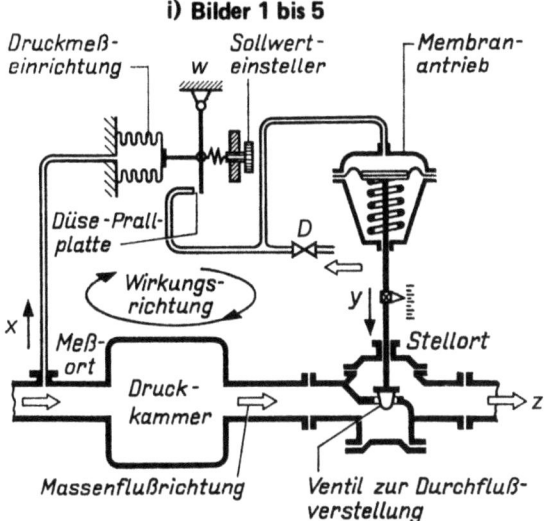

Bild 1: Druckregelkreis an einer Rohrleitung und Druckkammer (D = Druckluft).

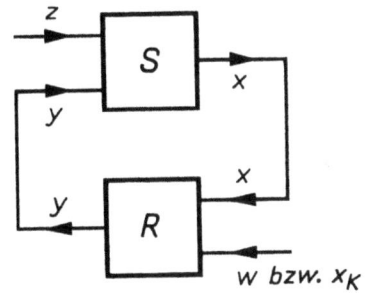

Bild 2: Zweiblockschema eines Regelkreises.

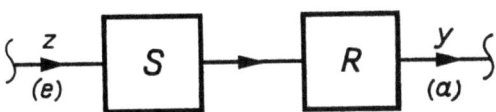

Bild 3: Schema des aufgeschnittenen, durch eine veränderliche Störgröße beaufschlagten Regelkreises.

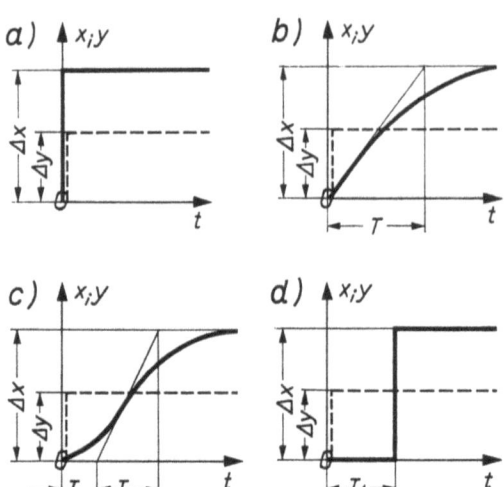

Bild 4: Charakteristische Verläufe der Übergangsfunktion (Sprungantwort) bei Strecken.

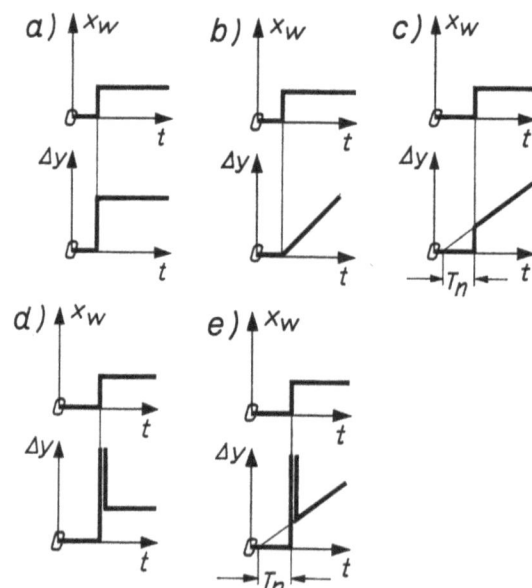

Bild 5: Übergangsfunktionen (Sprungantworten) idealer (unverzögerter) Regeleinrichtungen.

2. Wichtige Regelgrößen in den verschiedenen technischen Gebieten

Regelgröße	Einheit
a) Maschinenbau	
Kraft, Gewicht F	N, kN
Flächenpressung, Druck p	N/cm^2, N/mm^2, N/m^2, bar, Pa
Drehmoment M	Nm
Geschwindigkeit v	m/s, m/min
Drehzahl n	U/min, 1/min
Beschleunigung a	m/s^2
Hub, Lage, Stand $l\,(x)$	m, Grad (°)
b) Elektrotechnik	
Spannung U	V
Strom J	A
Leistung, Wirkleistung P (bzw. W)	W
Scheinleistung P_S, S	VA
Blindleistung P_b, Q	Var
Phasenwinkel φ	Grad
Frequenz f	Hz (oder kHz)
Verstärkung V	Zahl
c) Chemie	
Temperatur t, (T)	°C, K
Druck p	bar, N/cm^3, Pa (Pascal)
Durchfluß $\dot{V}$	kg/s, m^3/h usw.
Gemisch- oder Durchflußverhältnis	%
Füllstand, Niveau h (H)	m
Ionenkonzentration	pH
Elektrische Leitfähigkeit (Flüssigkeiten) χ	$m/\Omega \cdot mm^2$
Lichtdurchlässigkeit	%
Gaszusammensetzung	%
Heizwert H (H_u unterer Heizwert)	J/kg, kJ/kg, kJ/m^3
Wärmeleitfähigkeit λ	W/mK, J/mhK
Kinematische Viskosität ν	m^2/s
d) Fahrzeugtechnik	
Geschwindigkeit v	m/s, km/h
Beschleunigung a (b)	m/s^2
Kurs y	Grad (°)
Höhe h	m
Seitenlage a	Grad (°)
e) Beleuchtungstechnik	
Beleuchtungsstärke E_v	lx (Lux)

3. Aufgabe und Bedeutung der Regelkreisglieder

Begriff	Definition, Erläuterung
a) Regelung	Ist ein Verfahren oder Vorgang, bei dem der vorgegebene Wert einer physikalischen Größe fortlaufend durch Eingriffe auf Grund von Messungen dieser Größe hergestellt und aufrecht erhalten wird.
b) Regeleinrichtung	Teil des Regelkreises, in dem die Geräte angeordnet sind, die den Regelvorgang an der Regelstrecke bewirken.
c) Handregelung	Regelung, bei der der Mensch noch mit tätig ist.
d) Selbsttätige Regelung	Regelung, bei der der Mensch nicht mehr mit im Regelkreis eingeschaltet ist.
e) Regelstrecke	Umfaßt den gesamten Teil der geregelten Anlage, in dem die Regelgröße konstant zu halten ist. Teil des Regelkreises, in dem sich der Regelvorgang abspielt.
f) Regler	Zusammenfassung aller Geräte, die das Konstanthalten der Regelgröße bewirken. Dazu gehören: Meßfühler, Meßwerk, Soll-Wertgeber, Soll-Ist-Wert-Vergleicher, Verstärker, Stellmotor, Stellglied. Gerät, das den Menschen im Regelkreis ersetzt.
g) Regelkreis	Zusammenschaltung von Regelstrecke und Regler zu einem geschlossenen rückwirkungsfreien Kreis, der vom Signalfluß in einer bestimmten Richtung durchlaufen wird.
h) Meßfühler	Erfaßt den Ist-Wert der Regelgröße (x) und formt ihn in eine für das Meßwerk geeignete Meßgröße um.
i) Meßwerk	Teil des Reglers, der den Istwert der Regelgröße bestimmt. Mit ihm wird die vom Meßfühler abgegebene und umgeformte Regelgröße erfaßt.
k) Soll-Wert-Geber	Teil des Reglers, mit dem der Soll-Wert der Regelgröße durch den Wert einer bestimmten physikalischen Größe vorgegeben wird.
l) Soll-Ist-Wert-Vergleicher	In diesem Teil des Reglers erfolgt der Vergleich des Ist-Wertes der Regelgröße mit dem eingestellten und gewünschten Soll-Wert. Sein Ausgangssignal ist die Regelabweichung.
m) Regelverstärker	Das Signal der Regelabweichung ist sehr leistungsschwach und reicht zur Betätigung des Stellorganes nicht aus. Im Regelverstärker erfolgt die Steuerung der Hilfsenergie mit dem Signal der Regelabweichung.
n) Stellorgan	Einrichtung zum Dosieren von Energie- und Massenströmen.
o) Stellantrieb	Gerät, das zur Betätigung des Stellorgans dient.
p) Stellmotor	Das motorische Glied dient zur Verstellung bzw. Betätigung des Stellorganes.

3 – 10

Aufgabe und Bedeutung der Regelkreisglieder

Begriff	Definition, Erläuterung
q) Stellglied	Zusammenfassung aller Geräte, mit denen der Regler in die Regelstrecke eingreift und auf die Regelgröße einwirkt. Ist das am Eingang der Strecke liegende Glied. Eingriffsglied in den Energie- oder Massenstrom (z.B. Stellorgan und Stellantrieb).
r) Festwertregelung	Sollwert ist konstant und nur durch Betätigen des Sollwerteinstellers veränderbar.
s) Führungsregelung	Sie folgt einer veränderlichen Führungsgröße außer der Zeit, die die Regelgröße bestimmt.
t) Zeitplanregelung	Führungsgröße ändert sich nach vorgegebenem Zeitplan selbsttätig.
u) Meßort	Die Stelle des Regelkreises, an der der Meßwert an der Regelstrecke durch den Meßfühler des Meßgliedes aufgenommen wird.
v) Stellort	Die Stelle des Regelkreises, wo das Stellglied in die Regelstrecke eingreift.
w) Steuerung	Vorgang, bei dem eine Größe von einer anderen in einem festen Zusammenhang beeinflußt wird.

Blockdarstellung der Anlageteile und Geräte eines **Textiltrockners**
(Pfeile bedeuten Signalrichtungen)

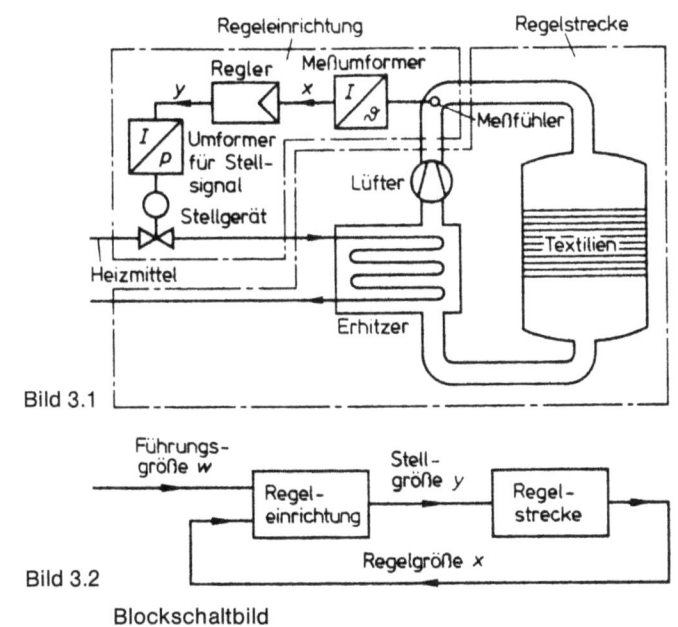

Bild 3.1

Bild 3.2 Blockschaltbild

| Gruppen-Nr. 8.9.1 | **Regelungstechnik** | Abschn./Tab. RT/4 |

4. Wichtige regeltechnische Kenngrößen und Symbole

Begriff, Symbol	Definition, Erläuterung (s. a. Bilder 3.1 und 3.2)
a) Regelgröße x (X)	Der Wert einer physikalischen Größe, der durch die Regelung konstant gehalten oder nach einem vorgegebenen Programm verändert werden soll. Mit (x) wird der Ist-Wert bezeichnet. Größe im Regelkreis, die geregelt werden soll, wird auch mit X angegeben.
b) Istwert (der Regelgröße) x	Tatsächlich vorhandener Wert, den das Meßglied mißt.
c) Soll-Wert der Regelgröße x_s (X_k)	Vorgegebener Wert der Regelgröße, der durch die Regelung tatsächlich eingehalten werden soll. Im Gegensatz dazu steht der Ist-Wert (x), der tatsächlich momentan vorhandene Meßwert. Konstante Führungsgröße
d) Regelabweichung $e = x_w = x - x_s$ Regeldifferenz ε	Sie ist die momentan vorhandene Abweichung der Regelgröße von ihrem Soll-Wert. (Unterschied zwischen Ist- und Sollwert) $c = x_w = -x_d$ (x_d = Regeldifferenz die im Regler weiterverarbeitet wird) $c = w - x$ (x_i wenn Istwert; x_e in der Elektrotechnik)
e) Stellgröße y (Y) $y = x_w \cdot k_R$	Damit wird die Wirkung des Stellgliedes bezeichnet. Sie beeinflußt die Regelgröße in einer vorbestimmten Weise. Ausgangsgröße der Regeleinrichtung wird auch mit Y angegeben.
f) Störgröße $z(Z_1 \ldots Z_n)$	Alle Größen, die Störungen in dem Regelprozeß verursachen. Sie stören immer die Gleichgewichtseinstellung (wirken dem konstanthalten der Regelgröße entgegen).
z_s (Z_s)	Von außen auf die Regelstrecke wirkende Störung, die den Wert der Regelgröße verändert.
z_R (Z_R)	Auf die Regeleinrichtung wirkende Störung
g) Störbereich z_h (Z_h)	Der Bereich, in dessen Grenzen sich die Störgröße ändern darf, wenn ihre Wirkung unter Ausnutzung des gesamten Stellbereichs noch ausgeglichen werden soll.
h) Führungsgröße w (W)	Eine Größe, die den Soll-Wert festlegt. Sie hat besondere Bedeutung z. B. bei Programm- und Folgeregelungen. Veränderliche Größe, in deren Abhängigkeit die Regelgröße beeinflußt wird. Zum Beispiel als elektr. Sollspannung u_s.
i) Überschwingweite x_m (X_m)	Größte Abweichung der Regelgröße vom Sollwert bei einer sprungweisen Störgrößenänderung.
k) Regelzeit τ	Zeit, bis die Wirkung einer sprungweise auftretenden Störgrößenänderung durch die Wirkung des Reglers innerhalb der Meßgenauigkeit ausgeregelt ist.

Regelungstechnik

Gruppen-Nr. 8.9.1 — Abschn./Tab. RT/5

5. Regeltechnische Begriffe der Regelstrecke

Begriff	Definition, Erläuterung
a) Strecke ohne Ausgleich	Regelstrecke, bei der nach einer Änderung der Stellgröße oder einer Störgröße die Regelgröße dauernd wächst bzw. fällt, d.h. keinem neuen endlichen Wert zustrebt. Bei Änderung der Stellgröße strebt die Regelgröße keinem neuen Gleichgewichtszustand zu. Je nach dem Vorzeichen der Stellgrößenänderung steigt oder fällt der Wert der Regelgröße.
b) Strecke mit Ausgleich	Regelstrecke, bei der die Regelgröße nach einer Änderung der Stellgröße einem neuen, endlichen Wert zustrebt. Bei Änderung der Stellgröße strebt die Regelgröße einem neuen endlichen Gleichgewichtszustand zu.
c) Übergangszeit (Strecke mit Ausgleich)	Die Zeit, die vergeht, bis die Regelgröße nach einer Störung innerhalb der Meßgenauigkeit wieder einen konstanten Wert angenommen hat.
d) Strecke mit Totzeit	Bei Änderung der Stellgröße vergeht eine bestimmte Zeit, die Totzeit, ehe die Stellgrößenänderung eine Regelgrößenänderung bewirkt. Totzeiten können in Strecken mit und ohne Ausgleich auftreten.
e) Übergangsfunktion (allgemein)	Zeitlicher Verlauf der Regelgröße nach Einwirken einer sprunghaften Störung.
f) Stellübergangsfunktion	Zeitlicher Verlauf der Regelgröße bei sprunghafter Änderung der Stellgröße. (Stellverhalten der Regelstrecke).
g) Störübergangsfunktion	Zeitlicher Verlauf der Regelgröße bei sprunghaftem Einwirken oder Änderung der Störgröße (Störverhalten der Regelstrecke).
h) Speicherglied	Glied der Strecke, in dem eine Speicherung der Regelgröße möglich ist. Reihenschaltung eines drosselnden und eines speichernden mechanischen oder elektrischen Organs.
i) Regelstrecke mit Ausgleich I. erster Ordnung	Regelstrecke, deren Übergangsfunktion durch Angabe der Verstärkung V_s und der Zeitkonstante T_s bestimmt ist.
II. zweiter Ordnung	Regelstrecke, deren Übergangsfunktion durch Angabe der Verstärkung V_s und zweier Zeitkonstanten T_{s1}, T_{s2} bestimmt ist.
III. höherer Ordnung	Regelstrecken, deren Übergangsfunktion durch Angabe der Verstärkung und mehrerer Zeitkonstanten bestimmt ist.
k) Verzögerungsarme Regelstrecke	Regelstrecke, bei der die Regelgröße einer Änderung der Stellgröße praktisch unverzögert folgt.
l) Kennlinie der Regelstrecke	Zusammenhang zwischen Stellgröße und Regelgröße nach Ablauf der Übergangszeit.
m) Arbeitspunkt	Punkt auf der Kennlinie, in dessen Umgebung betriebsmäßig gearbeitet wird.

3 – 13

| Gruppen-Nr. 8.9.1 | **Regelungstechnik** | Abschn./Tab. RT/6 |

6. Wichtige Kenngrößen und Symbole der Regelstrecke

Begriff, Symbol	Definition, Erläuterung
a) Stellbereich y_h (Y_h)	Größter einstellbarer Wert der Stellgröße (volle Öffnung des Stellorgans). Maximaler Verstellbereich des Stellgliedes (z. B. Weg einer Ventilspindel von geschlossen bis voll geöffnet).
b) Änderungsgeschwindigkeit der Regelgröße v, (c_s) v_{max}, ($c_{s\,max}$)	Änderung der Regelgröße in der Zeiteinheit: $v = \Delta x : \Delta t$ mit $y =$ Parameter, v_{max} ist dann vorhanden, wenn die Stellgliedverstellung um den ganzen Stellbereich y_h erfolgt. Es besteht die Proportion: $$\frac{v}{y} = \frac{v_{max}}{y_h}$$
c) Anlaufwert A	Der Kehrwert der maximalen Änderungsgeschwindigkeit der Regelgröße bei einer sprungweisen Änderung der Stellgröße um den Stellbereich Y_h: $$A = \frac{1}{v_{max}} = \frac{1}{v} \cdot \frac{v}{y_h} = 1 : (\Delta x / \Delta t)$$ $A = 1/\tan \alpha$, wenn $y = y_h$
d) Verstärkung (der Regelstrecke) k_s, V_s	Sie ist der Quotient von Regelgrößenänderung (x) zur zugehörigen Änderung der Stellgröße (y): $k_s = V_s = x/y = 1/Q = \Delta y / \Delta x = \Delta y / \Delta w$ ($k_0 = V_0$ Kreisverstärkung) Änderung x der Regelstrecke geteilt durch die zugehörige Änderung y der Stellgröße.
e) Ausgleichswert Q	Darunter ist der reziproke Wert der Verstärkung zu verstehen: $$Q = \frac{1}{k_s} = \frac{1}{V_s} = \frac{y}{x}$$ Änderung y der Stellgröße geteilt durch die dadurch bewirkte Änderung x der Regelgröße.
f) Zeitkonstante T_s Regelstrecke 1. Ordnung)	Die Zeit, die der Schnittpunkt der Tangente im Nullpunkt der Übertragungsfunktion (auf der Parallelen zur Zeitachse) mit dem Endwert der Regelgrößenänderung ergibt. (T_A Anlaufzeit $= A\Delta x$)
g) Ersatz-Zeitkonstante T_s^*	Bei einer Übergangsfunktion höherer Ordnung der Abschnitt, den die Tangente im Wendepunkt der Übergangsfunktion auf der durch den Endwert gelegten Parallelen zur Zeitachse abschneidet.
h) Totzeit T_t	Zeit, die vergeht, bis nach einer sprungweisen Veränderung der Stellgröße eine Änderung der Regelgröße bemerkbar wird.
i) Ersatz-Totzeit T_t^*	Bei einer Übergangsfunktion höherer Ordnung der Abschnitt, den die Tangente im Wendepunkt der Übergangsfunktion auf der Zeitachse abschneidet.

| Gruppen-Nr. 8.9.1 | **Regelungstechnik** | Abschn./Tab. RT/7 |

7. Wichtige Begriffe verschiedener Reglertypen

Begriff, Symbol	Definition, Erläuterung
a) Unstetiger Regler	Regler, der das Regelsignal nicht stetig auf das Stellglied überträgt. (zwischen Regelabweichung und Stellgröße besteht ein unstetiger Zusammenhang)
b) Zweipunktregler	Unstetiger Regler, der nur 2 Schaltstellungen (Ein-Aus) besitzt. (Stellgröße kann nur 2 feste Werte annehmen)
c) Dreipunktregler	Unstetiger Regler, der 3 Schaltstellungen (Öffnen - Ruhe - Schließen) besitzt. (Stellgröße kann nur 3 feste Werte annehmen)
d) Tastender Regler	Regler, der die Regelgröße in wählbaren Zeitabständen abtastet.
e) Stetiger Regler	Regler, bei dem eine stetige Übertragung des Regelsignales erfolgt. (zwischen Regelabweichung und Stellgröße besteht ein stetiger Zusammenhang). Innerhalb des Stellbereiches kann das Stellglied jede beliebige Stellung einnehmen.
f) P-Regler	Regler, bei dem ein proportionaler Zusammenhang zwischen Regelabweichung und Stellgliedverstellung besteht.
g) I-Regler	Regler, bei dem die Stellgeschwindigkeit des Stellorganes der Regelabweichung nach Betrag und Richtung proportional ist.
h) PI-Regler	Regler, mit den Eigenschaften des P- und des I-Reglers. Die Stellgliedverstellung erfolgt erst nach dem P-Anteil, dem sich dann die I-Wirkung anschließt.
i) D-Anteil od. Vorhalt	Aufschaltung eines Regelsignales, das der Änderungsgeschwindigkeit der Regelgröße proportional ist.
k) PD-Regler	Entspricht dem P-Regler, dem zusätzlich der D-Anteil aufgeschaltet ist.
l) PID-Regler	Entspricht dem PI-Regler, dem zusätzlich der D-Anteil aufgeschaltet ist.
m) Regler mit Hilfsenergie	Dem Regler wird elektrische, pneumatische oder hydraulische Energie zugeführt. Regler, bei dem die vom Vergleicher gelieferte Energie nur zur Steuerung eines mit Hilfsenergie gespeisten Verstärkers dient.
n) Regler ohne Hilfsenergie	Als Stellenergie dient die vom Meßorgan aus der Regelstrecke entnommene Energie. Regler, bei dem die vom Vergleicher gelieferte Energie ausreicht, um das Stellglied zu betätigen.
o) Kennlinie des Reglers	Zusammenhang zwischen Regelgröße und Stellgröße
p) Übergangsfunktion des Reglers	Zeitlicher Verlauf der Stellgröße bei einer sprungweisen Änderung der Regelgröße.
q) Tastfolge	Zeit zwischen zwei aufeinanderfolgenden Abtastungen bei einem Fallbügelregler.
r) Sprungschaltung	Einrichtung eines unstetigen Reglers, die eine Umschaltung der Stellgröße zwischen festen Werten mit großer Geschwindigkeit und Kraft durchführt.

3 – 15

8. Wichtige Kenngrößen und Symbole der Regler

Begriff, Symbol	Definition, Erläuterung
a) Verstärkung k_R, V_R	Sie ist das Verhältnis von Stellgliedverstellung zur zugehörigen Regelgrößenänderung. $$V_R = y/x$$
b) Proportionalitätsbereich x_p, X_p	Er gibt an, um welchen Betrag sich die Regelgröße ändern muß, damit das Stellglied den gesamten Stellbereich Y_h durchläuft. $$x_p = Y_h/V_R$$
c) Schaltdifferenz x_d Regeldifferenz	Bei einem Regler mit Sprungschaltung die Änderung der Regelgröße, die benötigt wird, um die Sprungschaltung bei fallender und steigender Regelgröße auszulösen.
d) Bleibende Regelabweichung x_B, X_B; X_b	Eine Störung wird vom P-Regler nie vollständig ausgeregelt. Die verbleibende Regelabweichung, auch P-Abweichung genannt, ist die Differenz zwischen Ist-Wert und Soll-Wert der Regelgröße. $$x_B = X_B = x - x_k$$
e) Stellgeschwindigkeit v_y (c_R)	Sie ist die Geschwindigkeit, mit der sich das Stellglied bei einer bestimmten Regelabweichung x verstellt. $$v_y = c_R = dy/dt$$ $c_{R\,max.}$ = maximale Stellgeschwindigkeit, bei der die Regelgröße um $x = X_h$ verändert werden muß.
f) Laufbereich X_h Regelbereich	Ist der Bereich, innerhalb dessen die Regelgröße unter Berücksichtigung vereinbarter Werte der Störgrößen eingestellt werden kann (ohne Beeinträchtigung der Funktionsfähigkeit der Regelung).
g) Stellzeit T_y	Sie ist die Zeit, die das Stellglied benötigt, um den Stellbereich Y_h mit maximaler Geschwindigkeit $c_{R\,max.}$ zu durchlaufen. $$T_y = Y_h/c_{R\,max} = Y_h/v_y$$
h) Nachstellzeit T_n t_n	Sie ist die Zeit, die der I-Anteil des PI-Reglers benötigen würde, um mit integraler Verstellung die vom P-Anteil durchgeführte Stellgliederverstellung vorzunehmen. $$T_n = V_p/c_R = V_p/v_y$$
i) Vorhaltzeit T_v t_v	Sie ist die Zeit, die das Stellglied benötigt, um den Weg den es auf Grund des D-Vorhaltes zurückgelegt hat, nur mit P-Wirkung zu durchlaufen. $$T_v = \frac{V_d}{V_p \cdot \frac{dx}{dt}}$$ $(Y_D$ = Stellgliedverstellung durch D-Anteil V_p = Verstärkung des P-Anteiles).

9. Wichtige Begriffe der Regelkreise

Begriff, Symbol	Definition, Erläuterung (s. Bild 9.1)
a) Stellbereichsüberschuß (Leistungsüberschuß)	Bei einem unstetigen Regler der Überschuß des vorhandenen Stellbereichs über den Stellbereich, der bei Dauereinschaltung zum Aufrechterhalten des Sollwertes der Regelgröße gerade genügen würde (letztere Wert wird mit 100% angesetzt).
b) Grundlast	Bei einem Zweipunktregler ein fest eingestellter Betrag der Stellgröße, der nicht geschaltet wird.
c) Zweigruppenregler	Dreipunktregler, bei dem je nach Istwert der Regelgröße der maximale Wert der Stellgröße, ein Bruchteil davon oder der Wert Null eingeschaltet wird.
d) Dreieck/Stern/Aus-Regler	Dreipunktregler, bei dem je nach Istwert der Regelgröße die Heizwicklungen in „Dreieck", „Stern" oder auf „Aus" geschaltet werden
e) Zeitschaltwerk	Einrichtung, um bei einem Regler mit periodischer Abtastung (Fallbügelregler) die Einschlatdauer innerhalb der Tastperiode verändern zu können.
f) Grenzwertregler	Dreipunktregler mit Minimal- und Maximalkontakt und einer dazwischenliegenden Unempfindlichkeitszone
g) Rückführung	Vom Eingang der Regelstrecke zum Eingang des Reglers an der Regelstrecke vorbeigeführtes (rückgeführtes) Signal, das dem Regler früher meldet, daß sich die Stellgröße geändert hat.

Bild 9.1 Struktur eines Regelkreises

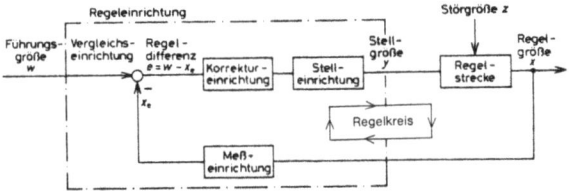

Bei einer Regelung wird die Regelgröße infolge einer Rückführung ständig mit der Führungsgröße verglichen.

Anforderungen an einen Regelkreis:
1. Regelgröße muß entsprechend der Führungsgröße verlaufen (Stabilitätsbedingung).
2. Vollständiges Ausregeln der Regeldifferenz.
3. Kein Überschwingen.

Bild 9.2 Regelkreis eines Härteofens

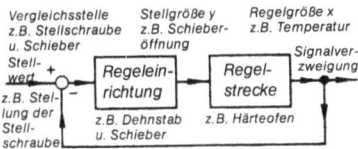

Regelungstechnik — RT/10

10. Wichtige Kenngrößen und Symbole der Regelkreise

Begriff, Symbol	Definition, Erläuterung (s. Bilder 9.1 und 9.2)
a) Schwankungsbreite der Regelgröße Δx	Bei einem unstetig arbeitenden Regler der Bereich, innerhalb dessen die Regelgröße periodische Schwankungen ausführt.
b) Schwingungsdauer einer Regelschwingung T	Die Dauer des Regelspiels bei einem unstetigen, mit periodischen Schwankungen der Regelgröße arbeitenden Regler.
c) Schaltfrequenz $f_s = \dfrac{1}{T}$	Zahl der Ein- oder Ausschaltungen je Zeiteinheit.
d) Anlaufzeit t_A, T_a (T_A) $= w \cdot \Delta t / \Delta x$ $= w \cdot A$	Zeit, die benötigt wird, bis nach Einschalten des Regelkreises der Istwert erstmalig den Sollwert erreicht. Ist das Produkt aus einer verabredeten Wertänderung Δx der Ausgangsgröße der Strecke und dem Anlaufwert ($t_a = A \cdot \Delta x$).
e) Kreisverstärkung V_0, $v_0 = k_s \cdot k_R$	Produkt der beiden Übertragungsbeiwerte k_s der Regelstrecke und k_R des Reglers.

Bilder zu Tab. RT/11

Bild 11.1 **P-Regler** für Flüssigkeitsstand

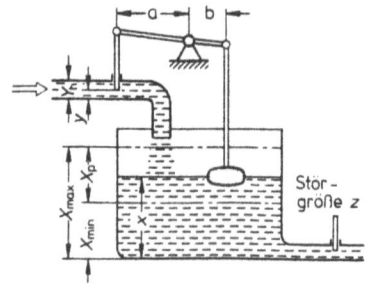

Bild 11.2 **P-Regler** für Druckluft

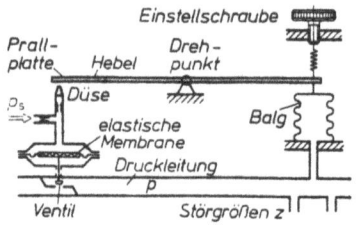

| Gruppen-Nr. 8.9.1 | Regelungstechnik | Abschn./Tab. RT/11 |

11. Wichtige Begriffe und Kenngrößen stetiger P-Regler

Begriff, Symbol	Definition, Erläuterung (s. Bild 11.1, S. 3-18)
a) Proportional wirkender Regler, abgekürzt P-Regler	Regler, bei welchem ein proportionaler Zusammenhang zwischen Regelabweichung und Stellgrößenänderung besteht.
b) Stellungszuordnung	Zu jedem Wert der Regelabweichung gibt es einen fest zugeordneten Wert der Stellgröße.
c) Kennlinie des P-Reglers	Zusammenhang zwischen der Regelgröße oder Regelabweichung und der Stellgröße.
d) Gleichung des P-Reglers	Änderung y der Stellgröße ist der Regelabweichung x proportional. $$y = -Y_h \cdot x/X_p$$
e) Proportionalbereich (P-Bereich) X_p	Bereich der Regelgröße, innerhalb dessen ein proportionaler Zusammenhang zwischen Regelabweichung und Stellgrößenänderung besteht. Beim Durchlaufen des P-Bereiches X_p durchläuft die Stellgröße den Stellbereich Y_h. $$X_p = X_{max} - X_{min}$$
f) Bleibende Regelabweichung (P-Abweichung) X_Z (X_{PA})	Abweichung des Istwertes der Regelgröße vom eingestellten Sollwert bei Störgrößenänderungen.
g) Verstärkung (des P-Reglers)	Das Verhältnis von Stellgrößenänderung zur Regelgrößenänderung. $$k_R = Y_h/X_p$$
h) Proportional- $K_p = Y_h : X_p$	Ist der Übertragungsfaktor der Regeleinrichtung.
i) Regelfaktor R	$R = X_z : X_0 = 1 : (1 + V_0)$; X_0 bleibende Regelabweichung ohne Regler;
k) Kreisverstärkung V_0 $V_0 = k_s \cdot k_R$	Produkt der beiden Übertragungsbeiwerte k_s der Regelstruktur und k_R des Reglers.

Beachte! Bei Regelstrecken mit I-Verhalten (Integrier-Verhalten) verwendet man wegen der Stabilität meist P-Regeleinrichtungen oder PD-Regeleinrichtungen. Bei Strecken mit D-Verhalten (Differenzier-Verhalten) verwendet man P-Regeleinrichtungen oder PI-Regeleinrichtungen. Bei Strecken mit I- und D-Verhalten verwendet man P-Regeleinrichtungen.

12. Wichtige Begriffe und Kenngrößen stetiger I-Regler

Begriff, Symbol	Definition, Erläuterung
a) Integral wirkender Regler (abgekürzt I-Regler)	Regler, bei welchem die Stellgeschwindigkeit der Regelabweichung nach Größe und Richtung proportional ist.
b) Stellgeschwindigkeitszuordnung	Zu jedem Wert der Regelabweichung gibt es einen fest zugeordneten Wert der Stellgeschwindigkeit.
c) Kennlinie des I-Reglers	Zusammenhang zwischen der Regelgröße oder Regelabweichung und der Stellgeschwindigkeit.
d) Übergangsfunktion des I-Reglers	Verlauf der Stellgröße in Abhängigkeit von der Zeit bei einer sprungweisen Änderung der Regelgröße.
e) Stellgeschwindigkeit v_y	Geschwindigkeit, mit der sich die Stellgröße bei einer bestimmten Regelabweichung ändert.
f) Laufbereich X_h (Regelbereich)	Regelabweichung, die erforderlich ist, um die maximale Stellgeschwindigkeit $v_{y\,max}$ zu erzielen.
g) Stellzeit T_y	Zeit, die benötigt wird, um bei der größten Stellgeschwindigkeit $v_{y\,max}$ den Stellbereich Y_h zu durchlaufen.
h) Gleichung des I-Reglers $y = -\dfrac{Y_h}{X_h\,T_y} \cdot x \cdot t$	Änderung y der Stellgröße ist der Regelabweichung x und der Zeit t proportional.

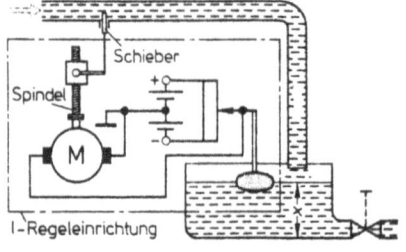

Bild 12.1 **I-Regler** für Flüssigkeitsstand

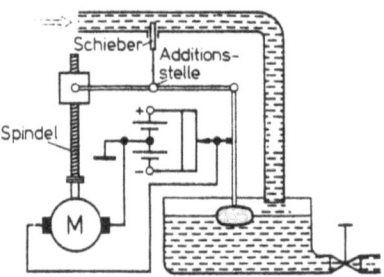

Bild 13.1 **PI-Regler** (s. Tab. RT/13) für Flüssigkeitsstand

13. Wichtige Begriffe und Kenngrößen der PI- und PID-Regler

Begriff, Symbol	Definition, Erläuterung
a) PI-Regler	Regler, bei welchem die Änderung der Stellgröße sich aus einem der Regelabweichung proportionalen Anteil und aus einem zweiten Anteil zusammensetzt, der der Regelabweichung und der Zeit proportional ist (s. Bilder auf S. 3-20, 3-23).
b) Zähe Dämpfung	Zähe Dämpfung liegt vor, wenn die Bewegung eines Körpers unter der Wirkung einer konstanten Kraft mit gleichförmiger Geschwindigkeit abläuft.
c) Rückführung	1. Rückführung eines Teiles der Ausgangsgröße auf den Eingang eines Verstärkers, so daß eine Verstärkungsminderung eintritt. 2. Einrichtung zum Rückführen nach 1.
d) Starre Rückführung	Rückführung, bei welcher ein zeitlich konstanter Anteil der Ausgangsgröße auf den Eingang zurückgeführt wird.
e) Nachgebende Rückführung	Rückführung, bei welcher ein mit der Zeit verschwindender Anteil der Ausgangsgröße auf den Eingang zurückgeführt wird, wodurch die wirksame Verstärkung im Laufe der Zeit größer wird.
f) Verzögerte Rückführung	Rückführung, bei welcher ein mit der Zeit bis zu einem festen Wert wachsender Anteil der Ausgangsgröße auf den Eingang zurückgeführt wird, wodurch die wirksame Verstärkung im Laufe der Zeit auf einen bestimmten Wert absinkt.
g) Verzögerte u. nachgebende Rückführung	Rückführung, die anfangs nur langsam eingreift, wodurch infolge der hohen Verstärkung eine große Änderung der Stellgröße erfolgt. Die Rückführung wächst dann bis zu einem Höchstwert an, um anschließend wieder bis auf Null abzusinken.
h) Nachstellzeit t_n, T_n	Zeit, die ein I-Regler benötigt, um die gleiche Änderung der Stellgröße zu bewirken, die ein PI-Regler infolge seines P-Anteils sofort hervorruft.
i) D-Aufschaltung oder Vorhalt x', X'	Aufschaltung einer Größe, die der Änderungsgeschwindigkeit der Regelgröße proportional ist, auf den Reglereingang.
k) PD-Regler	P-Regler mit zusätzlicher D-Aufschaltung (s. Bild 12.1, Seite 3-23).
l) PID-Regler	PI-Regler mit zusätzlicher D-Aufschaltung (s. Bild 13.1, Seite 3-23).
m) Regelsignal	Im Regelkreis das durch Regelstrecke und Regler hindurchlaufende Signal.
n) Verzweigungsstelle	Regelsignal teilt sich an einer Verzweigungsstelle in zwei oder mehr abgehende Signale auf, die alle die gleiche Stärke wie das ankommende Signal aufweisen.
o) Additionsstelle	An einer Additionsstelle werden zwei oder mehr ankommende Signale $S_1, S_2 \ldots S_k$ zu einem einzigen abgehenden Signal vereinigt, das die Stärke $S = \pm S_1 + S_2 \pm \ldots S_k$ hat (s. Bild 13.1, Seite 3-20).
p) Vorhaltezeit t_v, T_v	Zeit, die ein P-Regler bei konstanter Änderungsgeschwindigkeit der Regelgröße benötigt, um die gleiche Änderung der Stellgröße zu bewirken, die ein PD-Regler infolge seiner D-Aufschaltung sofort bewirkt.

Regelungstechnik

Gruppen-Nr. 8.9.1 — Abschn./Tab. RT/14

14. Wichtige Begriffe und Kenngrößen der Regelkreise stetiger Regler

Begriff, Symbol	Definition, Erläuterung
a) Störübergangsfunktion des Regelkreises oder Regelverlauf	Verlauf der Regelgröße nach einer Störung im geschlossenen Regelkreis
b) Anfahrvorgang	Verlauf der Regelgröße nach Einschalten des Regelkreises aus dem Ruhezustand bis zum Erreichen eines konstanten Wertes.
c) Selbsterregung	Auftreten von Schwingungen mit konstanter oder anschwellender Amplitude in geschlossenem Regelkreis.
d) Stabiler Regelkreis	Keine Selbsterregung vorhanden.
e) Instabiler Regelkreis	Selbsterregung vorhanden.
f) Angriffspunkt der Störgröße	Ort an der Regelstrecke, wo die Störung angreift.
g) Statisches Verhalten der Regelgröße	Verlauf der Regelgröße nach Ablauf der Regelzeit.
h) Dynamisches Verhalten der Regelgröße	Verlauf der Regelgröße nach einer Störung innerhalb der Regelzeit.
i) Optimale Reglereinstellung	Diejenige Einstellung der Reglerkennwerte X_p, T_n, T_v bzw. T_y, bei der Überschwingweite und Regelzeit kleinste Werte annehmen. Auch t_p, t_n, t_v usw.
k) Störung Z	Sprungweise Änderung der Störgröße z um den Betrag Z (oder X'_z).
l) Kreisverstärkung $V_0 = V_s \cdot V_R$	Produkt aus Verstärkung der Regelstrecke V_s und Verstärkung des Reglers V_R. Auch $v_0 = v_s \cdot v_R$.
m) Regelfaktor $R = \dfrac{1}{1+v_0}$	Gibt an, auf den wievielten Teil die Auswirkung einer Störung auf die Regelgröße durch die Wirkung des Reglers herabgesetzt wird. X_z, X_0 bleib. Regelabweich. Auch $R = 1/1 + V_0 = X_z/X_0$
n) Kritischer P-Bereich $X_{p\,krit}$	P-Bereich, bei welchem der Regelkreis gerade instabil wird. Auch $x_{p\,krit}$.
o) Kritische Schwingungsdauer T_{krit}, t_{krit}	Dauer einer Schwingung der Regelgröße bei kritischer Reglereinstellung.

15. Wichtige Begriffe der Regler mit veränderlichem Sollwert

Begriff	Definition, Erläuterung
a) Festwertregelung	Regelung auf einen festen, nur gelegentlich verstellten Sollwert.
b) Programm- oder Zeitplan-Regelung	Regelung, bei welcher der Sollwert mit der Zeit nach einem festen Programm verstellt wird (nach einem Zeitplan).
c) Kaskadenregelung	Regelung mit einem Haupt- und einem Hilfsregler, wobei der Hauptregler den Sollwert des Hilfsreglers so beeinflußt, daß die Regelgröße konstant bleibt, während der von einer Hilfsregelgröße beeinflußte Hilfsregler die Stellgröße verstellt.
d) Folgeregelung	Regelung, bei welcher der Sollwert eines Reglers laufend von außen verstellt wird, wobei es Aufgabe des Reglers ist, den Istwert möglichst schnell und genau mit dem Sollwert zur Deckung zu bringen.
e) Führungsgröße	Bei einem Folgeregler Bezeichnung für den von außen laufend verstellten Sollwert.

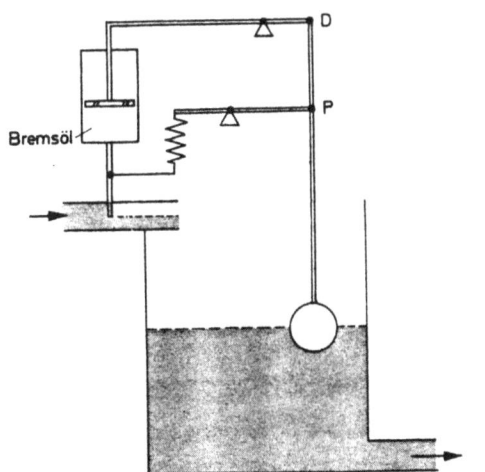

Bild 13.2 **PD-Regler** für Flüssigkeitsstand

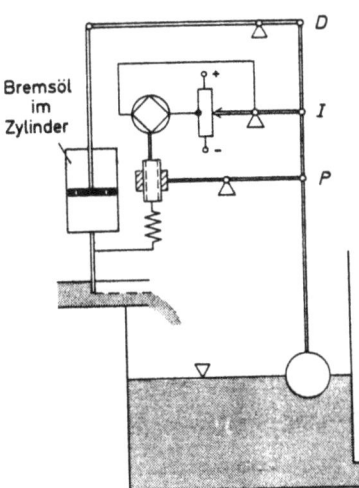

Bild 13.3 **PID-Regler** für Flüssigkeitsstand

16. Übersicht der verschiedenen Reglertypen

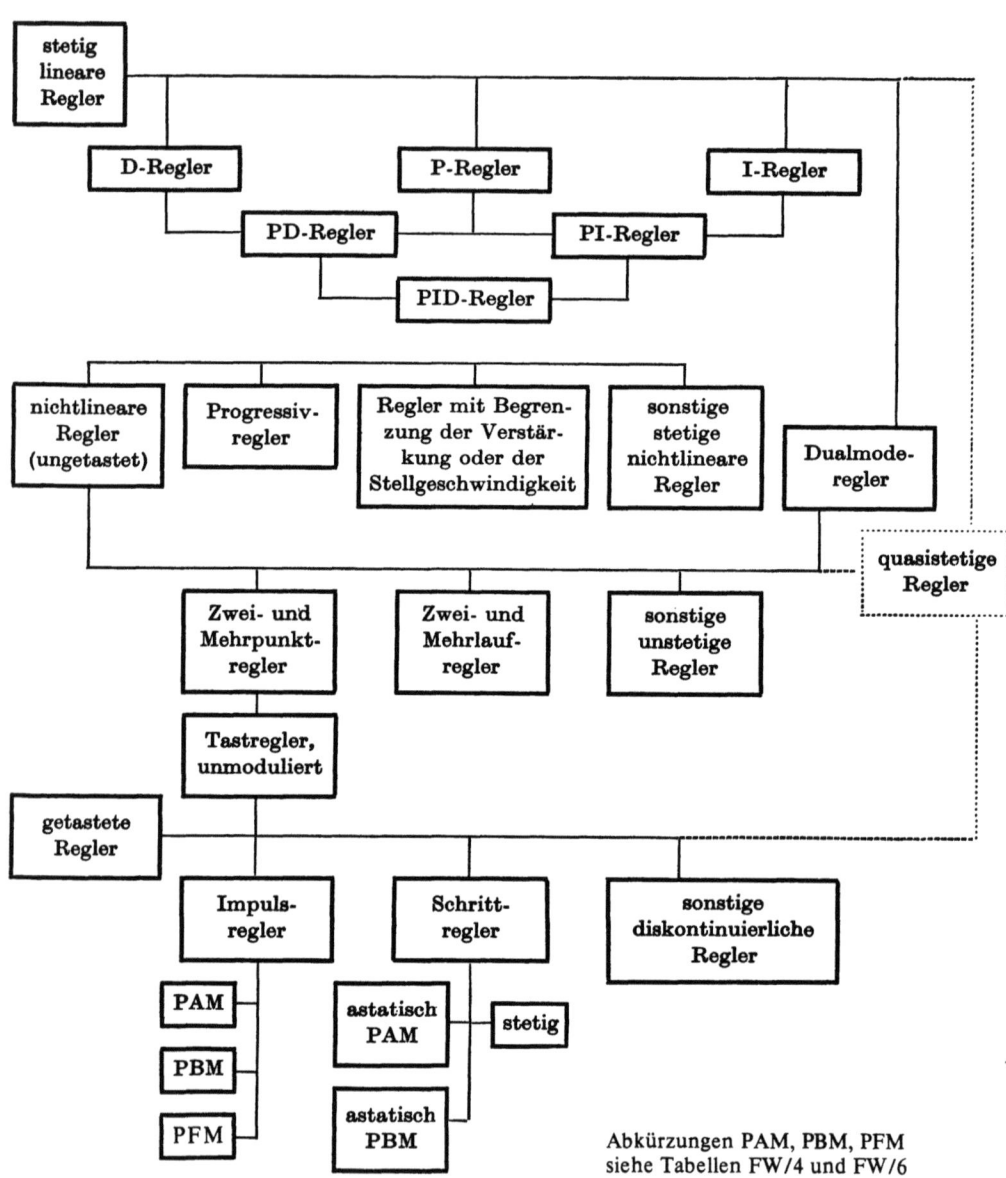

Abkürzungen PAM, PBM, PFM siehe Tabellen FW/4 und FW/6

Regelungstechnik

17. Eignung verschiedener Reglertypen für bestimmte Regelgrößen [1])

Regelgröße	P-Regler	I-Regler	PI-Regler
Temperatur	gut geeignet[2]) für nicht zu hohe Ansprüche und wenn t_t/t_s bzw. $T_t/T_s < 0{,}1$	ungeeignet (meist zu hohes Überschwingen und zu lange Regelzeit)	für hohe Ansprüche der geeignetste Typ[3])
Druck	brauchbar, wenn keine größeren Totzeiten vorhanden	gut geeignet	[3]) PID-Regler unnötig teuer
Durchfluß	ungeeignet, da meist erforderlicher P-Bereich zu groß	gut geeignet	oft dem I-Regler unterlegen
Niveau, Flüssigkeitsstand	meist gut geeignet, wenn keine größeren Totzeiten vorhanden	ungeeignet (instabil)	für höhere Ansprüche gut geeignet
Drehzahl		brauchbar, wenn keine großen Totzeiten vorhanden	
Spannung	meist gut geeignet	meist gut geeignet	

[1]) Für Folgeregelungen ist der P-Regler bei unverzögerter Regelstrecke nicht brauchbar, der I-Regler und der PI-Regler (bei höheren Ansprüchen) bzw. der PID-Regler dagegen im allgemeinen stets gut geeignet, auch bei Vorhandensein von Totzeit   [2]) Falls man nicht einen billigeren unstetigen Regler bevorzugt

18. Eignung verschiedener Reglertypen bei bestimmten Regelstrecken
Regelstrecke durch ihre Übergangsfunktion gekennzeichnet (Festwertregelungen)

Regelstrecke	P-Regler	I-Regler	PI-Regler
Verzögerungen vernachlässigbar	ungeeignet (schon bei kleiner Verstärkung instabil wegen der doch stets vorhandenen kleinen Totzeiten)	gut geeignet (Überschwingen mit vollem Betrag der Störung)	unnötig teuer
mit Verzögerung 1. Ordnung	gut geeignet (kein Überschwingen)	brauchbar (Überschwingen; Dämpfung meist schwach, besonders bei großer t_s, T_s)	geeignet (Überschwingen größer als beim P-Regler) PI nötig, wenn Verschwinden der bleibenden Regelabweichung gefordert oder die beim P-Regler erreichbare zu groß
mit Verzögerung 2. Ordnung	geeignet (Überschwingen bei hoher Verstärkung)	nur beschränkt brauchbar	

mit Ausgleich

Regelungstechnik

Regelstrecke			Hauptanwendungsgebiet
mit Verzögerung höherer Ordnung	meist noch brauchbar, wenn größere bleibende Regelabweichung zulässig (Überschwingen)	beschränkt brauchbar (bei großer T_s Regelzeit viel zu lang, Überschwingen meist sehr groß); auch t_s statt T_s	(Überschwingen)
mit Verzögerung und Totzeit (auch t_t/t_s)	brauchbar, wenn $T_t/T_s < 0{,}1$ und bleibende Regelabweichung zulässig (Überschwingen)		
mit überwiegender Totzeit [1]	ungeeignet (schon mit Kreisverstärkung $v = V = 1$ instabil)	geeignetster Typ (Überschwingen gleich Störgröße)	unnötig teuer und nicht besser als I
verzögerungsarm	gut geeignet, wenn bleibende Regelabweichung zulässig (Überschwingen)	unbrauchbar [2] (instabil)	
mit Totzeit (t_t, T_t)	meist noch gut brauchbar, wenn T_t nicht zu groß und bleibende Regelabweichung zulässig (Überschwingen)	[1] Bei sehr großen Totzeiten: PBM-Impulsregler [2] Gilt auch für den Grenzwertregler mit fester Stellgeschwindigkeit	empfehlenswert, wenn bleibende Regelabweichung unerwünscht oder die beim P-Regler unzulässig hoch (Überschwingen)

ohne Ausgleich

19. Eigenschaften und Kenngrößen der Reglertypen (Formeln)

Reglertyp	P	I	PI	PID
Kennzeichnende Eigenschaft	Stellgrößenänderung ist der Regelabweichung proportional	Stellgeschwindigkeit ist der Regelabweichung proportional	Stellgrößenänderung ist der Regelabweichung u. dem Produkt aus Regelabweichung und Zeit proportional	Stellgrößenänderung ist der Regelabweichung, dem Produkt aus Regelabweichung und Zeit sowie d. Änderungsgeschwindigkeit der Regelgröße proportional
Kenngrößen (Auch x_p, y_h, t_n, t_v, v_A)	P-Bereich X_P Stellbereich Y_h Verstärkung $V_R = \dfrac{Y_h}{X_P}$	Laufbereich X_h Stellbereich Y_h Stellzeit T_y	P-Bereich X_P Stellbereich Y_h Nachstellzeitkonstante T_n	P-Bereich X_P Stellbereich Y_h Nachstellzeitkonstante T_n Vorhaltzeitkonstante T_v
Gleichung für sprungweise Regelgrößenänderung (Auch v_R statt V_R; x_h, x_p, y_h, t_n, t_y)	$y = -V_R \cdot x$ $= \dfrac{-Y_h}{X_P} \cdot x$	$v_y = \dfrac{-Y_h}{X_h T_y} \cdot x$ $y = \dfrac{-Y_h}{X_h T_y} \cdot x \cdot t$	$y = \dfrac{-Y_h}{X_P} \cdot \left(x + \dfrac{1}{T_n} x t\right)$	—
Übergangsfunktion	(Sprungantwort P)	(Rampe I)	(PI-Verlauf)	(PID-Verlauf)

20. Vorteile und Nachteile verschiedener Reglertypen

Reglertyp	P	I	PI	PID
Vorteile	Meistens einfacher Aufbau	Keine bleibende Regelabweichung. An Strecken nur mit Totzeit gut zu verwenden	Keine bleibende Regelabweichung. Schnellere Ausregelung als beim I-Regler. Für alle Strecken geeignet	Keine bleibende Regelabweichung. Hohe Regelgüte erreichbar, wenn nicht vorwiegende Totzeit im Regelkreis
Nachteile	Bleibende Regelabweichung. An Strecken nur mit Totzeit nicht zu verwenden	Aufbau meist komplizierter als beim P-Regler. An Strecken ohne Ausgleich nicht zu verwenden. Langsame Ausregelung bei großer Zeitkonstante der Regelstrecke	Aufbau komplizierter als beim P-Regler	Komplizierter Aufbau. Schwierige Einstellung

21. Kennwerte verschiedener Regelstrecken (nach Regelgrößen)

Regelgröße	Art der Regelstrecke	T_t bzw. T_t^* t_t bzw. t_t^*	T_s bzw. T_s^* t_s bzw. t_s^*	Anlaufwert A
Temperatur	Kleiner, elektr. beheizter Ofen	0,5 bis 1 min	5 bis 15 min	bis 1 s/°C
	Großer, elektr. beheizter Glühofen	1 bis 5 min	10 bis 60 min	bis 3 s/°C
	Großer, gasbeheizter Glühofen	0,2 bis 5 min	3 bis 60 min	
	Destillationskolonne	1 bis 7 min	—	2 bis 10 s/°C
	Dampfüberhitzer	30 s b. 2,5 min	1 bis 4	0,5 s/°C
	Raumheizung	1 bis 5 min	10 bis 60 min	1 min/°C
Durchfluß	Rohrleitung (Gas)	0 bis 5 s	0,2 bis 10 s	—
Druck	Gasrohrleitung	0	0,1 s	—
	Trommelkessel mit Gas- oder Ölfeuerung	0	150 s	—
	Trommelkessel mit Schlägermühlen	1 bis 2 min	—	—
Niveau	Trommelkessel	0,6 bis 1 min	—	3 bis 10 s/cm
Drehzahl	Kleiner elektrischer Antrieb	0	0,2 bis 10 s	—
	Großer elektrischer Antrieb	0	5 bis 40 s	—
	Dampfturbine	0	—	20 s für 1000 U/min
Elektr. Spannung	Kleine Generatoren	0	1 bis 5 s	—
	Große Generatoren	0	5 bis 10 s	—

Regelungstechnik

22. Grundelemente (Glieder) von Regelkreisen und Steuerketten (Blockschema [1])

Symbol	Bezeichnung
	Verzweigung
	Additionsstelle [2]); hier gegensinniger Signale: $x_a = x_1 - x_2$
$F(j\omega)$	Block mit Frequenzgang $F(j\omega)$, analog auch mit Übertragungsfunktion $F(s)$
	Block mit Übergangsfunktion; hier Beispiel: Verzögerungsglied 1. Ordnung
	Block mit elektrischem Vierpol; hier: einfaches Integrations-RC-Glied mit der Zeitkonstante T (auch t statt T)
V	Block mit reiner Verstärkung V; evtl. $-V$ bei Verstärkung mit Vorzeichenumkehr; im allgemeinen Vorzeichen durch plus ($+$) oder minus ($-$) an der Mischstelle gekennzeichnet (auch v statt V)
	Block mit nichtlinearer Kennlinie $x_a = f(x_e)$ statisch [3]); hier Beispiel: Dreipunktglied
	Tastglied; hier durch x_{st} gesteuert; bei konstantem Betrieb ohne x_{st} gezeichnet

Bemerkungen:

[1]) Von Symbolen für logische Operationen und Wandler wird in dem hier gesteckten Rahmen abgesehen.

[2]) Multiplikative Mischstellen ($x_1 x_2$) werden durch (×) im Kreis und Quotientenbildung (x_1/x_2) durch ⊙ gekennzeichnet.

[3]) Bei dynamischen Nichtlinearitäten Angabe der Ziffer der Gleichung im Text

| Gruppen-Nr. 8.9.1 | **Regelungstechnik** | Abschn./Tab. RT/23 |

23. Zeitverhalten verschiedener stetiger Regler

Änderung der Eingangsgrößen (Regelgröße x)

Die Eingangsgröße des Reglers wird sprungförmig um einen bestimmten Betrag geändert. (Darstellung zweier voneinander unabhängiger Vorgänge.)

Verlauf der Ausgangsgröße (Stellgröße y): Übergangsfunktion

Proportional wirkender Regler
Die Ausgangsgröße ändert sich um einen der Regelabweichung proportionalen Betrag.

Integral wirkender Regler
Die Ausgangsgröße ändert sich um einen von der Zeitdauer der Regelabweichung abhängigen Betrag. Ihre Änderungsgeschwindigkeit ist der Regelabweichung verhältnisgleich.

Proportional-integral wirkender Regler
Die Ausgangsgröße ändert sich zunächst um einen der Regelabweichung proportionalen und weiter um einen von ihrer Zeitdauer abhängigen Betrag.

Proportional-integral wirkender Regler mit Vorhalt
Die Ausgangsgröße ändert sich zunächst um einen von der Änderungsgeschwindigkeit der Eingangsgröße abhängigen Betrag (Differentialquotienten-Regelung) und weiter wie beim proportional-integral wirkenden Regler.

24. Übergangsverhalten stetiger linearer Glieder (P-Regler)

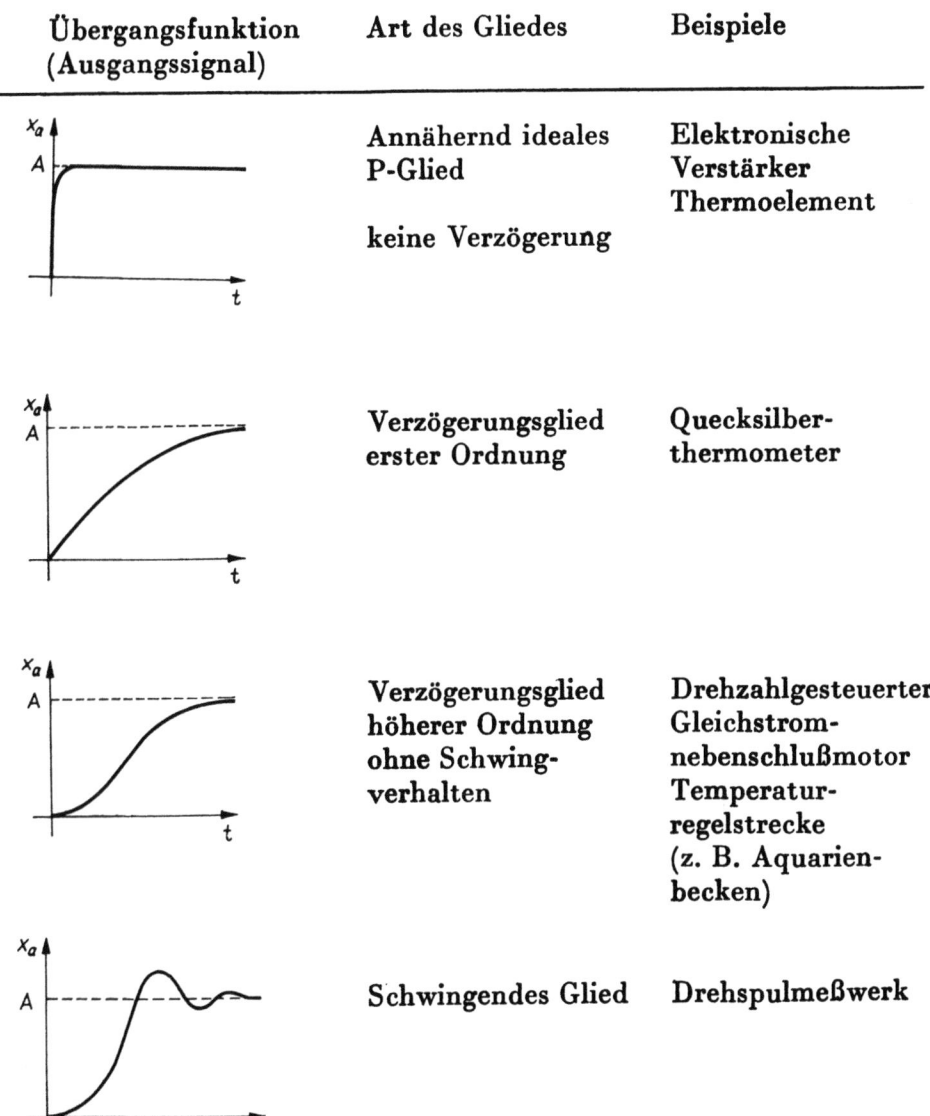

Übergangsfunktion (Ausgangssignal)	Art des Gliedes	Beispiele
	Annähernd ideales P-Glied keine Verzögerung	Elektronische Verstärker Thermoelement
	Verzögerungsglied erster Ordnung	Quecksilberthermometer
	Verzögerungsglied höherer Ordnung ohne Schwingverhalten	Drehzahlgesteuerter Gleichstromnebenschlußmotor Temperaturregelstrecke (z. B. Aquarienbecken)
	Schwingendes Glied	Drehspulmeßwerk

| Gruppen-Nr. 8.9.1 | Regelungstechnik | Abschn./Tab. RT/25a |

25. Funktionen verschiedener stetiger Regler (Übertragungs- und Übergangsfunktionen)

a) Proportionalglieder (P-Regler)
(stetige lineare Glieder mit Ausgleich)

Bezeichnung	Übertragungsfunktion $F(s)=$	Normierte Übergangsfunktion $h(t)/K=$	Verlauf
Ideales P-Glied (P_0-Glied)	K_p	1	
Verzögerungsglied 1. Ordnung (V_1-Glied)	$\dfrac{K_p}{1+Ts}$ auch t statt T	$1 - e^{-t/T}$	
Verzögerungsglied n-ter Ordnung (rein aperiodisch) (V_n-Glied)	$\dfrac{K_p}{(1+T_1 s)(1+T_2 s) \cdots (1+T_n s)}$ auch t statt T	$1 - k_1 e^{-t/T'_1} + \cdots + k_n e^{-t/T'_n}$	
Desgl. mit Schwingcharakter ($\tilde{V}_{nj}$-Glied)	Nenner enthält noch j Faktoren $[(s+\alpha_i)^2 + \beta_i^2]$	entspr. j Anteile $k_i e^{-\alpha_i t} \cdot \sin(\beta_i t + \Phi_i)$	

3–34

Regelungstechnik

b) Integralglieder (I-Regler) **c) Differentialglieder (D-Regler)**

Bezeichnung	Übertragungsfunktion $F(s)$	Übergangsfunktion
Ideales I-Glied (L_0-Glied)	$K_i/T_i s$ $k_i/t_i s$	
I-Glied mit Verzögerung (IV_n-Glied)	$\dfrac{K_i}{T_i s (1 + T_i s) \cdots (1 + T_n s)}$ (Auch k bzw. t geschrieben)	
Mit Verzögerung und Schwingcharakter ($\widetilde{IV}_{nj}$-Glied)	Wie vor mit j Faktoren $[(s + \alpha_k)^2 + \beta_k^2]$ im Nenner	
Ideales D-Glied (D_0-Glied)	$KT_d s$ $k \cdot t_d s$	
D-Glied mit Verzögerung 1. Ordnung („D_1-Glied")	$\dfrac{KT_d s}{1 + T_d s}$ (Auch k bzw. t_d)	

d) Kombinierte Glieder (PI-, PD-, PID-Regler)

(Auch k statt K, k_p statt K_p, t_n statt T_n, t_i statt T_i, t_d statt T_d)

Bezeichnung	Übertragungsfunktion $F(s)$	Übergangsfunktion $\dfrac{x_a(t)}{K_p X_e}$
Ideales PI-Glied	$K_p \dfrac{1 + T_n s}{T_n s}$	
PI$\tilde{V}_{nj}$-Glied	$K_p \dfrac{1 + T_n s}{T_n s} F_V(s)$	
Ideales PD$_0$-Glied	$K_p (1 + T_d s)$	
PD$_1$-Glied	$K_p \left\{ 1 + \dfrac{K T_d s}{1 + T_d s} \right\}$	
Ideales PD-Glied mit Eingang $X_e = \text{const} = x_e$	unverändert wie PD$_0$-Glied	
PID-Glied	$K_p \left(1 + \dfrac{1}{T_i s} + T_d s \right)$	

26. Optimale Reglereinstellung verschiedener Reglertypen
(nach der Übergangsfunktion der Regelstrecke)

Regler-verhalten	Regelstrecke mit Ausgleich	Regelstrecke ohne Ausgleich
P	$X_P \approx \dfrac{4}{\pi} Y_h V_s \dfrac{T_t}{T_s} = \dfrac{4}{\pi} X_{max} \dfrac{T_t}{T_s} = \dfrac{4}{\pi} \dfrac{T_t}{A}$	$X_P \approx \dfrac{4}{\pi} \dfrac{T_t}{A}$
I	$T_y \approx 2 \dfrac{Y_h V_s}{X_h} T_t = 2 \dfrac{X_{max}}{X_h} T_t$	instabiles Verhalten
PI	$X_P \approx \dfrac{4}{\pi} Y_h V_s \dfrac{T_t}{T_s} = \dfrac{4}{\pi} X_{max} \dfrac{T_t}{T_s} = \dfrac{4}{\pi} \dfrac{T_t}{A}$ $T_n \approx 3{,}3\, T_t$	$X_P \approx \dfrac{4}{\pi} \dfrac{T_t}{A}$ $T_n \approx 3{,}3\, T_t$
PID	$X_P \approx \dfrac{4}{\pi} Y_h V_s \dfrac{T_t}{T_s} = \dfrac{4}{\pi} X_{max} \dfrac{T_t}{T_s} = \dfrac{4}{\pi} \dfrac{T_t}{A}$ $T_n \approx 2\, T_t$ $T_v \approx 0{,}5\, T_t$	$X_P \approx \dfrac{4}{\pi} \dfrac{T_t}{A}$ $T_n \approx 2\, T_t$ $T_v \approx 0{,}5\, T$

T_t Totzeit (t_t)
T_s Zeitkonstante der Regelstrecke (t_s)
A Anlaufwert
X_h Laufbereich (x_h) (nur beim I-Regler)
Y_h Stellbereich (y_h)
V_s Verstärkung der Regelstrecke (v_s)
$Y_h\, V_s = X_{max}$ Änderung der Regelgröße, wenn die Stellgröße um den vollen Stellbereich y_h verstellt wird.

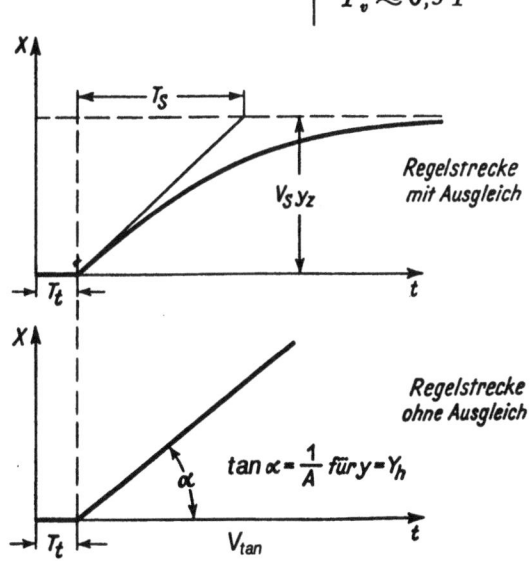

Regelungstechnik — RT/27

27. Typische Frequenzgänge bei Regelstrecken (Bode-Diagramme)

Glied	Amplitudengang	Phasengang	Bemerkungen
P-Glied (ideal)	$K_p = const$	$\varphi = 0 = const$	
Verzögerungsglied 1. Ordnung mit $K_p = 1$ (auch k_p statt K_p)	Knick bei $\hat{\omega}=1/T$, 6 db/oct, −3 db	0°, −45° bei $\hat{\omega}=1/T$, −90°	$F(s) = 1/(1 + Ts)$ $\hat{\omega} =$ Eckfrequenz $= 1/T$ rd. 3 Dekaden bis $\varphi = -90°$
Verzögerungsglied 2. Ordnung mit $K_p = 1$ und unterkritischer Dämpfung (auch k_p statt K_p)	ω_0, V_{max}, $\Delta\omega$, 12 db/oct	ω_0, 0°, −90°, −180°, $f(D)$	$F(s) = 1/(1 + 2Ds/\omega_0 + s^2/\omega_0^2)$ $V_{max}, \Delta\omega = f(D)$ rd. 3 Dekaden bis $\varphi = -90°$

$\varphi = -180°$ bei $\omega = \pi/T_t$ $= -270°$ bei $\omega = 1{,}5\pi/T_t$	$K_i = 1/T_i$ $k_i = 1/t_i$	$F(s) = K_I/s\,(1+Ts)$ $K_I = 1/T_i$ $k_I = 1/t_i$	$F(s) = (1+T_v s)/(1+Ts)$ $v =$ Vorhaltgrad $= T_v/T = \omega_2 \omega_1$ $v \quad 9 \quad 12 \quad 15$ $K_D \quad 19{,}0 \quad 21{,}5 \quad 23{,}5\,db$ $\hat{\varphi} \quad 53° \quad 58° \quad 60°$
(Phasengang: $\hat{\omega}=1/T_t$, $-57{,}3°$, $\varphi \sim \omega$)	(Phasengang: $\varphi = -90° = $ const)	(Phasengang: $\hat{\omega}=1/T$, $-45°$, $-90°$)	(Phasengang: $\hat{\varphi}=f(v)$, $\longrightarrow \log \omega$)
(Amplitudengang: $0\,db = $ const)	(Amplitudengang: $6\,db/oct.$, K_i, $\omega=1$)	(Amplitudengang: $-3\,db$, $6\,db/oct.$, K_I, $\omega=1$, $\hat{\omega}=1/T$)	(Amplitudengang: $K=f(v)$, $3\,db$, $6\,db/oct.$, $-3\,db$, ω_1, ω_2)
Reine Totzeit	Strecke ohne Ausgleich (ideales I-Glied)	I-Glied mit Verzögerung 1. Ordnung	D-Glied mit Verzögerung 1. Ordnung (auch k_D statt K_D, t statt T, t_v statt T_v)

28. Statische Kennlinien nichtlinear wirkender Regelglieder

Kennlinien	Bezeichnung und Bemerkungen	Kennlinien	Bezeichnung und Bemerkungen
	Progressive Kennlinie, stückweise linear		(Symmetrisches) Dreipunkt-Glied
	Sättigungscharakteristik, Begrenzerglied; bei kleiner Amplitude x_e linear		Zweipunkt-Glied mit Hysterese (Schaltdifferenz, Lose, Coulomb-Reibung)
	Kennlinie mit Sättigung und toter Zone (Lose, Unempfindlichkeitszone)		Dreipunkt-Glied mit Hysterese

Beschreibung	Kennlinie	Beschreibung	Kennlinie
Sättigung, tote Zone und Hysterese kombiniert		Nichtlineares Kennlinienfeld als Produkt zweier Variablen: Abhängigkeit vom Parameter y	
Negative Überdeckung (Vorlast)		Wie 11, aber mit Sättigungscharakter in verschiedener Höhe	
Dualmode-Glied		Kennlinien eines durch ein Strahlrohr gesteuerten Stellmotors bei verschiedenen Belastungen ($\bar{y}$)	
Zweipunkt-Glied		Hysteresefeld bei Abhängigkeit vom Änderungsbetrag der Eingangsgröße	

Regelungstechnik — Gruppen-Nr. 8.9.1 — Abschn./Tab. RT/29

29. Beschreibungsfunktionen einiger Nichtlinearitäten im Regelkreis

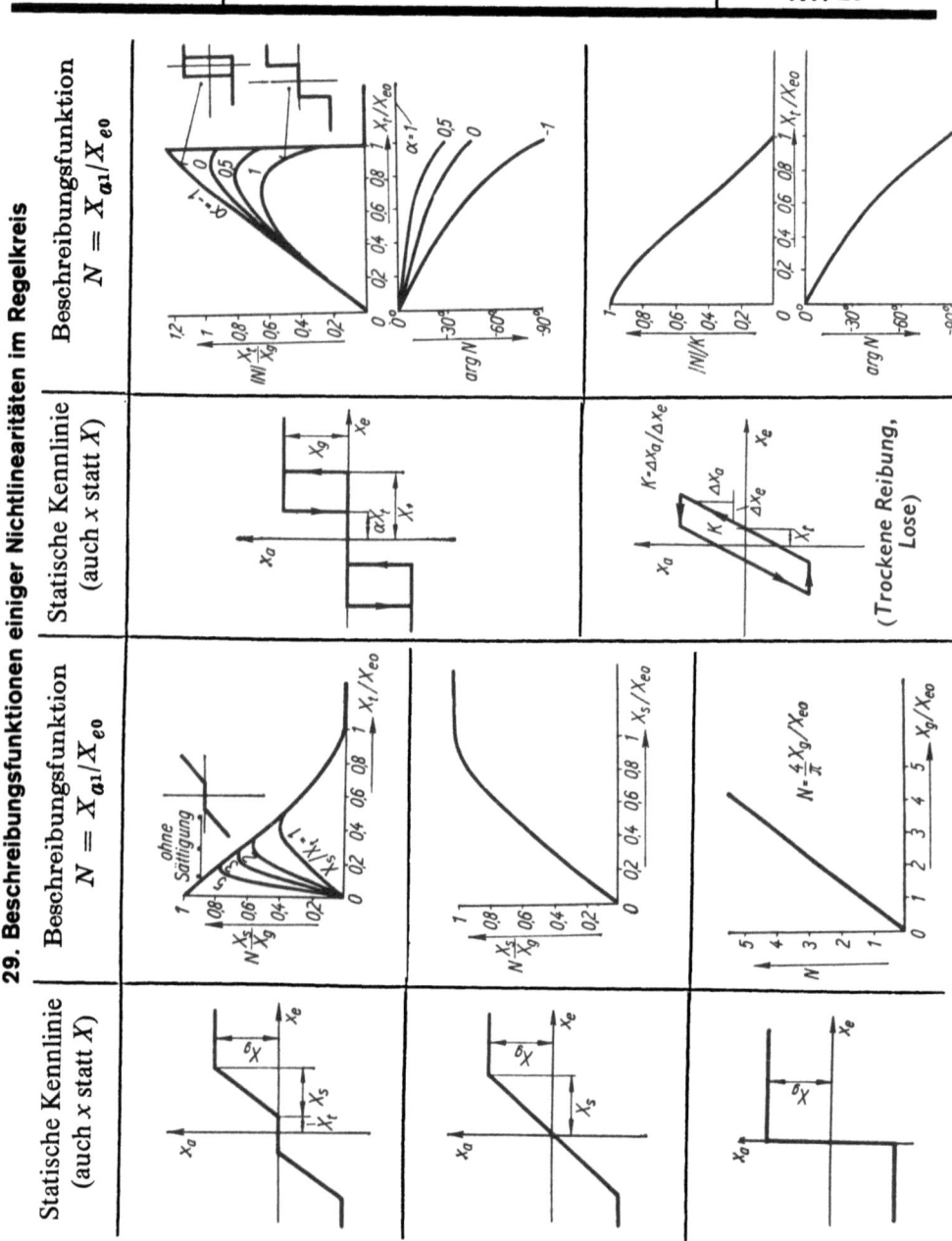

30. Phasenzustandsdiagramme bei Stabilität
(Typen von Grenzkurven und Schwingungseinsatzformen)

Bezeichnungen	Verlauf der Zustandskurven
Stabilität im Kleinen	
Stabilität im Großen; weicher Schwingungseinsatz	
Stabilität im Kleinen und Großen mit instabiler Zwischenzone; harter Schwingungseinsatz	

31. Phasenzustandsdiagramme bei Instabilität

Bezeichnung	Beispiele für den Verlauf der Zustandskurven
Strudelpunkt	stabil / instabil
Knotenpunkt	stabil / instabil
Wirbelpunkt	indifferent
Sattelpunkt	indifferent

Gruppen-Nr. 8.9.2 — **Steuerungstechnik** — **Abschn./Tab. ST/1**

1. Anwendungsbereiche der Steuerungstechnik (Aufgaben)

Prozeß	Verfahren	Bau und Fabrikation	Förderung und Beförderung
Gesteuerte Anlagen und Vorgänge	Anfahrvorgänge diskontinuierliche und kontinuierliche Betriebe Schnellschlüsse	Werkzeugmaschinen Transferstraßen -Fließbänder	Förder- und Abraumanlagen Aufzüge Fahrzeuge Flugzeuge Schiffe
Charakteristische Eingangsgrößen für das Steuergerät	Durchfluß Druck Temperatur Niveau	Weg Winkel Drehzahl	Weg Geschwindigkeit Beschleunigung
Charakteristische Stellglieder	Klappe Ventil Antrieb	Kupplung Getriebe Antrieb	Ruder Kupplung Antrieb

Prozeß	Signalisierung und Beleuchtung	Verpackung und Abfüllung	Energieerzeugung und Verteilung
Gesteuerte Anlagen und Vorgänge	Straßenverkehr Eisenbahnanlagen Bühnen	Abfüll-, Verpackungs-, Reinigungsmaschinen	Anfahrvorgänge Lastverteilung Schnellschlüsse
Charakteristische Eingangsgrößen für das Steuergerät	Zeit Anzahl	Volumen Niveau Gewicht Anzahl	wie unter Verfahren, zusätzlich noch: Leistung, Frequenz, Strom, Spannung
Charakteristische Stellglieder	Leuchtkörper Tongeber	Hebel Ventil Antrieb	Klappe Ventil Antrieb Schalter

4−1

Steuerungstechnik

Gruppen-Nr. 8.9.2 — Abschn./Tab. ST/2

2. Steuerungssysteme mit Stell- und Verstärkergliedern (elektr. Steuerketten)

System	Ausführung			Stellglieder	Verstärker Einzelbaustein	Verstärker Bausteinkombination
Unstetige Systeme	bistabile Schalter	mechanische Schalter	handbetätigt	Hebel-, Walzen- und Nockenschalter	—	—
			durch Hilfsenergie betätigt	Schütze	Relais	Relaiskombinationen
		elektrische Kippstufen		—	elektr. Kippstufen als ruhende Bauelemente	ruhende Steuerungen
Quasistetige Systeme	vielstufige Stellgeräte			Feldsteller, Stelltransformatoren	Feldsteller, Stelltrafo, Potentiometer	—
	rotierende Maschinen und Umformer			Drehstrom-Kollektormotor mit Drehtransformator, Flüssigkeitswiderstand, Leonardumformer	Bürstenstelleinrichtung Verstärkermaschine	—
Stetige Systeme	magnetflußgesteuerte Elemente			Transduktor, Magnetverstärker	Transduktor	Magnetverstärker
	elektronische Bauelemente	mit Gasfüllung		Thyratron, Ignitron, Entladungsstromrichter	Elektronenröhre, Ionenröhre	Röhrenverstärker
		Halbleiter		Transistor, Vierschichtdiode	Halbleiterelement	Transistorverstärker

| Gruppen-Nr. 8.9.2 | **Steuerungstechnik** | Abschn./Tab. ST/3 |

3. Steuerungsarten und Grundtypen der Regelung

Steuerungsart (nach vorgegebenen Wert: Regelgröße/Sollwert x_s)	Regelungstyp (nach der Führungsgröße w)	Anwendungsbeispiele
1. Konstanthaltung Sollwerte sind konstante Führungsgrößen	Festwertgerelung Sollwert nur durch Bedienung des Sollwerteinstellers zu verändern	Konstanthaltung der Raum- und Wassertemperatur (Thermostat), des Druckes, Durchflusses usw.
2. Programmsteuerung Die eingegebenen Steuerbefehle werden in einem Programm fixiert (Programmspeicher): I. bei numerischer Steuerung: Kurvenscheiben, Lochband, -karten, Magnetband u.a. als Informationsträger II. bei nichtnumerischer Steuerung: in Form von Vorrichtungen, Modellen, Schablonen (Speicher)		
a) **Zeitplansteuerung** Zeitplangeber (binär oder stetig), mit Zeitplanspeicher, der die Steuerbefehle abgibt (zeitl. Ablauf festgelegt) und der Stellantrieb betätigt (in gewollter Weise)	Zeitplanregelung Sollwert nicht feststehend eingestellt; Führungsgröße (W) ist eine vorgegebene Zeitfunktion (s. Schaltfolge-Diagramm)	Straßenbeleuchtung; Schaltplan für Heizgeräte, Galvanobäder, Kraftwerke usw.
b) **Ablaufsteuerung** (mit Prozeßablauf) Speicherglied (z.B. bistabiler Speicher): Relaisschaltung bzw. elektronische Bauelemente	Nachlaufregelung Bausteinsysteme: mit Nicht-, Und-, Oder-Gliedern sowie Eingabeeinrichtung und Ausgangsverstärkern	Dosieranlagen (Bedingungsspeicher)
3. Führungssteuerung, Folgesteuerung (nach Führungsgröße W) Meßglied (Erfassung von W) und Führungseinrichtung (leitet aus der Meßgröße das Steuersignal ab) mit nachgeschaltetem Verstärker (betätigt die Stelleinrichtung)	Führungs-, Folgeregelung Führungsgröße ist vorgegebene Funktion einer Größe oder mehrerer (außer der Zeit)	Straßenbeleuchtung (Dämmerschaltung mit Fotozelle); Zentralheizung (Außentemperaturanpassung)

Steuerungsarten bei Werkzeugmaschinen (entsprechend dem Zusammenhang zwischen den Arbeitsbewegungen)
1. Punkt-, Positioniersteuerung: Punktansteuerung (z.B. bei Bohrmaschinen)
2. Streckensteuerung (Punkt-zu-Punkt-Steuerung, z.B. beim Nachformen mit elektrischen Kontaktfühlern (treppenartige Bahn); x-/y-Achse
3. Bahnsteuerung: Nachbildung einer Kurve durch ein Werkzeug (teuer).

Numerische Steuerungen: Einsatz von
a) analogen Systemen (Temperaturmessungen),
b) digitalen Systemen (Wegmessungen; Schaltvorgänge),
c) gemischten Systemen (Umsetzung digitaler Impulse in analoge Meßwerte und umgekehrt).

Zweipunktregler (binäre): Ein-Aus, Vor-Rückwärts, Stark-Schwach, Stern-Dreieck.

Stetige Regler: Änderung erfolgt entweder zügig (kontinuierlich) oder in Schritten (diskontinuierlich)

| Gruppen-Nr. 8.9.2 | **Steuerungstechnik** | Abschn./Tab. **ST/3** |

Steuerungsarten und Grundtypen der Regelung

Methoden der Steuerung (Wirkungsschema und Schaltfolgeplan)
a) Führungs- oder Folge - Steuerung
b) Zeitplansteuerung
c) Ablaufsteuerung
d) Numerische Steuerung

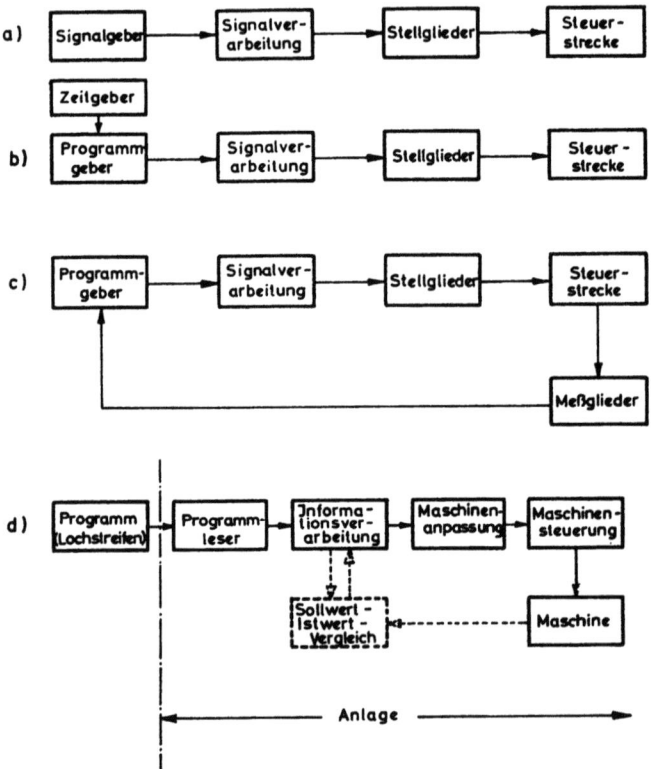

| Gruppen-Nr. 8.9.2 | **Steuerungstechnik** | Abschn./Tab. ST/4 |

4. Stellglieder und -organe für Massen- und Energieströme

Stellglieder schließen die Steuerkette ab; sie haben die Aufgabe, den Steuerbefehl auszuführen
Unmittelbare Regelung bzw. Steuerung ohne Hilfsenergie.
Direkte Betätigung des Stellorgans durch das Meßorgan,
d.h. bei Änderung der Stellgröße.

A. Eingriff in einen Massenstrom (Massenströme) (siehe entsprech. Bild-Nr., z.B. 6d)

1. Gas, Luft	a) Klappe b) Ventil c) Schieber	2. Dampf 3. Flüssigkeiten	Ventil a) Ventil b) Schieber c) Dosierpumpe d) Schwimmer
4. Elektr. Strom kontinuierlich	Wirkung: a) Elektroantrieb m. veränderl. Drehzahl b) Zugmagnet mit Klappe c) Magnetventil d) elektrohydr. Stellantrieb	5. Schüttgüter	a) Abzugschieber b) Förderband und Zuteiler mit einstellb. Getrieben c) Vibratorrinne

B. Eingriff in einen Energiefluß (Energieströme)

6. Elektr. Energie Wirkung: unstetig, diskontinuierlich	a) Schalter, Kontakt b) Quecksilber-Schaltröhre c) Schaltschütze d) Relais e) Stufenschalter f) Stromtor (Gasröhre, Thyratron)	Wirkung: stetig, kontinuierlich	g) Stellwiderstand h) Stelltransformator i) Magnetverstärker k) Elektronenröhre l) Schalttransistoren
7. Mechanische Energie	a) Elektromagnet b) Magnetkupplung c) Magnetbremse	8. Hydraulisch-pneumatisches System Magnetventil	

4-5

| Gruppen-Nr. 8.9.2 | **Steuerungstechnik** | Abschn./Tab. ST/4 |

Stellglieder und -organe für Massen- und Energieströme

Stellglieder schließen die Steuerkette ab; sie haben die Aufgabe, den Steuerbefehl auszuführen.
Unmittelbare Regelung bzw. Steuerung ohne Hilfsenergie.
Direkte Betätigung des Stellorgans durch das Meßorgan, d.h. bei Änderung der Stellgröße.

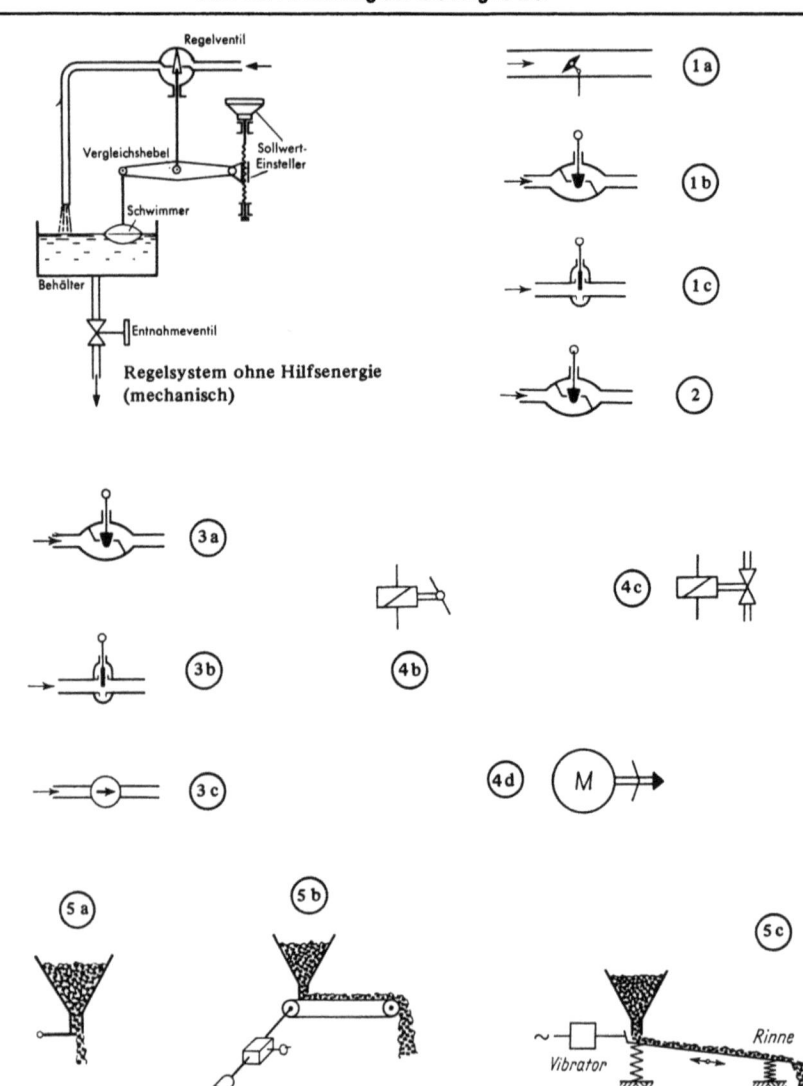

Stellglieder und -organe für Massen- und Energieströme

Stellglieder schließen die Steuerkette ab; sie haben die Aufgabe, den Steuerbefehl auszuführen.
Unmittelbare Regelung bzw. Steuerung ohne Hilfsenergie.
Direkte Betätigung des Stellorgans durch das Meßorgan,
d.h. bei Änderung der Stellgröße.

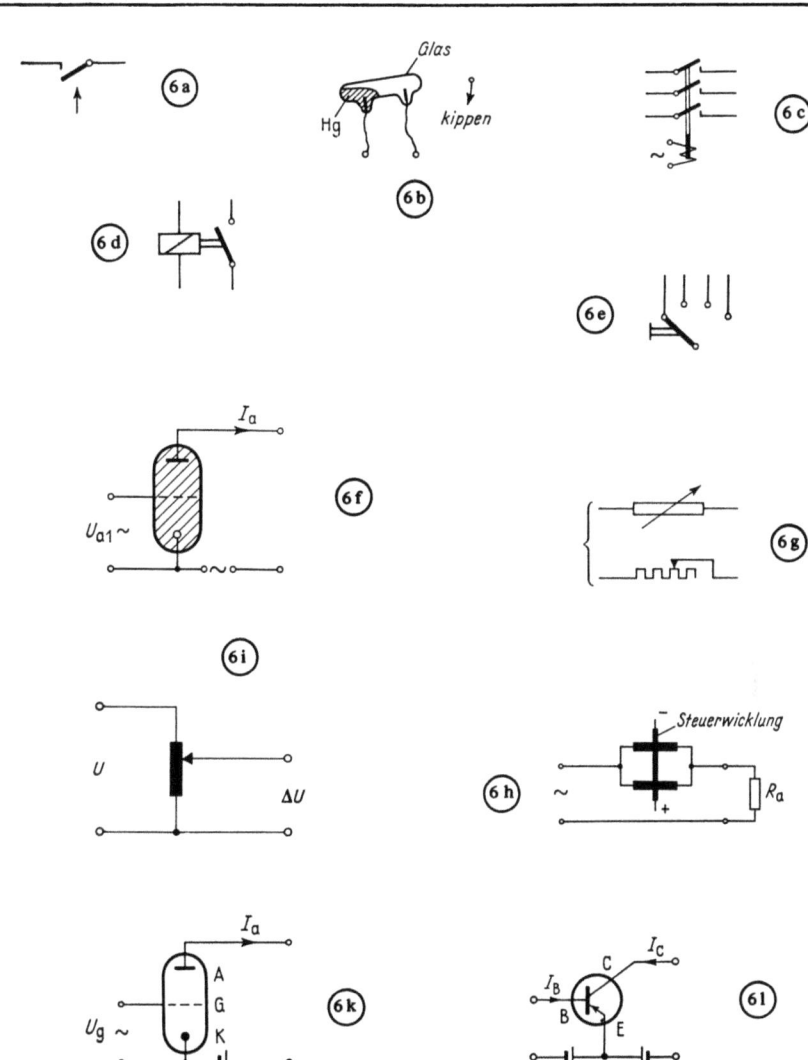

| Gruppen-Nr. 8.9.2 | Steuerungstechnik | Abschn./Tab. ST/5 |

5. Stellantriebe und -motoren für Stellglieder und -organe

Anwendung: wenn direkte Betätigung des Stell- oder Steuerorgans durch das Meßorgan nicht möglich ist.
Mittelbare Regelung bzw. Steuerung der Stellglieder mit **Hilfsenergie**

Hilfsenergie	Antrieb	Hilfsenergie	Antrieb
1. Elektrischer Strom (Elektrische Stellmotoren)	a) Elektromagnet b) Gleichstrommotor c) Leonard-Satz d) Drehstrommotor e) Ferrarismotor	2. Preßluft (Pneumatische Stellmotoren) (Siehe entsprech. Bild-Nr. z.B. 3c)	a) Membranantrieb, federbelastet b) Membranantrieb, doppelseitig beaufschlagt c) Rollmembran-Antrieb d) Hubkolben, federbelastet e) Hubkolben, doppelseitig beaufschlagt
3. Drucköl (Hydraulische Stellmotoren)	a) Hubkolbenantrieb b) Drehkolbenantrieb c) Flügelzellenantrieb		
4. Drucköl oder Preßluft	Radialkolbenmotor (Steuerung durch Motorwelle)		

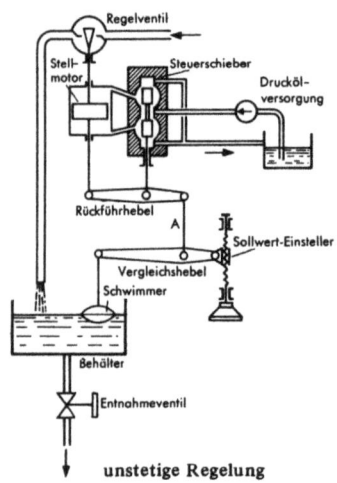

unstetige Regelung

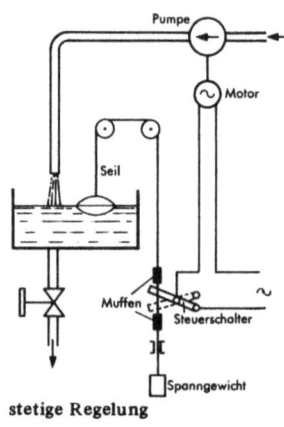

stetige Regelung

| Gruppen-Nr. 8.9.2 | **Steuerungstechnik** | Abschn./Tab. ST/5 |

Stellenantrieb und -motoren für Stellglieder und -organe

Anwendung: wenn direkte Betätigung des Stell- oder Steuerorgans durch das Meßorgan nicht möglich ist.

Mittelbare Regelung bzw. Steuerung der Stellglieder mit Hilfsenergie

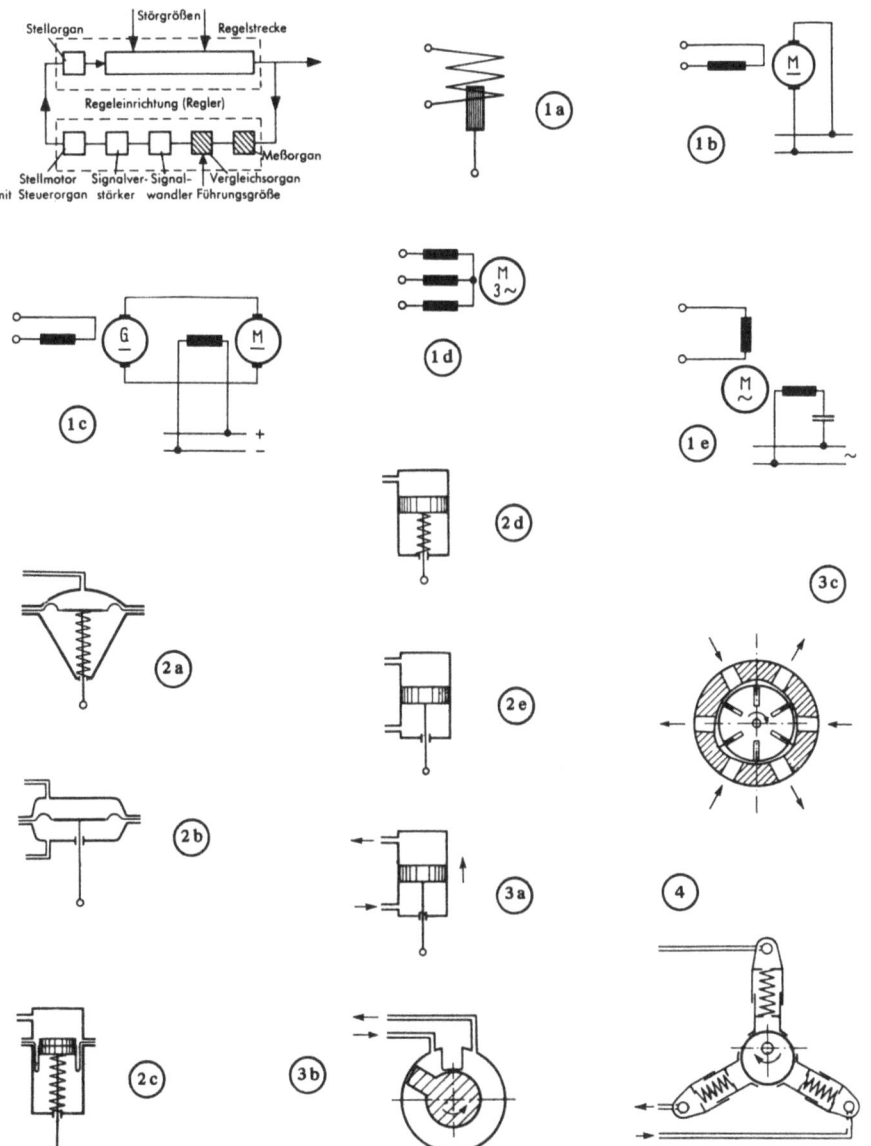

4-9

| Gruppen-Nr. 8.9.2 | **Steuerungstechnik** | Abschn./Tab. ST/6 |

6. Logische Verknüpfungsglieder unstetiger Steuerungen (Schaltbilder)

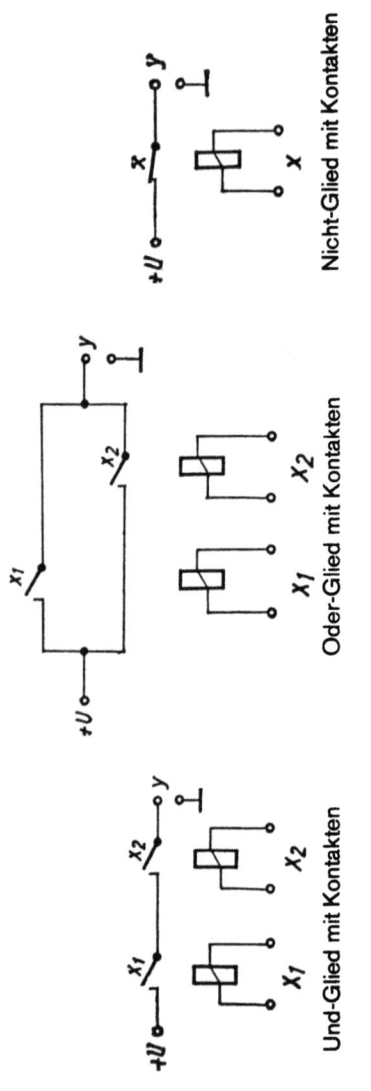
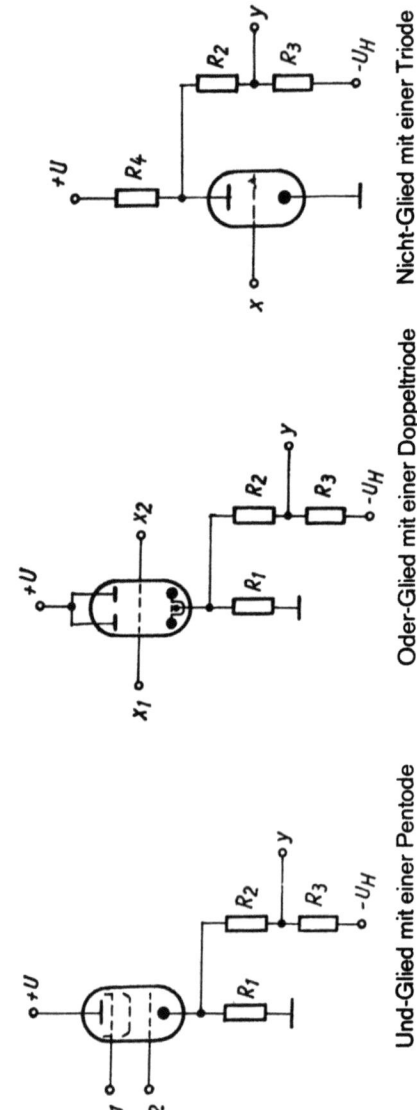

Elektronenröhre nur zum Vergleichen dargestellt; sonst von geringerer Bedeutung

| Gruppen-Nr. 8.9.2 | **Steuerungstechnik** | Abschn./Tab. **ST/6** |

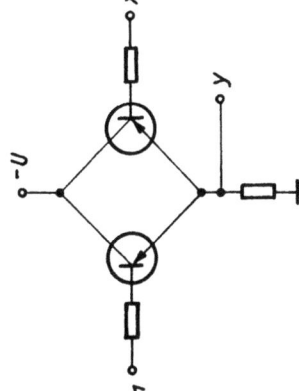

Nicht-Glied mit *pnp*-Transistor

Oder-Glied mit *pnp*-Transistoren

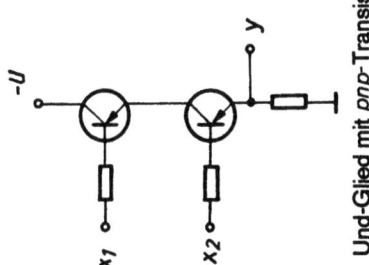

Und-Glied mit *pnp*-Transistoren

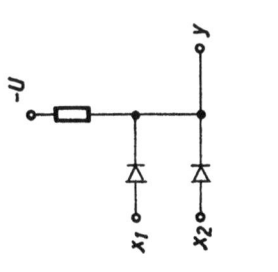

Oder-Glied mit Dioden

Und-Glied mit Dioden

4 – 11

7. Vor- und Nachteile von elektr. Bauelementen mit und ohne Kontakten

	Bauelemente mit Kontakten	Kontaktlose Bauelemente
Vorteile	Erregerkreis relativ stark überlastbar hohe Betriebstemperaturen zulässig zwei Stromrichtungen im Arbeitskreis möglich galvanische Trennung zwischen Steuer- und Laststromkreis	kleine Ansprechzeiten erhöhte Ansprechempfindlichkeit prellfreie Kontaktgabe nicht lageabhängig erschütterungsunempfindlich
Nachteile	Abnutzung der Kontakte relativ große Ansprechzeiten kleine Arbeitsgeschwindigkeiten relativ große Ansprechleistung Prellen der Kontakte lageabhängiges Betriebsverhalten Erschütterungsempfindlichkeit Explosionsgefahr Wartung der Kontakte	endlicher Widerstand im ausgeschalteten Zustand Steuer- und Laststromkreis sind meist nicht galvanisch getrennt im Lastkreis ist meist nur eine Stromrichtung möglich

| Gruppen-Nr. 8.9.2 | **Steuerungstechnik** | Abschn./Tab. ST/8 |

8. Gegenüberstellung eines elektrischen und pneumatischen Regel- und Steuersystems

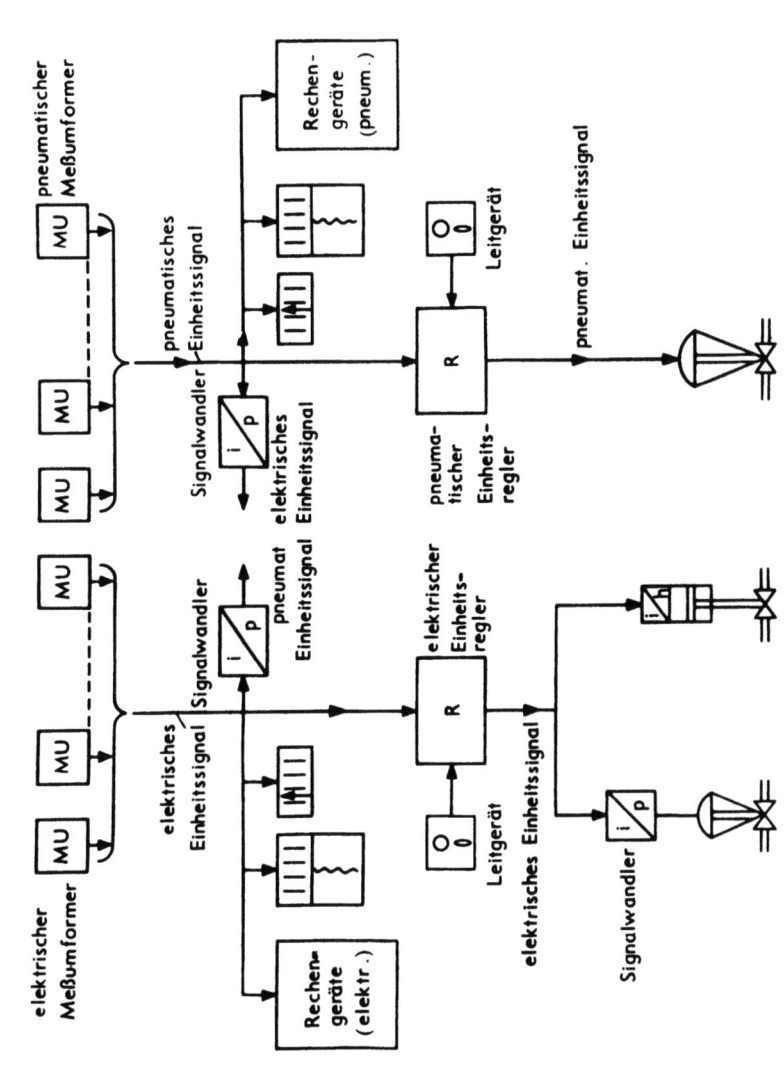

| Gruppen-Nr. 8.9.2 | **Steuerungstechnik** | Abschn./Tab. **ST/9** |

9. Blockschaltbilder pneumatischer Verknüpfungsglieder (Binär)

Bezeichnung	Blockschaltbild	Geräteschaltung
Folgeschaltung mit Schwellwert (Schwellwertschalter)	x_e, W, x_a (Symbol)	H, x_a, W, x_e
Folgeschaltung	$x \to \boxed{1} \to y$	H, x_a, p_0, x_e
„Nicht"-Glied (Invertierung) Negation	$x \to \boxed{1} \!\circ\, y$	H, x_a, x_e, p_0
„Und"-Glied	x_1, $x_2 \to \boxed{\&} \to y$	x_{e1}, x_a, p_0, x_{e2}

4 – 14

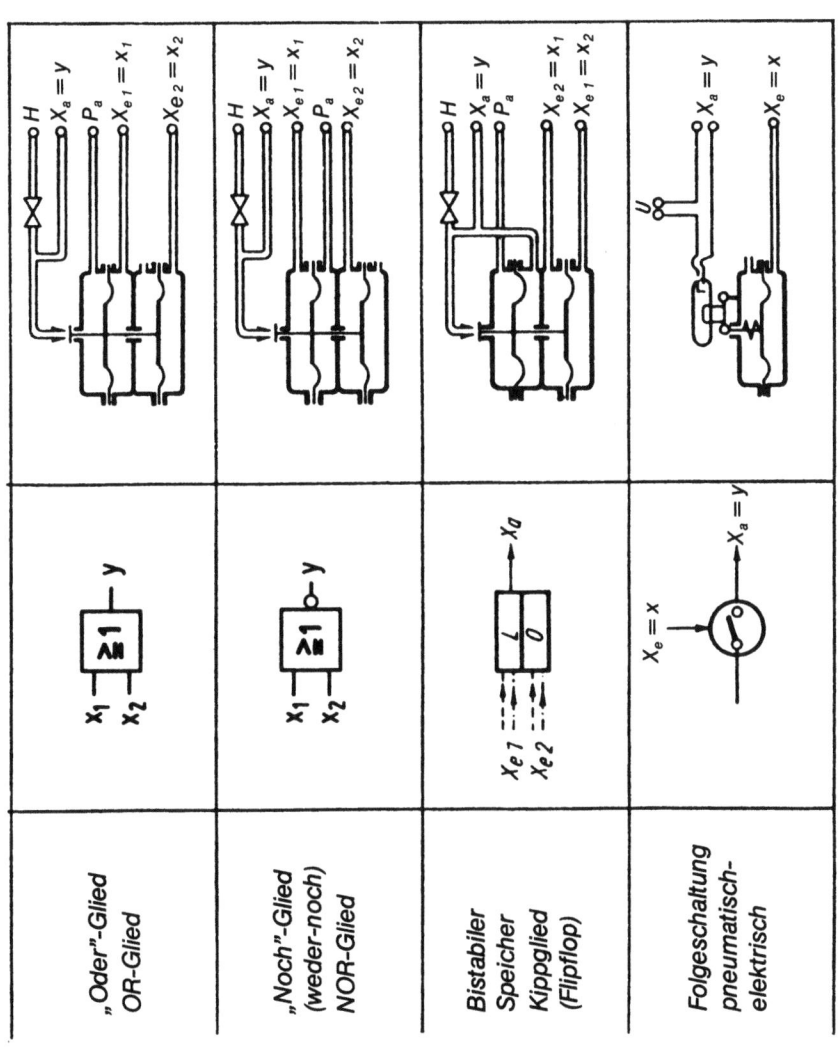

| Gruppen-Nr. 8.9.2 | **Steuerungstechnik** | Abschn./Tab. ST/10 |

10. Übergangsmöglichkeiten zwischen binären und stetigen Signalen

Übergangsmöglichkeiten von

	binär auf stetig				stetig auf binär		
Blockschaltbild	Geräteschaltung	Blockschaltbild	Geräteschaltung	Blockschaltbild	Geräteschaltung	Blockschaltbild	Geräteschaltung

4 – 16

| Gruppen-Nr. 8.9.5 | **Fernwirktechnik** | Abschn./Tab. **FW/1** |

1. Begriffe und Verfahren der Fernwirktechnik

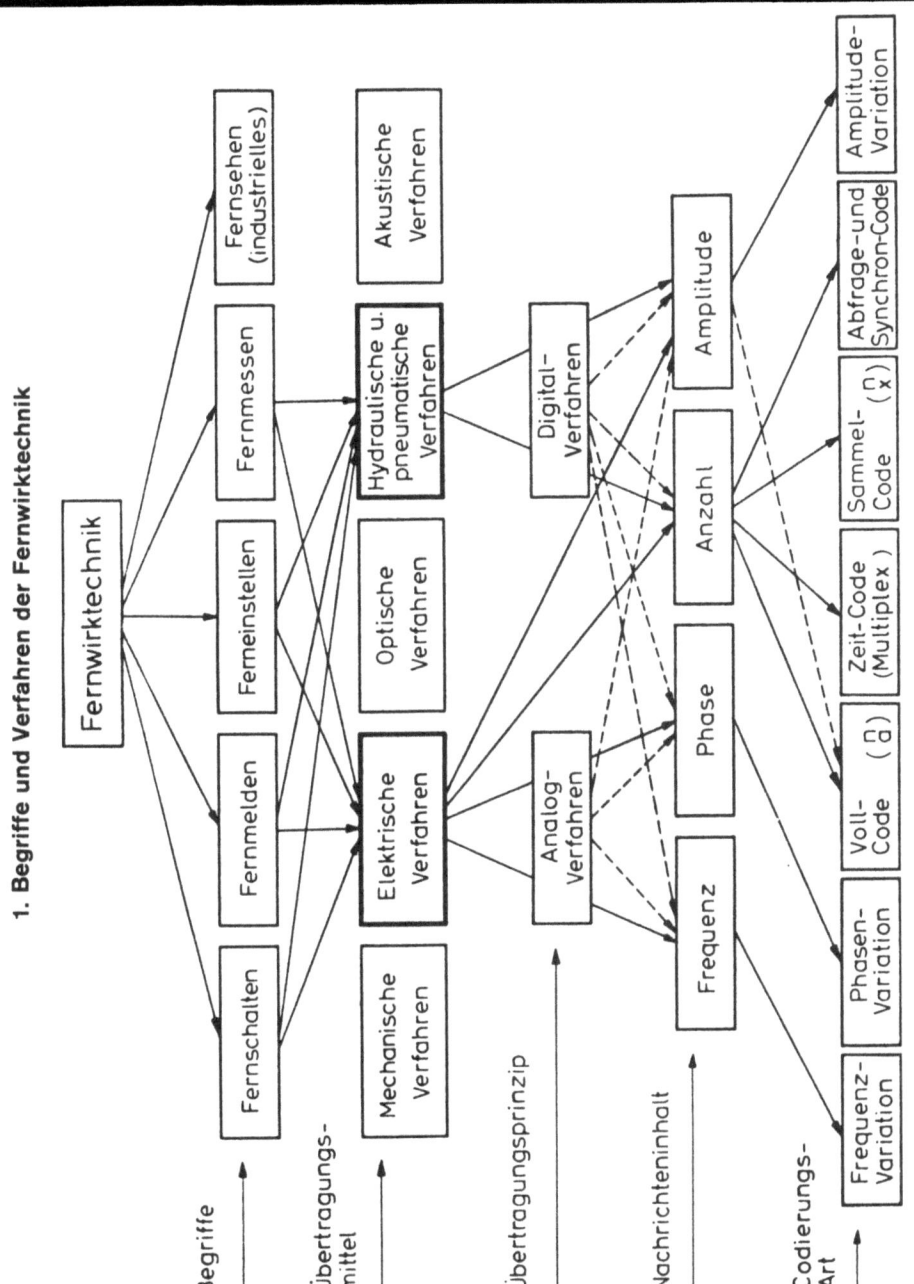

2. Begriffe und Verfahren der Meßwertverarbeitung

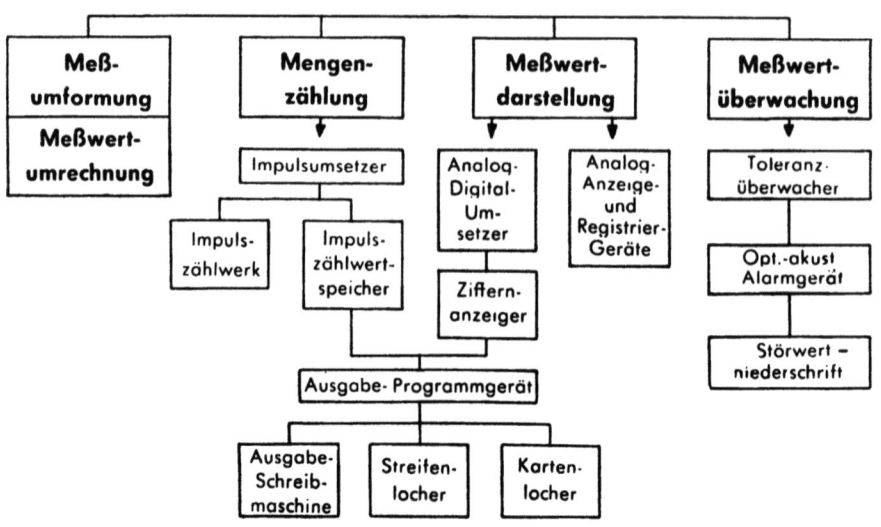

3. Begriffe und Verfahren der Meßwert-Fernübertragung

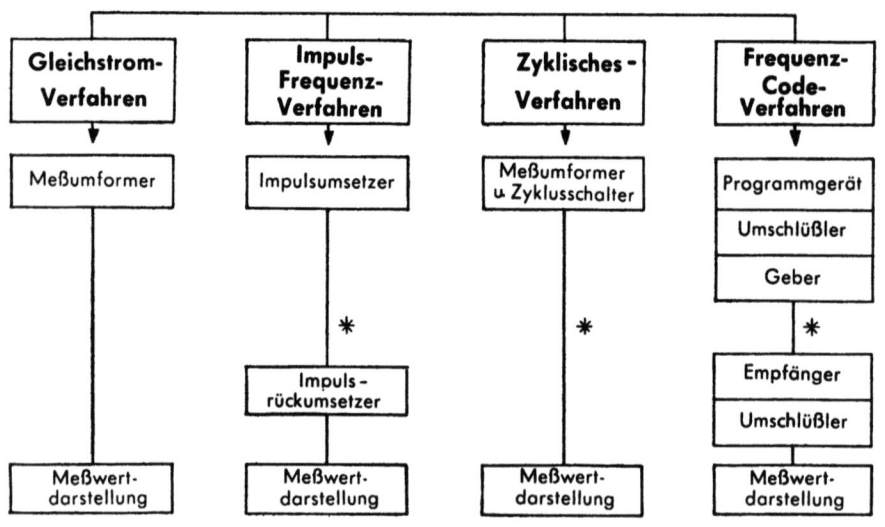

* Außer Direktschaltung auch verriegelte Leitung oder Trägerfrequenz- oder Funkbrücke.

| | Gruppen-Nr. 8.9.5 | **Fernwirktechnik** | Abschn./Tab. FW/4 |

4. Anwendungsbereiche der Fernwirktechnik

Industriezweig	Beispiele		
	Fernsteuerung (Objekte)	Fernüberwachung (Objekte und Meßwerte)	Fernmessung (Meßwerte)
a) Elektrizitätsversorgung	Leistungsschalter, Umspanner	Schalterstellungen	Spannung, Leistung, Drehzahl/Frequenz
b) Elektrische Bahnen	Umspanner, Gleichrichter in Unterwerken	Schalterstellungen Betriebswerte von Gleichrichtern	Fahrdrahtspannung, Leistungen
c) Wasserversorgung	Schieber, Pumpen	Schieberstellungen	Wasserstand in Hochbehältern, Durchflußmengen, Druck im Rohrnetz
d) (Fern-) Gasversorgung	Schieber, Kompressoren, Sollwert von Druckreglern	Grenzwerte von Gasdrücken	Füllstand in Gasbehältern, Durchflußmengen, Druck im Rohrnetz
e) Post	Rundfunksender, Relaisstationen (UKW, Fernsehen)	Leitungsverstärker	Betriebsdaten von Sendern
f) Erdölleitungen	Schieber, Pumpen	Schieberstellungen	Drücke, Durchflußmengen
g) Industriebetriebe (Chemie, Hüttenbetriebe, Bergwerke)	Fernsteuerung von Produktionsprozessen und Transporteinrichtungen	Grenzwerte, allgemein	Übertragung von Meßwerten aller Art

Verfahren der Fernwirktechnik

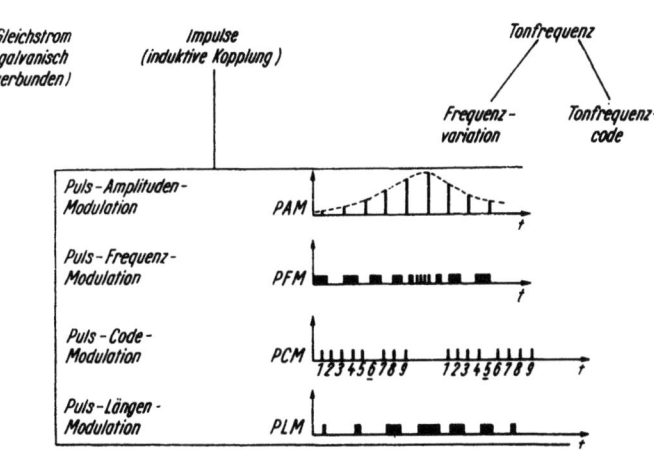

5-3

Fernwirktechnik

Gruppen-Nr. 8.9.5
Abschn./Tab. FW/5

5. Geräte der Fernwirkanlagen je nach Aufgabenstellung

	Fernsteuerung	Fernüberwachung	Fernmessung
a) Geberseite	Befehlsschalter	Rückmeldekontakte, Grenzwertgeber	Meßeinrichtungen mit elektrischem Abgriff, Meßwertumformer, Strom- und Spannungswandler
b) Empfangsseite	Stellglieder, z.B. Leistungsschalter	Sicht- und Hörmelder, Zeitschreiber	Anzeige- und Registrierinstrumente

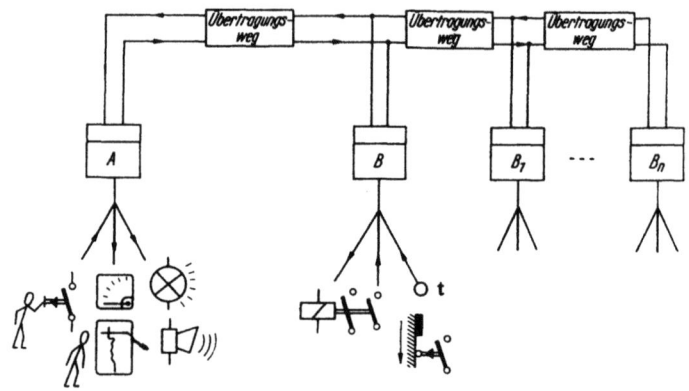

A Zentrale; B bzw. B_1 bis B_n räumlich getrennte Unterstationen (eine oder mehrere)
Die Stationen können
a) linienförmig angeordnet werden,
    z.B. Stationen längs einer Bahnlinie oder Rohrleitung (pipeline) oder
b) netzförmig verteilt werden,
    z.B. Stationen eines Energieversorgungsnetzes.

| Gruppen-Nr. 8.9.5 | **Fernwirktechnik** | Abschn./Tab. **FW/6** |

6. Verfahren zum Umformen von Meßgrößen in Signale

Die von Gebern übersetzten physikalischen Meßwerte (z.B. Längen, Winkel, Geschwindigkeit, Drehzahl, Temperatur) in e l e k t r i s c h e n M e ß g r ö ß e n (Kurve a) werden zur Fernübertragung durch W a n d l e r (Umformer, Transmitter) in S i g n a l e umgeformt, bei denen Intensität, Frequenz, Phasenlage oder der Informationsparameter einer Impulsfolge ein Maß der Meßgröße ist:

a) Meßgröße
b) Intensitäts- bzw. Amplitudenmodulation (PAM)
c) Impulszahl - Modulation
d) Impulszeit - Modulation (PLM);
e) Impulsfrequenz - Modulation (PFM)
f) Impulscode - Modulation (PCM)

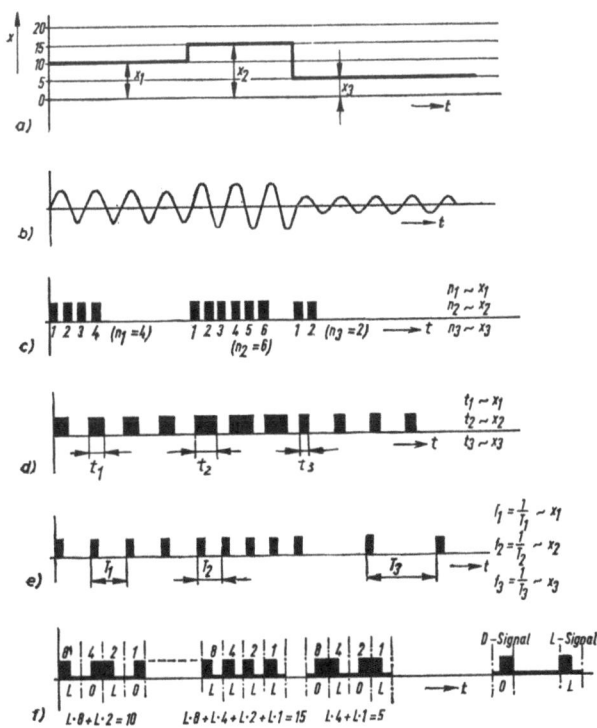

(Siehe Reglertypen PAM usw. in Tabelle RT/16)

5-5

Fernwirktechnik

Gruppen-Nr. 8.9.5
Abschn./Tab. FW/7

7. Ein- und Ausgangsgröße verschiedener Meßwertgeber für Fernmeßaufgaben

Gerät		Eingangsgröße x_e	Ausgangsgröße x_a
elektr. Widerstand		Weg s (Winkel)	Widerstand R
Spannungsteiler		Weg s (Winkel)	Spannung U
Widerstandsthermometer		Temperatur t	Widerstandsänderung $\dfrac{R}{\Delta R}$
Dehnungs-Widerstandsstreifen		mechanische Dehnung $\dfrac{\Delta l}{l}$	Widerstandsänderung $\dfrac{R}{\Delta R}$
Potentiometer		Weg s	Quotient $R_1 : R_2$
Ringrohr		Winkel β	Quotient $R_1 : R_2$
Drehmeldergeber für Gleichstromübertragung (Ringwiderstand)		Winkel β der beiden Schleifer	Gleichspannungen zwischen den Klemmen 1, 2, 3 (U_{12}, U_{23}, U_{31})

Fernwirktechnik

Gruppen-Nr. 8.9.5 | **Abschn./Tab.** FW/7

Ein- und Ausgangsgröße verschiedener Meßwertgeber für Fernmeßaufgaben

Gerät	Eingangsgröße x_e	Ausgangsgröße x_a
Verschlüssler für Impuls-Code-Signale	Widerstand R_1	Folge von O- und L-Signalen
Induktivität	Weg s des ferromagnetischen Kerns	Induktivität L
Differentialinduktivität	Weg s des Kerns	Wechselspannung $U \sim$
Thermoelement	Temperatur t	elektrische Spannung U
Fotoelement	Lichtstrom Φ	elektrische Spannung U
pielektrischer Geber	Kraft F (Druck p)	elektrische Spannung U

5-7

Fernwirktechnik

Gruppen-Nr. 8.9.5 — **Abschn./Tab. FW/7**

Ein- und Ausgangsgröße verschiedener Meßwertgeber für Fernmeßaufgaben

Gerät		Eingangsgröße x_e	Ausgangsgröße x_a
Gleichstrommotor mit Stromfeld		1. $x_{e1} = U$ 2. $I\ x_{e2} = I$	Drehzahl n ($\sim U\,I$)
Wechselstrommotor mit Hilfsphase		$x_{e1} = U$ $x_{e2} = I \cos \varphi$ bzw. $I \sin \varphi$	x_a = Drehzahl n ($\sim U\,I \cos \varphi$ bzw. $\sim U\,I \sin \varphi$)
Gleichspannungs-Generator		Drehzahl n	Ankerspannung U
Gleichstrommotor mit Dauermagnetfeld		Strom I	Drehmoment M_d
pneumatisches System Prallplatte - Auslaßdüse		Weg s der Prallplatte	Druck p
pneumatisches Alternativdüsensystem		Weg s des Kugelventils	Druck p

| Gruppen-Nr. 8.9.5 | Fernwirktechnik | Abschn./Tab. FW/8 |

8. Wichtige Fernübertragungssysteme für Fernmessung

Verfahren		Prinzip, System
1. Kontinuierliche Übertragungsverfahren ohne Hilfsenergie (s. a. Tabelle 7)	a) Gleichstromübertragung	1.1 Gleichstromempfänger - Verfahren
		1.2 Wechselstromempfänger - Verfahren
		1.3 Gleichrichtergeber - Verfahren
		1.4 Motor - Generator - Verfahren
		1.5 Thermoumformer- Verfahren
	b) Wechselstromübertragung	1.6 Wechselstromempfänger - Verfahren
		1.7 Gleichrichterempfänger - Verfahren
2. Kontinuierliche Übertragungsverfahren mit Hilfsenergie (s. a. Tabelle 9)	a) Gleichstromübertragung	2.1 Widerstandsgeber - Verfahren
		2.2 Kompensations - Verfahren
	b) Wechselstromübertragung	2.3 Intensitäts - Verfahren
		2.4 Phasenwinkel - Verfahren
		2.5 Frequenz - Verfahren
3. Impulsübertragungsverfahren (Gleich- oder Wechselstromimpulse) (s. a. Tabellen 4 und 6)	Übertragung unmittelbar oder mittels Trägerfrequenz	3.1 Impulszahl - Verfahren
		3.2 Impulszeit - Verfahren
		3.3 Impulsfrequenz - Verfahren
		3.4 Impulscode - Verfahren

Fernwirktechnik

Gruppen-Nr. 8.9.5 — Abschn./Tab. FW/9

9. Arten und Eigenschaften der Meßverstärker

Verstärkerart	Schaltung	Anwendung z.B.
1. Galvanometerverstärker		
a) Schwingkreisverstärker (SV)	I. Kompensationsschaltung	Widerstandsthermometer, Thermoelement, Strahlungspyrometer, elektrische Gasanalysegeräte
	II. Saugschaltung	O_2 - Messer
b) Lichtelektrische Verstärker (LEV)	I. Kompensationsschaltung	Widerstandsthermometer, Thermoelement, Strahlungspyrometer
	II. Saugschaltung	Kalorimetrische Messungen
2. Magnetikverstärker	Kompensationsschaltung	zum Aufbau von Meßumformer
3. Zerhackerverstärker	mit Elektronenröhren	Gleichspannung in Wechselspannung verwandeln
a) pH - Verstärker (pH)	Kompensationsschaltung	Spannungsverstärkung
b) Mikrovolt - Verstärker (μV - Verstärker)		Spannungsverstärkung, Widerstandsthermometer, Thermoelemente
c) Nanoampere - Verstärker (nA - Verst.)	Vielbereich - Geräte (mit 13 Meßbereichen)	Messen des Sperrstromes von Halbleitern

Grundschaltung einer Meßverstärkeranlage

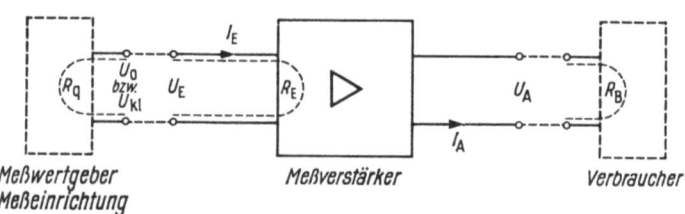

Meßwertgeber / Meßeinrichtung — Meßverstärker — Verbraucher

R_Q Quellenwiderstand
U_0 Leerlaufspannung
U_{kl} Klemmenspannung
U_E Eingangsspannung
I_E Eingangsstrom
R_E Eingangswiderstand (betriebsmäßig, daher auch oft als Betriebswiderstand bezeichnet)
I_A Ausgangsstrom
U_A Ausgangsspannung
R_B Bürde (Verbraucherwiderstand)

Fernwirktechnik — FW/9

Arten und Eigenschaften der Meßverstärker

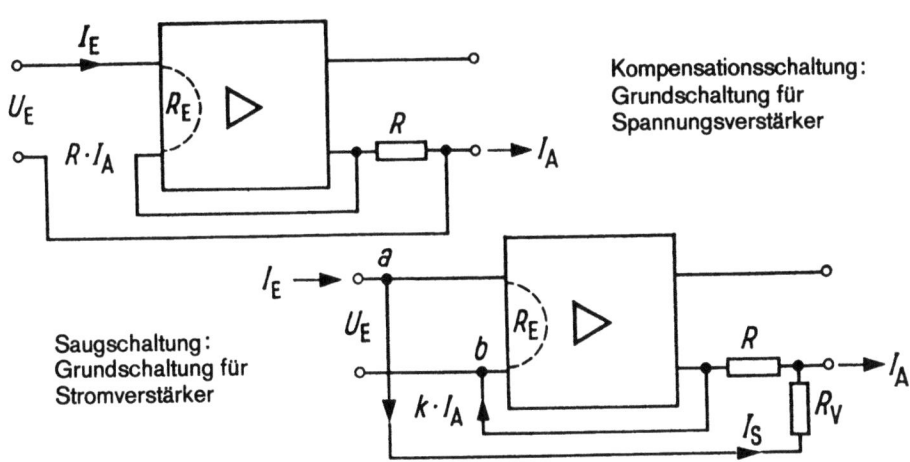

Kompensationsschaltung: Grundschaltung für Spannungsverstärker

Saugschaltung: Grundschaltung für Stromverstärker

Verstärkerart		Eingangs-spang. f. Vollaussteuer. U_E	strom I_E	Eingangs-widerst. R_E	Quellen-widerstand R_q	Ausgangs-strom für Vollausst. I_A	Bürde R_B	Seiten-hinweis
		mV	µA	kΩ	Ω	mA	Ω	
Galvanometerverst. SV	U-Verst.	6 bis 600	—	25 bis 550	$\leq$ 25 bis $\leq$ 5000	10	$\leq$ 1000	142
	I-Verst.	—	40 bis 400	0,0025 bis 10^{-4}	$\geq$ 2800 bis $\geq$ 20	10	$\leq$ 1000	
Galvanometerverst. LEV	U-Verst.	0,15 bis 6	—	3,3 bis 50	$\leq$ 40 bis $\leq$ 500	6	$\leq$ 1000	144
	I-Verst.	—	1,5 bis 100	0,0015 bis $< 10^{-4}$	$\geq$ 600 bis $\geq$ 20	6	$\leq$ 1000	
Magnetik-verstärker	U-Verst.	1 bis 60	—	20 bis 500	$\leq$ 100 bis $\leq$ 400	10	150 bis 250	145
	U-Verst.	6 bis 60	—	30 bis 250	$\leq$ 100 bis $\leq$ 400	50	150 bis 250	
Zerhackerverst. nA	I-Verst.	—	0,001 bis 1000	400 bis 0,002	$\geq 40 \cdot 10^6$ bis ≥ 200	2,5	1000 bis 1500	147
pH	U-Verst.	300 bis 1200	—	$> 10^{11}$	$\leq 5 \cdot 10^8$	3 12	$\leq$ 1000 $\leq$ 100	148
µV	U-Verst.	0,1 bis 1000	—	1 bis 10^4	$\leq$ 10 bis $\leq 10^5$	2,5	1000 bis 1500	149

| Gruppen-Nr. 8.9.5 | Fernwirktechnik | Abschn./Tab. FW/10 |

10. Kenndaten von Schwingkreisverstärkern

a) in Kompensationsschaltung

Eingangs-spannung für Voll-aussteuerung U_E	Eingangs-widerstand R_E	Quellen-widerstand R_q	Ausgangs-strom für Voll-aussteuerung I_A	Bürde[1]) R_B	Gegen-kopplungs-grad	Steuer-leistung $U_E \cdot i_g$
mV	kΩ	Ω	mA	Ω		W
6	25	≦ 25	10	≦ 1000	200:1	$1{,}4 \cdot 10^{-9}$
10	40	≦ 45	10	≦ 1000	200:1	$2{,}5 \cdot 10^{-9}$
15	40	≦ 100	10	≦ 1000	200:1	$5{,}6 \cdot 10^{-9}$
25	100	≦ 250	10	≦ 1000	300:1	$6{,}2 \cdot 10^{-9}$
40	450	≦ 650	10	≦ 1000	300:1	$3{,}6 \cdot 10^{-9}$
60	450	≦ 1400	10	≦ 1000	300:1	$8 \cdot 10^{-9}$
100	500	≦ 3000	10	≦ 1000	300:1	$2 \cdot 10^{-8}$
150	500	≦ 5000	10	≦ 1000	300:1	$4{,}5 \cdot 10^{-8}$
250	500	≦ 5000	10	≦ 1000	300:1	$1{,}2 \cdot 10^{-7}$
400	550	≦ 5000	10	≦ 1000	300:1	$3 \cdot 10^{-7}$
600	550	≦ 5000	10	≦ 1000	300:1	$6{,}5 \cdot 10^{-7}$

b) in Saugschaltung

Eingangs-strom für Voll-aussteuerung I_E	Eingangs-widerstand R_E	Quellen-widerstand R_q	Ausgangs-strom für Voll-aussteuerung I_A	Bürde[1]) R_B	Gegen-kopplungs-grad	Steuer-leistung $I_E \cdot u_g$
µA	Ω	Ω	mA	Ω		W
40	2,5	≧ 2800	10	≦ 1000	200:1	$4 \cdot 10^{-9}$
60	2,0	≧ 1000	10	≦ 1000	200:1	$7{,}2 \cdot 10^{-9}$
100	0,5	≧ 300	10	≦ 1000	200:1	$5 \cdot 10^{-9}$
150	0,2	≧ 100	10	≦ 1000	300:1	$4{,}5 \cdot 10^{-9}$
200	0,2	≧ 60	10	≦ 1000	300:1	$8 \cdot 10^{-9}$
250	0,1	≧ 40	10	≦ 1000	300:1	$6{,}2 \cdot 10^{-9}$
400	0,1	≧ 20	10	≦ 1000	300:1	$1{,}6 \cdot 10^{-8}$

[1]) Anzeiger, Linienschreiber, NZ-Regler, Kompensationsgeräte.

11. Kenndaten von lichtelektrischen Verstärkern

a) in Kompensationsschaltung

Eingangs-spannung für Vollaussteuerung U_E	Eingangswiderstand R_E	Quellenwiderstand R_q	Ausgangsstrom für Vollaussteuerung I_A	Bürde[1]) R_B	Gegenkopplungsgrad	Steuerleistung $U_E \cdot i_g$
µV	kΩ	Ω	mA	Ω		W
150	3,3	≦ 40	6	≦1000	165:1	$6,8 \cdot 10^{-12}$
250	5,5	≦ 50	6	≦1000	280:1	$1,1 \cdot 10^{-11}$
400	10	≦120	6	≦1000	500:1	$1,6 \cdot 10^{-11}$
600	3,3	≦ 70	6	≦1000	165:1	$1,1 \cdot 10^{-10}$
1000	5,5	≦100	6	≦1000	280:1	$1,8 \cdot 10^{-10}$
1500	8	≦180	6	≦1000	400:1	$2,8 \cdot 10^{-10}$
2500	30	≦250	6	≦1000	670:1	$2,1 \cdot 10^{-10}$
4000	45	≦400	6	≦1000	1000:1	$3,5 \cdot 10^{-10}$
6000	50	≦500	6	≦1000	1000:1	$7,2 \cdot 10^{-10}$

b) in Saugschaltung

Eingangsstrom für Vollaussteuerung I_E	Eingangswiderstand R_E	Quellenwiderstand R_q	Ausgangsstrom für Vollaussteuerung I_A	Bürde[1]) R_B	Gegenkopplungsgrad	Steuerleistung $I_E \cdot u_g$
µA	Ω	Ω	mA	Ω		W
1,5	1,5	≧600	6	≦1000	165:1	$3,4 \cdot 10^{-12}$
2,5	0,8	≧400	6	≦1000	280:1	$5 \cdot 10^{-12}$
4	0,4	≧270	6	≦1000	450:1	$6,4 \cdot 10^{-12}$
6	0,8	≧180	6	≦1000	165:1	$2,9 \cdot 10^{-11}$
10	0,33	≧100	6	≦1000	280:1	$3,3 \cdot 10^{-11}$
15	0,15	≧ 80	6	≦1000	420:1	$3,4 \cdot 10^{-11}$
25	<0,1	≧ 50	6	≦1000	670:1	$6,2 \cdot 10^{-11}$
40	<0,1	≧ 35	6	≦1000	1000:1	$1,6 \cdot 10^{-10}$
60	<0,1	≧ 25	6	≦1000	1000:1	$3,6 \cdot 10^{-10}$
100	<0,1	≧ 20	6	≦1000	1000:1	$1 \cdot 10^{-9}$

[1]) Anzeiger, Linienschreiber, NZ-Regler, Kompensationsgeräte.

Fernwirktechnik

12. Kenndaten von Magnetikverstärkern

Eingangs-spannung für Vollaussteuerung U_E	Eingangs-widerstand R_E	Quellen-widerstand R_q	Ausgangs-strom für Vollausst. I_A	Bürde R_B	Gegen-kopplungs-grad	Steuer-leistung
mV	kΩ	Ω	mA	Ω		W
1	≈ 20	≦ 100	10	150 bis 250	≈ 250:1	$5 \cdot 10^{-11}$
1,5	≈ 30	≦ 100	10	150 bis 250	≈ 350:1	$7,5 \cdot 10^{-11}$
3	≈ 40	≦ 100	10	150 bis 250	≈ 450:1	$2,2 \cdot 10^{-10}$
6	≈ 50	≦ 100	10	150 bis 250	≈ 600:1	$7,2 \cdot 10^{-10}$
10	≈ 200	≦ 400	10	150 bis 250	≈ 600:1	$5 \cdot 10^{-10}$
15	≈ 300	≦ 400	10	150 bis 250	≈ 900:1	$7,5 \cdot 10^{-10}$
30	≈ 400	≦ 400	10	150 bis 250	≈ 1200:1	$2,2 \cdot 10^{-9}$
60	≈ 500	≦ 400	10	150 bis 250	≈ 1500:1	$7,2 \cdot 10^{-9}$
6	≈ 30	≦ 100	50	150 bis 250	≈ 350:1	$1,2 \cdot 10^{-9}$
10	≈ 120	≦ 400	50	150 bis 250	≈ 350:1	$8,3 \cdot 10^{-10}$
15	≈ 150	≦ 400	50	150 bis 250	≈ 450:1	$1,5 \cdot 10^{-9}$
30	≈ 200	≦ 400	50	150 bis 250	≈ 600:1	$4,5 \cdot 10^{-9}$
60	≈ 250	≦ 400	50	150 bis 250	≈ 750:1	$1,4 \cdot 10^{-8}$

13. Kenndaten von Zerhackerverstärkern

a) pH-Meßverstärker (U-Verstärker)

Eingangs-spannung für Vollaussteuerung U_E	Eingangs-widerstand R_E	Quellen-widerstand R_q	Ausgangs-strom für Vollausst. I_A	Bürde[1] R_B	Gegen-kopplungs-grad	Steuer-leistung
mV	Ω	Ω	mA	Ω		W
kleinst. Meßbereich 300	$> 10^{11}$	$\leqq 5 \cdot 10^{8}$	3	≦ 1000	300:1	$< 9 \cdot 10^{-13}$
größter Meßbereich 1200			12	≦ 100		$< 1,4 \cdot 10^{-11}$

[1]) Anzeiger, Linienschreiber, Regler.

Fernwirktechnik

b) Mikrovolt-Verstärker (Saugschaltung)

Eingangsspannung für Vollaussteuerung U_E	Eingangswiderstand R_E	Quellenwiderstand R_q	Ausgangsstrom für Vollausst. I_A	Bürde [1] R_B	Gegenkopplungsgrad	Steuerleistung
mV	kΩ	Ω	mA	Ω		W
0,1	1	≦ 10	2,5	1000 bis 1500		10^{-11}
0,3	3	≦ 30	2,5	1000 bis 1500		$3 \cdot 10^{-11}$
1	10	≦ 100	2,5	1000 bis 1500		10^{-10}
3	30	≦ 300	2,5	1000 bis 1500		$3 \cdot 10^{-10}$
10	100	≦ 10^3	2,5	1000 bis 1500		10^{-9}
30	300	≦ $3 \cdot 10^3$	2,5	1000 bis 1500		$3 \cdot 10^{-9}$
100	10^3	≦ 10^4	2,5	1000 bis 1500		10^{-8}
300	$3 \cdot 10^3$	≦ $3 \cdot 10^4$	2,5	1000 bis 1500		$3 \cdot 10^{-8}$
1000	10^4	≦ 10^5	2,5	1000 bis 1500		10^{-7}

c) Nanoampere-Verstärker (J-Verstärker)

Eingangsstrom für Vollaussteuerung I_E	Eingangswiderstand R_E	Quellenwiderstand R_q	Ausgangsstrom für Vollausst. I_A	Bürde [1] R_B	Gegenkopplungsgrad	Steuerleistung
µA	Ω	Ω	mA	Ω		W
0,001	$400 \cdot 10^3$	≧ $40 \cdot 10^6$	2,5	1000 bis 1500		$4 \cdot 10^{-13}$
0,003	$133 \cdot 10^3$	≧ $13,3 \cdot 10^6$	2,5	1000 bis 1500		$1,2 \cdot 10^{-12}$
0,01	$40 \cdot 10^3$	≧ $4 \cdot 10^6$	2,5	1000 bis 1500		$4 \cdot 10^{-12}$
0,03	$13,3 \cdot 10^3$	≧ $1,33 \cdot 10^6$	2,5	1000 bis 1500		$1,2 \cdot 10^{-11}$
0,1	$4 \cdot 10^3$	≧ $400 \cdot 10^3$	2,5	1000 bis 1500		$4 \cdot 10^{-11}$
0,3	$1,33 \cdot 10^3$	≧ $133 \cdot 10^3$	2,5	1000 bis 1500		$1,2 \cdot 10^{-10}$
1	400	≧ $40 \cdot 10^3$	2,5	1000 bis 1500		$4 \cdot 10^{-10}$
3	133	≧ $13,3 \cdot 10^3$	2,5	1000 bis 1500		$1,2 \cdot 10^{-9}$
10	40	≧ $4 \cdot 10^3$	2,5	1000 bis 1500		$4 \cdot 10^{-9}$
30	15	≧ $1,5 \cdot 10^3$	2,5	1000 bis 1500		$1,35 \cdot 10^{-8}$
100	6	≧ 600	2,5	1000 bis 1500		$6 \cdot 10^{-8}$
300	3	≧ 300	2,5	1000 bis 1500		$2,7 \cdot 10^{-7}$
1000	2	≧ 200	2,5	1000 bis 1500		$2 \cdot 10^{-6}$

[1]) Anzeiger, Linienschreiber, NZ-Regler. Bei Verwendung von Kompensationsgeräten muß ein Filter vorgeschaltet werden.

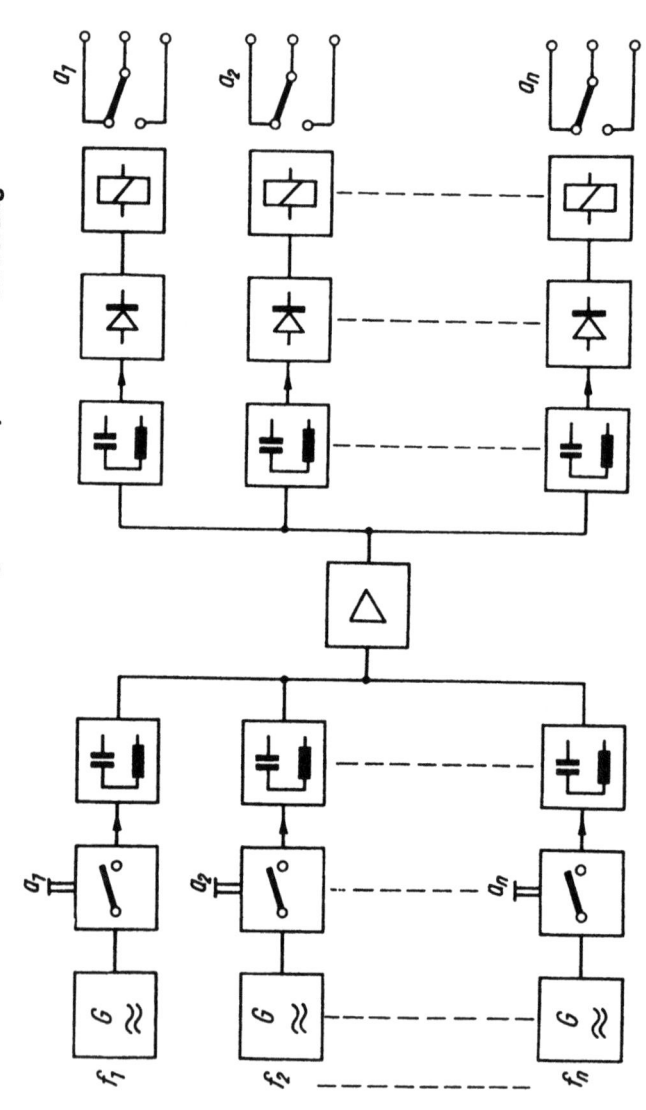

14. Prinzipschaltung der Tonfrequenz-Fernsteuerung

Die Anwendung der Tonfrequenzfernsteuerung liegt im wesentlichen bei der Steuerung von Krananlagen und umfangreichen Werkzeugmaschinen. Selbstverständlich kann dabei die Übertragung mit den bekannten Sende- und Empfangseinrichtungen auch drahtlos erfolgen, so daß der Kranführer mit Hilfe eines transportablen Kommandogerätes den Kran steuert und sich dabei völlig frei im Gelände bewegen kann.

1. Einsatzgebiete elektronischer Rechenanlagen

In der **Wissenschaft**: Lösung mathematisch formulierter Probleme aus allen Disziplinen. Dieses Einsatzgebiet erfordert vor allem eine hohe Operationsgeschwindigkeit des Rechners sowie die Möglichkeit der Zahlendarstellung mit gleitendem Komma.

In der **Wirtschaft**: Verarbeiten großer und größter Datenmengen. Während die arithmetischen Operationen hier weniger bedeutend sind, werden hohe Anforderungen an Speicherkapazität und an schnelle Ein- und Ausgabegeräte gestellt. Die Möglichkeit, mehrere Operationen gleichzeitig durchführen zu können, sowie eine außerordentlich hohe Zuverlässigkeit des gesamten Systems sind weitere Bedingungen für die kommerzielle Datenverarbeitung.

Zur digitalen **Steuerung technischer Prozesse**: Die zumeist in Analogform vorliegenden Meßwerte lassen sich durch Umsetzgeräte in Zahlen ausdrücken und der Rechenanlage direkt eingeben. Der Rechner hat die Aufgabe, diese Daten innerhalb kürzester Zeit (praktisch ohne Zeitverlust) gemäß Programm zu verarbeiten. Die errechneten Resultate werden zur weiteren Steuerung des Prozesses in Analogwerte umgesetzt. Die Rechenanlage liegt in einem digitalen Regelkreis, der höchste Operationsgeschwindigkeiten und präzise Datenübertragung vom und zum Rechner verlangt.

2. Merkmale elektronischer Rechenautomaten

1. Der elektronische Rechenautomat wird von einem Programm gesteuert.
2. Das Programm enthält die zum Lösen eines Problems erforderlichen Einzelschritte. Es wird gespeichert und nach dem Starten automatisch Schritt für Schritt ausgeführt.
3. Die Daten und Ergebnisse werden gespeichert und durch das Programm automatisch verarbeitet bzw. bereitgestellt.
4. Außer den vier Grundrechnungsarten kann der elektronische Rechenautomat Vergleiche durchführen und in Abhängigkeit von den Vergleichsergebnissen Entscheidungen treffen, sofern die Entscheidungsmöglichkeiten programmiert sind.
5. Elektronische Schalt- und Speicherelemente ergeben eine große Arbeitsgeschwindigkeit.

3. Speichergeräte für elektronische Rechenanlagen

Als Speichermedien für elektronische Rechenanlagen (Computer) werden Magnetband, Magnetplatten, Magnetscheiben (Disketten) sowie Halbleiter (z. B. Transistoren) verwendet. Sie unterscheiden sich in bezug auf Zugriffszeit, Speicherkapazität und Preis; Richtwerte gibt nachstehende Tabelle: (1 K-Byte = 2^{10} = 1024 Byte = 8192 Bit)

Speicher	Zugriffs-zeit s	Speicherkapazität (K-Byte) KB	Preis/Kapazität (ohne Elektronik)
Halbleiterspeicher	$10^{-8}\ldots10^{-6}$	50 ... 1000	10^{-2}
Magnetplatten	$2 \cdot 10^{-3}$	bis 600	10^{-3}
Magnetband	10^{-2}	bis 9000	10^{-4}
Magnetfolienscheiben (Disketten)	$6 \cdot 10^{-3}$	bis 800	10^{-4}

Halbleiterspeicher haben die höchste Arbeitsgeschwindigkeit. Die Zugriffszeiten zu den Daten liegen zwischen 10 ns (ECL-Speicher) und 150 ns (NMOS-Speicher). Die kleinste Einheit besteht aus einem Speicherelement (z. B. Transistor in MOS-, MNOS-, MAOS-Technik), das zu unterscheiden ist in:

a) **statischen** Halbleiterspeichern (z. B. Flipflop) und

b) **dynamischen** Halbleiterspeichern mit Kondensator, z. B. CCD-Speicher als Ladungsschiebespeicher von CCD-Typ (Charge Coupled Devide).

Anwendung
- als **Schreib-Lese-Speicher** mit wahlfreiem Zugriff (RAM = Random Access Memory). Speicher, deren Daten eine Adresse beliebig oft eingeschrieben und ausgelesen werden kann.
- als **Festwertspeicher** mit wahlfreiem Zugriff (ROM = Read Only Memory). Die Übertragung der Daten in einen Festwertspeicher nennt man **Programmierung.** Diese Speicher sind entweder einmalig programmierbar (ROM, PROM) bzw. mehrfach programmierbar (EPROM, REPROM) oder in programmierbarer logischen Anordnung (PLA, FPLA).

Magnetplattenspeicher sind neben der Halbleiter und Magnetbandspeicher die wichtigsten Speicher in der DV. Sie werden als Sekundärspeicher (Wechsel- oder Festplattenspeicher) eingesetzt, wo eine direkte Verfügbarkeit zu größten Datenmengen verlangt wird (hohe Speicherkapazität und schnelle Zugriffszeit von einigen 10 ms).

Magnetbandspeicher sind zu unterscheiden in Spulen- und Kassettenbandgeräten sowie Archivspeicher (mit autom. Bandwechsel). Magnetband (z. B. 9-Spur-Magnetband) in Längen von 300 bis 1000 m auf Spulen gerollt, dient zum Speichern größter Datenmengen. Die Zugriffzeit zu einem 1000-m-Band beträgt bei wahlloser Anordnung der Daten etwa 1 bis 3 Minuten. Diese Geräte werden als Hilfsspeicher (back-up stores) eingesetzt.

Magnetfolienscheiben (Disketten): Speicher stellt eine kostengünstige Mischtechnik zwischen Band- und Plattenspeicher dar. Die flexible ein- oder zweiseitig beschichtete Kunststoffscheibe von etwa 19 cm ⌀ hat konzentrierte Spuren zum Speichern von mind. 250 kB; Laufwerk hat 60 U/s.

Magnetblasenspeicher: nichtflüchtiger, nichtmechanischer Speicher, der z. B. dort eingesetzt wird, wo aus Sicherheitsgründen ein „Nachladen" der Daten in Halbleiterspeicher bei Ausbleiben der Versorgungsspannung erforderlich ist.

Bildplattenspeicher: mit mechanischer oder optischer Abtastung.

Strahlgesteuerter (optischer) **Speicher:** Fotospeicher (photostore) und holographischer Datenspeicher.

4. Eingabe- und Ausgabegeräte für elektronische Rechenautomaten

Elektronische Rechenautomaten nehmen die Daten nur in maschinenlesbarer Form an; Buchstaben und Ziffern müssen deshalb in die Sprache der Maschinen umgewandelt (codiert) und mit Lochkarten oder Lochstreifen in die Anlage eingegeben werden.

Eingabegeräte

Lochkartenleser:	Lesegeschwindigkeit 100 ··· 2000 Karten/min
Lochstreifenleser:	Lesegeschwindigkeit 200 ··· 1800 Zeichen/s
Elektrische Schreibmaschine, Fernschreiber:	Schreibgeschwindigkeit bis 10 Zeichen/s

Ausgabegeräte

Kartenlocher:	Lochgeschwindigkeit 60 ··· 300 Karten/min
Streifenlocher:	Lochgeschwindigkeit 60 ··· 300 Zeichen/s
Zeilenschnelldrucker:	Druckgeschwindigkeit 150 ··· 3000 Zeilen/min
Elektrische Schreibmaschine, Fernschreiber:	Schreibgeschwindigkeit 7 ··· 10 Zeichen/s

Als Spezialgeräte für Ein- und Ausgabe werden je nach den gestellten Aufgaben außerdem Tastaturen, Leuchttableaus, Lampenanzeigefelder und Katodenstrahlröhren verwendet. Bei großen Auskunfts- und Berechnungssystemen können mehrere hundert Tasten- und Anzeigefelder mit einem zentralen Rechenautomaten in Verbindung stehen. Er fragt reihum von allen Pulten die vom Bedienungspersonal eingetasteten Anfrage- und Buchungsdaten ab und liefert die Ergebnisse dorthin aus. Dabei werden zum Überbrücken großer Entfernungen über Telefon- und Telegrafenleitungen spezielle Übertragungseinrichtungen verwendet, die eine fehlerfreie Übermittlung der digitalen Zeichen sichern.

5. Schaltalgebra (logische, Boolesche Algebra)

Zweck: Digitale Beschreibung von Schaltvorgängen; technisches Bestimmen günstiger Schaltkreise zum Darstellen „logischer" Zusammenhänge, z. B. bei Arithmetik oder Steuervorrichtungen.
Digitale Veränderliche können nur die Werte 0 und 1 annehmen. Die Anzahl logischer Funktionen ist begrenzt: n Veränderliche x_1, $x_2 \cdots$, x_n haben $k = 2^n$ Kombinationsmöglichkeiten der 01-Werte, dazu gibt es 2^k Funktionen $y(x_i)$. Nachstehend die Beispiele für $n = 1$ und $n = 2$:
Funktionen einer Veränderlichen (x):

2 Werte	4 Funktionen				Davon ist besonders benannt
x	y_0	y_1	y_2	y_3	$y_2 = \bar{x}$ Negation
0	0	0	1	1	
1	0	1	0	1	

Funktionen zweier Veränderlicher (x_1, x_2):

4 Wertpaare		16 Funktionen
x_1 x_2		y_0 y_1 y_2 y_3 y_4 y_5 y_6 y_7 y_8 y_9 y_{10} y_{11} y_{12} y_{13} y_{14} y_{15}
0 0		0 1 0 1 0 1 0 1 0 1 0 1 0 1 0 1
0 1		0 0 1 1 0 0 1 1 0 0 1 1 0 0 1 1
1 0		0 0 0 0 1 1 1 1 0 0 0 0 1 1 1 1
1 1		0 0 0 0 0 0 0 0 1 1 1 1 1 1 1 1

Davon sind besonders benannt:
$y_{14} = x_1 \vee x_2$ Disjunktion, ODER-Verknüpfung
$y_8\ \ = x_1\ \&\ x_2$ Konjunktion, UND-Verknüpfung
$y_9\ \ = x_1 \equiv x_2 = (x_1\ \&\ x_2) \vee (\bar{x}_1\ \&\ \bar{x}_2)$ Äquivalenz
$y_6\ \ = x_1 \not\equiv x_3 = (x_1\ \&\ \bar{x}_2) \vee (\bar{x}_1\ \&\ x_2)$ Antivalenz, EXKLUSIV-ODER-Verknüpfung
$y_1\ \ \ \ \ \ \ = \bar{x}_1\ \&\ \bar{x}_2 = \overline{x_1 \vee x_2}$ NOR-Verknüpfung
$y_7\ \ = x_1\ |\ x_2 = \bar{x}_1 \vee \bar{x}_2 = \overline{x_1\ \&\ x_2}$ NAND-Verknüpfung, Sheffer-Strich-Verknüpfung
(Für mehr als 2 Veränderliche sinngemäß zu erweitern)

Zum Aufbau logischer Funktionen genügen einige der Verknüpfungen allein, z. B. NOR oder NAND. Häufiger werden wegen besserer Übersichtlichkeit mehrere Verknüpfungen gemeinsam benutzt, insbesondere ODER, UND, Negation. Damit ist die disjunktive vollständige Normalform $y = (x_1\ \&\ x_2\ \&\ x_3) \vee (x_1\ \&\ x_2\ \&\ \bar{x}_3) \vee (\bar{x}_1\ \&\ \bar{x}_2\ \&\ x_3) \vee \cdots$
aus Vollkonjunktionen gebildet (Konjunktionen aus allen vorkommenden Veränderlichen, teils direkt, teils negiert). Analog ist die vollständige konjunktive Normalform aus Volldisjunktionen aufgebaut.
Vereinfachung (Minimisierung) rechnerisch nach üblichen algebraischen Regeln, aber mit z w e i distributiven Gesetzen beim Ausklammern:
$a\ \&\ (b \vee c) = (a\ \&\ b) \vee (a\ \&\ c)$
$a \vee (b\ \&\ c) = (a \vee b)\ \&\ (a \vee c)$

Besondere Verknüpfungen zwischen gleichen Veränderlichen und mit den festen Werten 0 oder 1:

$a \lor a = a$ $a \lor \bar{a} = 1$ $\bar{\bar{a}} = a$
$a \& a = a$ $a \& \bar{a} = 0$
$a \lor 0 = a$ $a \lor 1 = 1$ $\bar{1} = 0$
$a \& 0 = 0$ $a \& 1 = a$ $\bar{0} = 1$

Beispiel einer rechnerischen Vereinfachung:
$(a \& b) \lor (a \& \bar{b}) = a \& (b \lor \bar{b}) = a \& 1 = a$

6. Digitale Schaltkreise

in quasistationärer Gleichstrom-Technik

Darstellung der digitalen Veränderlichen 1 und 0 durch Spannungswerte, z. B.:
$u(0) = 0V \pm 1V$; $u(1) = 13V \pm 1V$
Positiver Signalhub: $u(1) - u(0) > 0$

a) Diodenschaltkreise

Betriebsspannungen $U_p = 26\,V > u(1)$; $U_n = -13\,V < u(0)$

UND-Schaltkreis   ODER-Schaltkreis

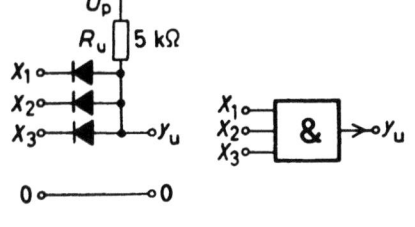
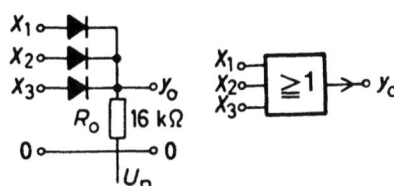

Schaltfunktion:

$y_u = x_1 \& x_2 \& x_3$ $y_o = x_1 \lor x_2 \lor x_3$

Zweistufiger UND-ODER-Schaltkreis

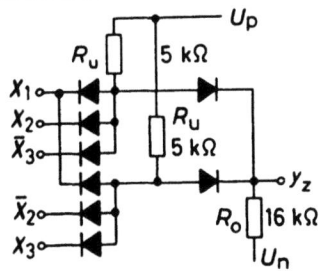
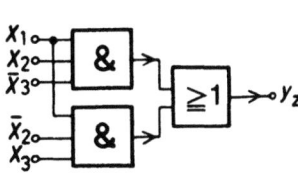

Schaltfunktion: $y_z = (x_1 \& x_2 \& \bar{x}_3) \lor (x_1 \& \bar{x}_2 \& x_3)$

| Gruppen-Nr. 8.9.3 | **Datenverarbeitung** | Abschn./Tab. DV/6 |

Dimensionierung: $R_o > 2{,}5\,R_u$, damit bei jeder Signalkombination mindestens eine Diodenverbindung zwischen Eingängen und Ausgang leitend (niederohmig) ist.
(Spannungsteiler $U_p - R_u - R_o - U_n$!)

b) Transistorschaltkreise (mit pnp-Transistoren)

Kollektorverstärker
Keine logische Beeinflussung
Nur Impedanzwandlung
(Einspeisen niederohmiger Last)

Emitterverstärker
Negation
Spannungsverstärkung

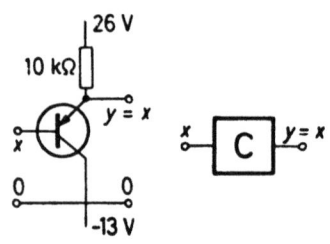
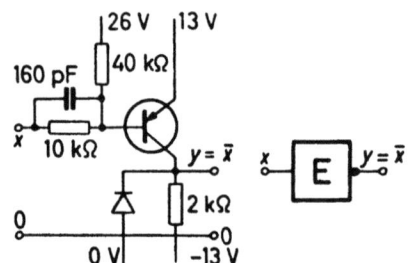

Flipflop zum Speichern eines Digitalwerts
(Zwei rückgekoppelte Emitterverstärker mit Begrenzung durch Sättigung an der Basis)

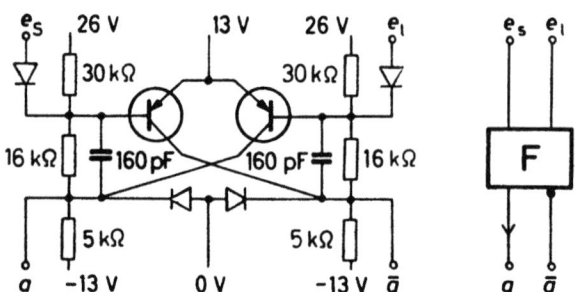

e_s Setzeingang, e_l Löscheingang, a Ausgang des gespeicherten Digitalwerts, $\bar{a}$ Ausgang des negierten Werts a.

Ein Impuls bei e_s bringt das Flipflop in die „1"-Stellung (setzen) (Dauersignal „1" $\triangleq$ 13 V bei a)

Ein Impuls bei e_l bringt das Flipflop in die „0"-Stellung (löschen) (Dauersignal „0" $\triangleq$ 0 V bei a)

Kurzer Impuls ($\approx 1\,\mu$s) bei e_s und e_l wechselt die Flipflopstellung.

| Gruppen-Nr. 8.9.3 | **Datenverarbeitung** | Abschn./Tab. **DV/7** |

7. Einrichtungen und Verfahren der analogen und digitalen Datenverarbeitung (Gegenüberstellung)

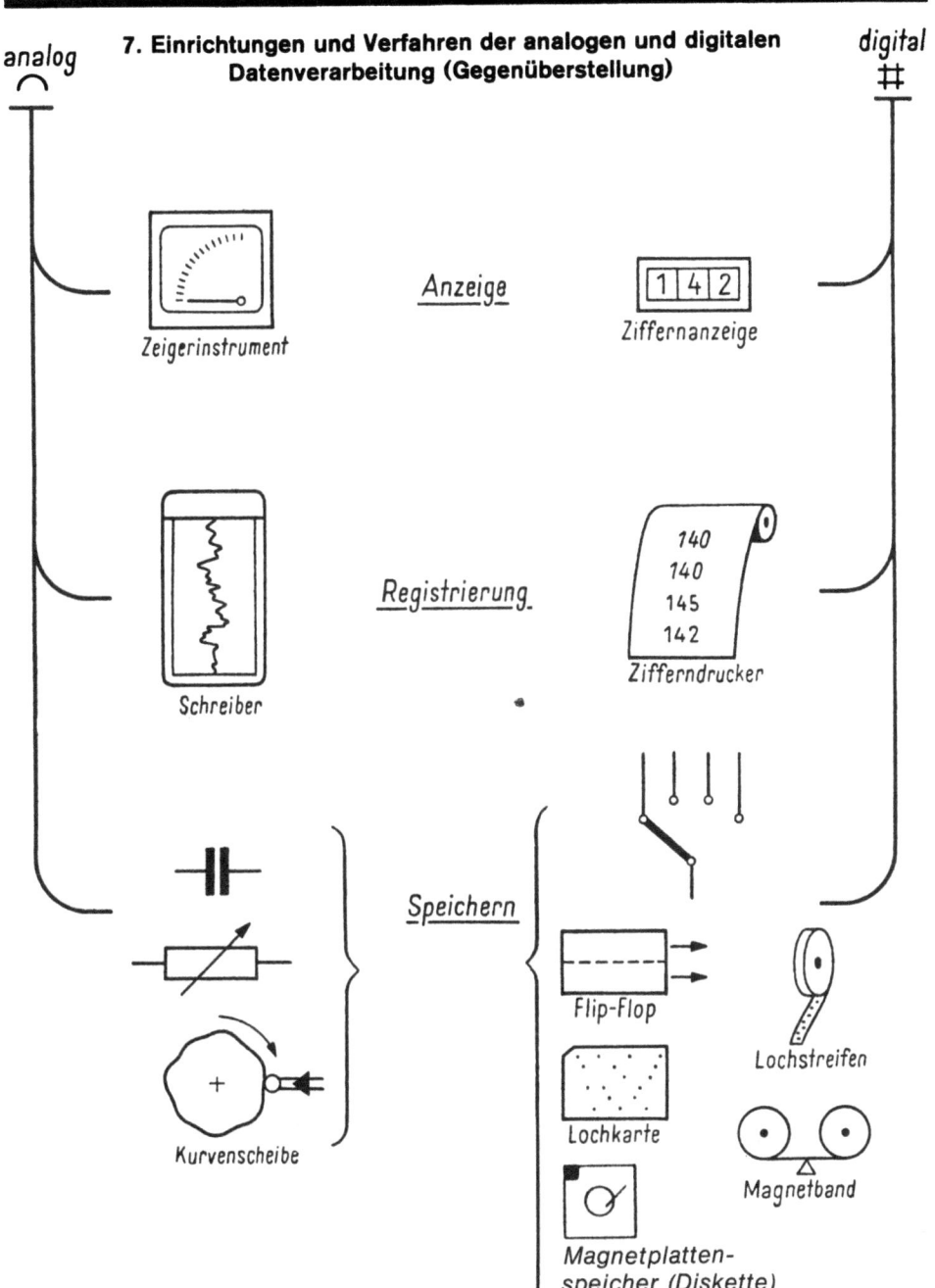

6–7

8. Arten der wegabhängigen Programmsteuerungen

```
┌─────────────────────────────┐
│  Impulseingabe zur          │
│  Positionskennzeichnung     │
│        (Istwerte)           │
└─────────────────────────────┘
```

Orts- bzw. Wegzuordnung
von Werkzeug- und Werkstück

Nocken- u.	Fotoelektr.	Induktive
Endschalter	Impulserz.	Impulserz.
Nocken-		numerische
	Steuerung	

Programmeingabe (Sollwerte)

Klinkenfeld
Drucktasten
Vorwähler   } als
Drehwähler   } Programm-
fest geschaltete } Speicher
 Programme
auswechselbare
 Festprogramme

Lochkarte   } als Programm-
Lochband   } und Positions-
Magnetband   } Speicher

```
┌─────────────────────────────┐
│                             │
│      S t e u e r g e r ä t  │
│                             │
└─────────────────────────────┘
```

Schaltimpulse zu den Ausführungs-
Organen

Magnet-	Magnet-	Schütze
schieber	kupplung	oder kontakt-
f. Hydraulik	f. Getriebe-	lose Schalt-
u. Pneumatik	beeinflussung	elemente
		für Antriebe

Gruppen-Nr. 8.9.3 — Datenverarbeitung — Abschn./Tab. DV/9

9. Kenndaten bekannter Personal-Computer (Mikroprozessoren)

Informationsdarstellung binär; allg. mit SW- oder F-Monitor; opt. = optimal
Abkürzungen unter **Programmsprache**: A = Assembler, AB = Apple soft Basic, B = Basic, C = Cobol, Co = Compiler, F = Fortran, P = Pascal, KB = Kilobyte (1 KB = 2^{10} = 1024 Byte; 1 Byte = 8 Bit)
Wortlänge: 8 Bit Modelle 1 bis 10, 16 Bit Modelle 11 bis 17.

Bezeichnung: Modell (Auswahl)	Mikroprozessor Nr.	Betriebssystem	RAM-Kapazität KByte	Programmiersprache
1. Apple III	6502 B	SOS; CP/M	128, max. 256	P/C/B
2. Basis 108	Z80, 6502	CP/M; Pascal; Apple DOS	64, max. 128	Co/C/F/PL1/A
3. Commodore 8032Sk/8096 Commodore 710	6502 6509 MOS	eig. DOS; MBS DOS; opt. CP/M	32; 96 128	B/UCSD-Pascal B
4. Datapoint 1566	Z80	DISH; opt. CP/M	64, max. 128	B/F/Databus
5. Hewlett-Packard HP-85B	eigenes	HP-Basic; CP/M 80; UCSD	32, max. 544	B/A/P/F
6. Kontron PSI 98	Z80 A	CP/M; KOS	256 Max. 1MB	A/B/F/C/B/P
7. NCR Decision Mate V	Z80 A; opt.	CP/M 80/86	64...512	B/C/F/P
8. Philips P2500/01/02	Z80 A	CP/M; P-Syst.	64...320	B/P/F
9. Sanyo MBC 1200/1250	Z80 (2x)	CP/M	64	B/alle CP/M
10. Triumpf Adler P30	8085A/8088	MOS; MP/M; CP/M; UCSD-P	64...128	B/C/P/A/F; PL/1; PL/M
11. Apple Mcintosh	68 000	Lisa OS	128	Mac-B; -P; -A
12. Canon AS-100 M/C	8086	CP/M86; MS-DOS	256...512	B/A
13. Hewlett-Packard HP 200	MC 68 000	HP-Basic	640...2000	B/A/P/Forth/HPL
14. IBM PC XT/370	8088, S/370	VMPC; DOS 2.0	768	B/Interprete
15. Nixdorf Micro 3	VLSI	NIROS	256	B
16. SEL ITT 3030	Z80, 80 186	CP/M; DOS; MS-DOS	64...384	B/C/F/P
17. Siemens PC16/	8088/8087	CP/M86; CCP/M86; PC-DOS	128...960	RASM/P-Basic/ C-Bas./P/C

6-9

10. Grundoperationen des Lochkartenverfahrens

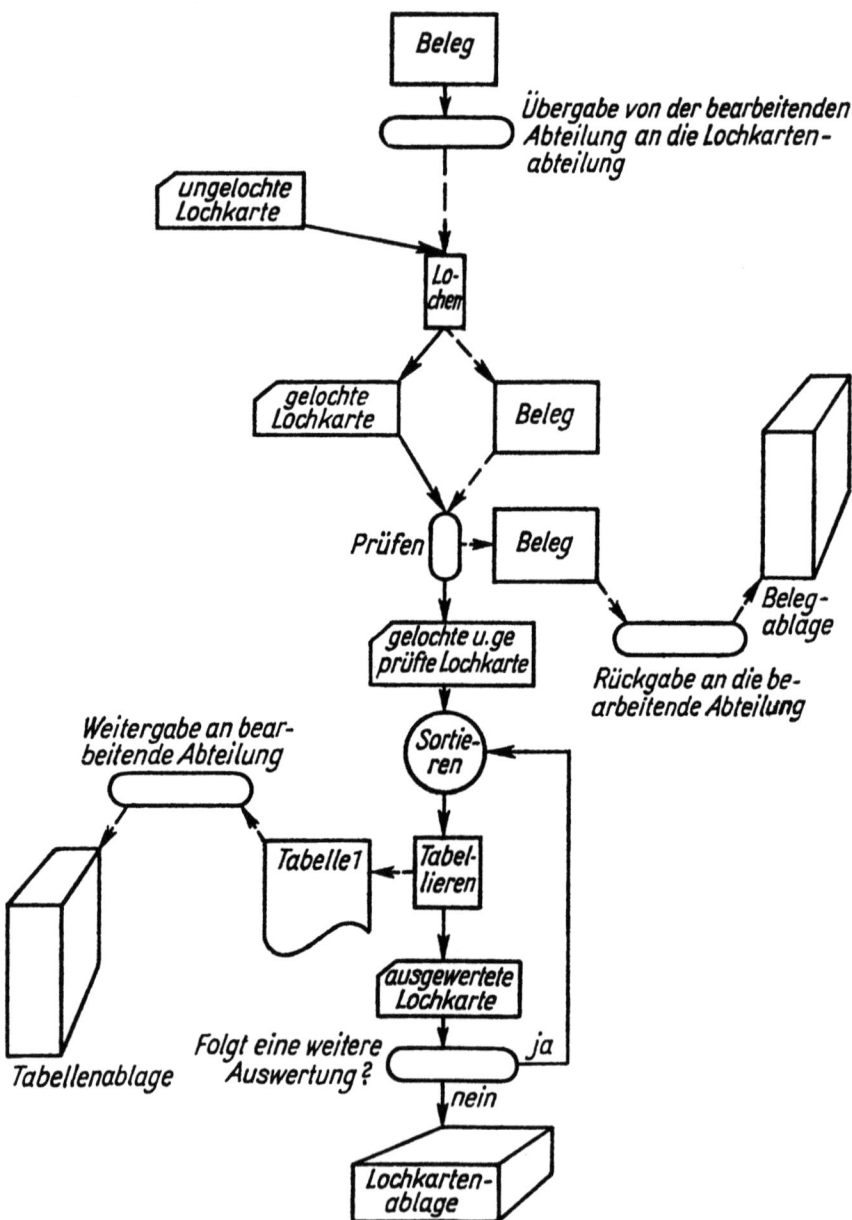

| Gruppen-Nr. 8.9.3 | Datenverarbeitung | Abschn./Tab. DV/11 |

11. Funktionsgeschwindigkeit einiger Eingabe- und Ausgabegeräte

a) Eingabegerät	Zeichen / Sekunde
Fernschreibmaschine	3 ... 7
Tastatur	3 ... 10
Lochstreifensender, mechanisch	7 ... 13
Lochkartenabtaster	200 ... 250 (2000)
Lochstreifensender – fotoelektrisch	200 ... 600
Automatische Lesegeräte	100 ... 600
Magnetband, eine Spur	> 4000
Magnetband, 5 Spuren	> 20000

b) Ausgabegeräte	Zeichen / Sekunde
Elektromagnetische Schreibmaschine	8 ... 12
Fernschreibmaschine	10 ... 12
Addiermaschine	20 ... 25
Tabelliermaschine	200 ... 400
Zeilen-Schnelldrucker	1000 ... 3500
Streifen-Locher	40 ... 50
Kartenlocher	100 ... 300
Magnetbandspeicher, eine Spur	> 4000
Magnetbandspeicher, 5 Spuren	> 20000
Plotter	> 12000

c) Datenträger (Medium)	Zeichendichte
Lochkarten	80 Zeichen/Karte
Lochstreifen (Rolle 312,5 m)	400 Zeichen/m
Blattschreiber-Papier	60 ... 80 Zeichen/Zeile
Schnelldrucker-Papier	100 ... 180 Zeichen/Zeile

d) Magnetspeicher	Speicherkapazität (Zeichen)	Zugriffzeit	Zeichen/Sek.
Magnetkern (Ferrit)	$10^4 \ldots 10^6$	$5 \ldots 20\,\mu s$	bis $2 \cdot 10^6$
Magnettrommel	$10^5 \ldots 10^7$	$5 \ldots 50\,\mu s$	$10^5 \ldots 10^6$
Magnetplatte	$5 \cdot 10^6 \ldots 10^9$	$50 \ldots 500\,\mu s$	$5 \cdot 10^4 \ldots 10^6$
Magnetband	$10^7 \ldots 5 \cdot 10^7$	$20 \ldots 200$ s	$10^4 \ldots 2 \cdot 10^5$
Magnetkarte	$5 \cdot 10^8 \ldots 10^{10}$	$0{,}5 \ldots 1$ s	$\approx 10^5$
Magnetfolien (Disketten)	$10^9 \ldots 10^{12}$	$0{,}1 \ldots 10\,\mu s$	$\approx 10^5 \ldots 10^7$

| Gruppen-Nr. 8.9.3 | **Datenverarbeitung** | Abschn./Tab. **DV/12** |

12. Blockschema einer programmgesteuerten Rechenmaschine (Digital-Rechner; nach Mann)

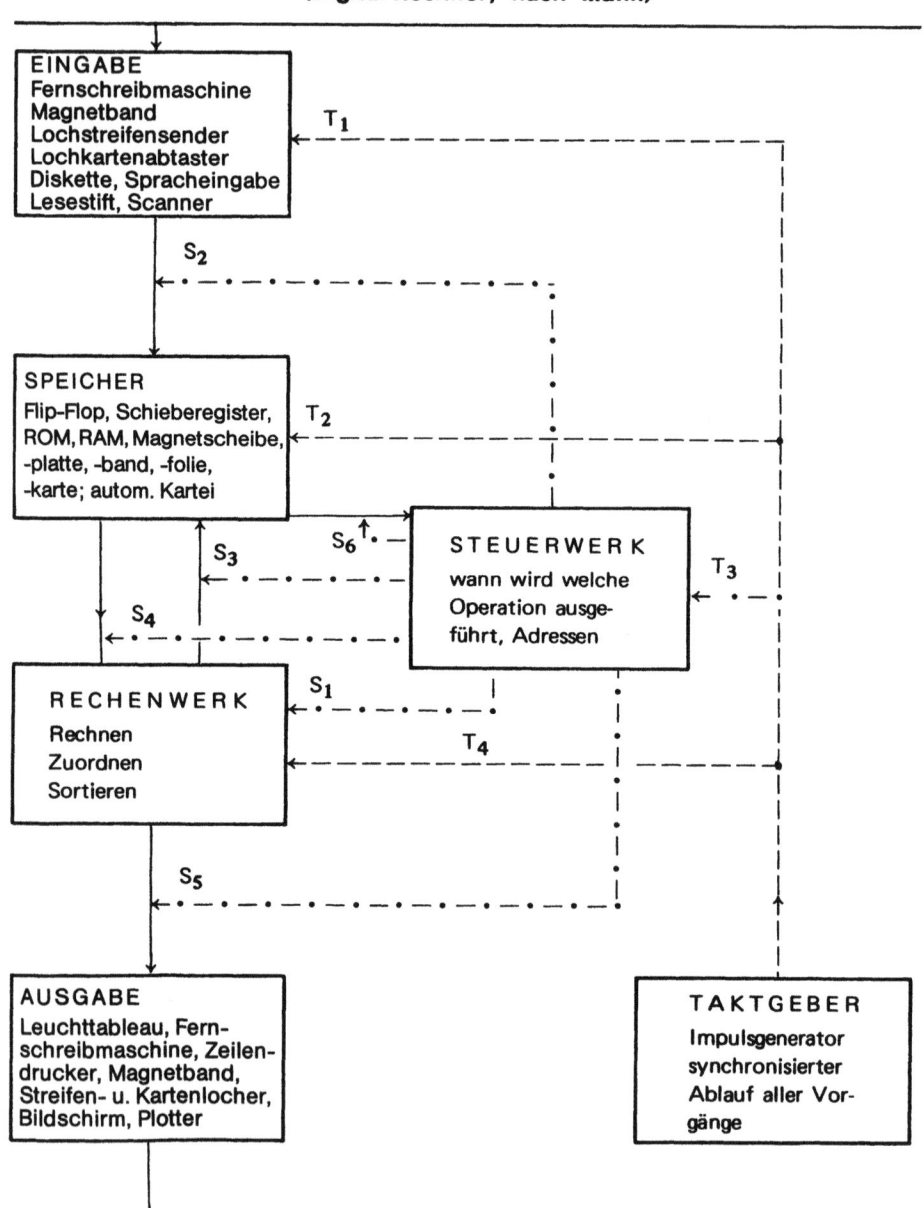

Gruppen-Nr. 8.9.3	**Datenverarbeitung**	Abschn./Tab. DV/12

Blockschema einer programmgesteuerten Rechenmaschine
(Digital - Rechner; nach Mann)

Die optisch, mechanisch oder magnetisch mitgeteilten Informationen werden in elektrische Impulse umgesetzt und dem Speicher zugeleitet. Der Speicher enthält die für die Rechnung nötigen Zahlen, die während der Rechnung anfallenden Zwischenergebnisse sowie die Rechenergebnisse.

Er ist in Zellen eingeteilt, in denen die einzelnen Zahlen ("Worte") untergebracht werden. Damit man die Zahlen jederzeit wiederfindet, hat jede Speicherzelle eine Nummer, die die Adresse der Speicherzelle genannt werden. Mit ihnen lassen sich die gespeicherten Worte aufsuchen.

Das Steuerwerk ist für das Zusammenwirken aller Automatengruppen verantwortlich. Es enthält Schritt für Schritt die Informationen aus dem Speicher. Jeder zugeführte Befehl wird für die Zeitdauer seiner Wirksamkeit im Register des Steuerwerks gespeichert. Mit dem Register stehen sogenannte "Decoder-Schaltungen" in Verbindung. Sie setzen die im Befehl enthaltenen Informationen in entsprechende elektrische Steuerspannungen um. Durch diese werden über die Steuerleitungen $S_1 \ldots S_2$ folgende Funktionen ausgelöst:

S_1 : Das Steuersignal stellt das Rechenwerk auf die auszuführenden Rechenoperationen ein.

$S_{2,3,4,5}$: Die Steuersignale regeln durch Betätigung entsprechender Schalter den Zahlenverkehr zwischen:

Eingabe und Speicher,

Speicher und Rechenwerk,

Rechenwerk und Ausgabe.

S_6 : Diese Steuerspannung sorgt dafür, daß nach Ablauf eines Rechenschrittes dem Steuerwerk der nächste Befehl zugeführt wird.

Die eigentliche Rechnung geht im Rechenwerk vor sich. Das Rechenwerk führt nur die vier Grundrechenoperationen und logische Operationen aus. Trotzdem können die Rechenmaschinen jede mathematische Aufgabe lösen, weil die höheren Rechenoperationen, wie Wurzelziehen, Integrieren, Berechnung von Winkelfunktionen usw. auf die Grundrechenarten (Addieren, Subtrahieren, Multiplizieren, Dividieren) zurückgeführt werden können.

Es ist nun die Aufgabe des Programmierers, komplizierte Rechenaufgaben so umzuformen, daß sie mit diesen "primitiven" Funktionen gelöst werden können. Die zur Lösung erforderliche Reihenfolge dieser Funktionen bildet das Programm:

a) bei Einzweckmaschinen ist das Programm fest eingebaut und unveränderlich;

b) bei Universal-Rechenmaschinen ist das Programm veränderlich und einstellbar.

13. Wichtige Begriffe der elektronischen Datenverarbeitung
Informationsverarbeitung nach DIN 44300 (Auszug)

Benennung	Bedeutung
Alphabet	Ein (in vereinbarter Reihenfolge) geordneter Zeichenvorrat
alphanumerisch	mindestens aus Dezimalziffern und den Buchstaben des gewöhnlichen Alphabets bestehende Bezeichnung
analoge Daten	Daten, die nur aus kontinuierlichen Funktionen bestehen
Adresse	ein bestimmtes Wort zur Kennzeichnung eines Speicherplatzes, eines zusammenhängenden Speicherbereiches oder einer Funktionseinheit
Adreßteil	Bestandteil eines Operandenteils, der für Adressen von Befehlswörtern vorgesehen ist
Assemblierer	ein Übersetzer, der in einer maschinenorientierten Programmiersprache abgefaßte Quellenanweisungen in Zielanweisungen der zugehörigen Maschinensprache umwandelt
Ausgabeeinheit	eine Funktionseinheit, mit der das System Daten nach außen hin abgibt
Akkumulator	Speicherelement, das für Rechenoperationen benutzt wird
binär	zweier Werte fähig sein
Binärzeichen (binary digit)	jedes der Zeichen aus einem Zeichenvorrat von zwei Zeichen
Binärcode	ein Code, bei dem jedes Zeichen der Bildmenge ein Wort aus Binärzeichen ist
Bit	1. Kurzform für Binärzeichen (das Bit, die Bits) 2. Sondereinheit für die Anzahl der Binärentscheidungen (Kurzzeichen bit)
Binärsignal	ein Signal, dessen Signalparameter eine Nachricht darstellt, die nur aus Binärzeichen besteht
Befehl (instruction)	eine Anweisung, die sich in der benutzten Sprache nicht in Teile zerlegen läßt, die selbst Anweisungen sind
Befehlswort	ein Wort, das von einer digitalen Rechenanlage als ein Befehl interpretiert wird

| Gruppen-Nr. 24.3 | Datenverarbeitung | Abschn./Tab. DV/13 |

Benennung	Bedeutung
Befehlsliste	die Darstellung eines Befehlsvorrats mit Beschreibung der zugehörigen Funktionen und mit Angaben über die Operandenteile
Befehlszähler	ein Speicherelement, aus dem die Adresse des nächsten auszuführenden Befehls gewonnen wird
Befehlsregister	Speicherelement, aus dem der gerade auszuführende Befehl gewonnen wird
Code	eine Vorschrift für die eindeutige Zuordnung (Codierung) der Zeichen eines Zeichenvorrats zu denjenigen eines anderen Zeichenvorrats
Daten (data)	Zeichen, die zum Zweck der Verarbeitung Information auf Grund bekannter oder unterstellter Abmachungen darstellt
Datenträger	ein Mittel, auf dem Daten aufbewahrt werden können
Datenfluß	die Folge zusammengehöriger Vorgänge an Daten und Datenträgern
Datenflußplan	die Darstellung des Datenflusses, die im wesentlichen aus Sinnbildern mit zugehörigem Text und orientierten Verbindungslinien besteht
Emulator	eine Funktionseinheit, die Eigenschaften einer Rechenanlage einer Rechenanlage B derart nachbildet, daß Programme für A auf B laufen (emuliert werden) können, wobei die Daten für A von B akzeptiert werden und die gleichen Ergebnisse wie auf A erzielt werden
Eingabeeinheit	eine Funktionseinheit, mit der das System Daten von außen her aufnimmt
EA-Werk	eine Funktionseinheit, welche die Funktionen von Eingabewerk und Ausgabewerk in sich vereinigt. Ein Prozessor, der als EA-Werk dient, wird EA-Prozessor genannt
Fehlererkennungscode (error detecting code)	ein Code, bei dem Zeichen nach solchen Gesetzen gebildet werden, die es ermöglichen, durch Störungen verursachte Abweichungen von diesen Gesetzen zu erkennen
Fehlerkorrekturcode	ein Fehlererkennungscode, bei dem ein Teil der gestörten Zeichen auf Grund der Bildungsgesetze korrigiert werden kann
Flipflop	ein Speicherglied mit zwei stabilen Zuständen
Generator	ein Programm, das in einer bestimmten Programmiersprache abgefaßte Anweisungen oder andere Daten erzeugt
Hamming-Abstand	bei zwei Wörtern gleicher Länge die Anzahl der Stellen unterschiedlichen Inhalts

Datenverarbeitung

Gruppen-Nr. 24.3 — Abschn./Tab. DV/13

Wichtige Begriffe der elektronischen Datenverarbeitung

Benennung	Bedeutung
Hauptspeicher	der Teil des Zentralspeichers, dessen einzelne Speicherzellen durch Maschinenadressen aufgerufen werden können
Festspeicher	ein Speicher, dessen Inhalt betriebsmäßig nur gelesen werden kann
Indexregister	ein Speicherelement, das vorwiegend zum Modifizieren von Adressen, zum Durchführen von Zähloperationen an Adressen und zum Einleiten einer Verzweigung dient
Interpretierer (interpreter)	ein Programm, das es ermöglicht, auf einer bestimmten digitalen Rechenanlage Anweisungen, die in einer von der Maschinensprache dieser Anlage verschiedenen Sprache abgefaßt sind, ausführen zu lassen
Leitwerk	eine Funktionseinheit, die die Reihenfolge steuert, in der die Befehle eines Programms ausgeführt werden
Maschinensprache	eine maschinenorientierte Programmiersprache, die zum Abfassen von Arbeitsvorschriften nur Befehle zuläßt, und zwar solche, die Befehlswörter einer bestimmten digitalen Rechenanlage sind
Maschinenadresse	eine Adresse zur Kennzeichnung einer Speicherzelle
Merker	ein Speicherglied, das durch seinen Zustand den späteren Programmablauf an Verzweigungen und Aufspaltungen zu beeinflussen ermöglicht
Multiplexer	Funktionseinheit, die Nachrichten von Nachrichtenkanälen einer Anzahl an Nachrichtenkanäle anderer Anzahl übergibt
Multiplexbetrieb	eine Funktionseinheit bearbeitet mehrere Aufgaben abwechselnd in Zeitabschnitten verzahnt
numerisch	Zeichenvorrat, der aus Ziffern und Sonderzeichen zur Darstellung von Zahlen besteht
Operationsteil	der Teil eines Befehlswortes, der die auszuführende Operation angibt
Parallelbetrieb	mehrere Funktionseinheiten eines Rechensystems arbeiten gleichzeitig an mehreren unabhängigen Aufgaben oder Teilaufgaben derselben Aufgabe

Gruppen-Nr. 24.3	**Datenverarbeitung**	Abschn./Tab. **DV/13**

Benennung	Bedeutung
Programm	eine zur Lösung einer Aufgabe vollständige Anweisung zusammen mit allen erforderlichen Vereinbarungen
Programmiersprache	eine zum Abfassen von Programmen geschaffene Sprache
Programmablauf	die zeitlichen Beziehungen zwischen den Teilvorgängen, aus denen sich die folgerichtige Ausführung eines Programms zusammensetzt
Prozessor	eine Funktionseinheit, die Rechenwerk und Leitwerk umfaßt
periphere Einheit	eine Funktionseinheit, die nicht zur Zentraleinheit gehört
Parallel-Serien-Umsetzer	ein Umsetzer, in dem parallel dargestellt digitale Daten in zeitlich sequentiell dargestellte digitale Daten umgewandelt werden
Puffer	ein Speicher, der Daten vorübergehend aufnimmt, die von einer Funktionseinheit zu einer anderen übertragen werden
Signal	die physikalische Darstellung von Nachrichten oder Daten
Serien-Parallel-Umsetzer	ein Umsetzer, in dem zeitlich sequentiell dargestellte digitale Daten in parallel dargestellte Daten umgewandelt werden
Strecke	eine Folge von Anweisungen, die dann und nur dann in der Reihenfolge der Niederschrift ausgeführt werden, wenn die erste Anweisung angesprochen wird
Umsetzer (converter)	eine Funktionseinheit zum Ändern der Darstellung von Daten
Weg	eine Folge von Strecken
Zeichen	ein Element aus einer zur Darstellung von Informationen vereinbarten endlichen Menge von verschiedenen Elementen
Ziffer (digit)	ein Zeichen aus einem Zeichenvorrat von N Zeichen, denen als Zahlenwerte die ganzen Zahlen 0, 1, 2, ... N-1 umkehrbar eindeutig zugeordnet sind
Zugriffszeit	bei einer Funktionseinheit die Zeitspanne zwischen dem Zeitpunkt, zu dem von einem Leitwerk die Übertragung bestimmter Daten nach oder von der Funktionseinheit gefordert wird, und dem Zeitpunkt, zu dem die Übertragung beendet ist
Zweig	ein Teil eines Programmablaufplans, bestehend aus allen Wegen, die mit genau einer Strecke beginnen, oder aus allen Wegen, die in genau einer Strecke enden
Zykluszeit	die Zeitspanne zwischen dem Beginn zweier aufeinanderfolgender gleichartiger, zyklisch wiederkehrender Vorgänge

6 – 17

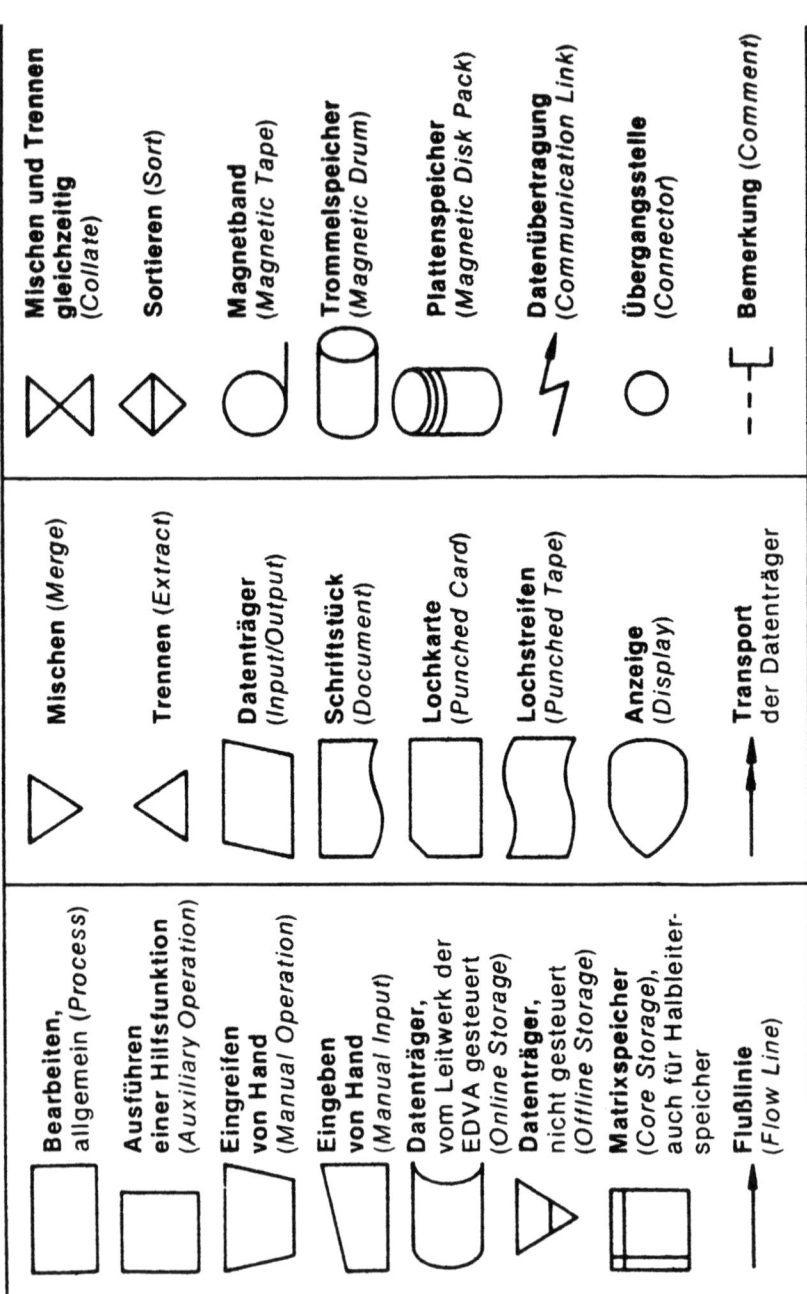

| Gruppen-Nr. **24.3** | **Datenverarbeitung** | Abschn./Tab. **DV/15** |

15. Sinnbilder für Programmabläufe (n. DIN 66001)

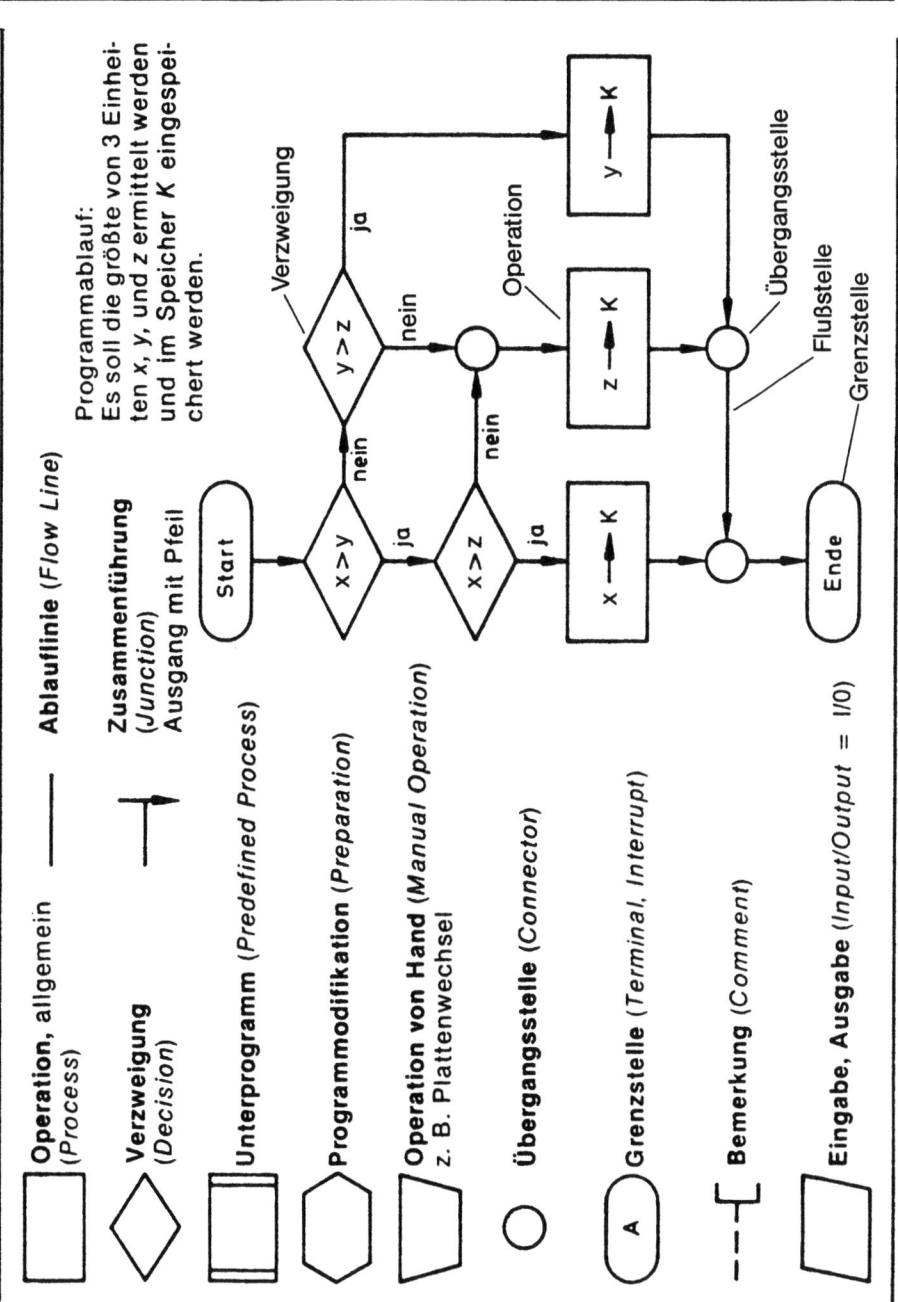

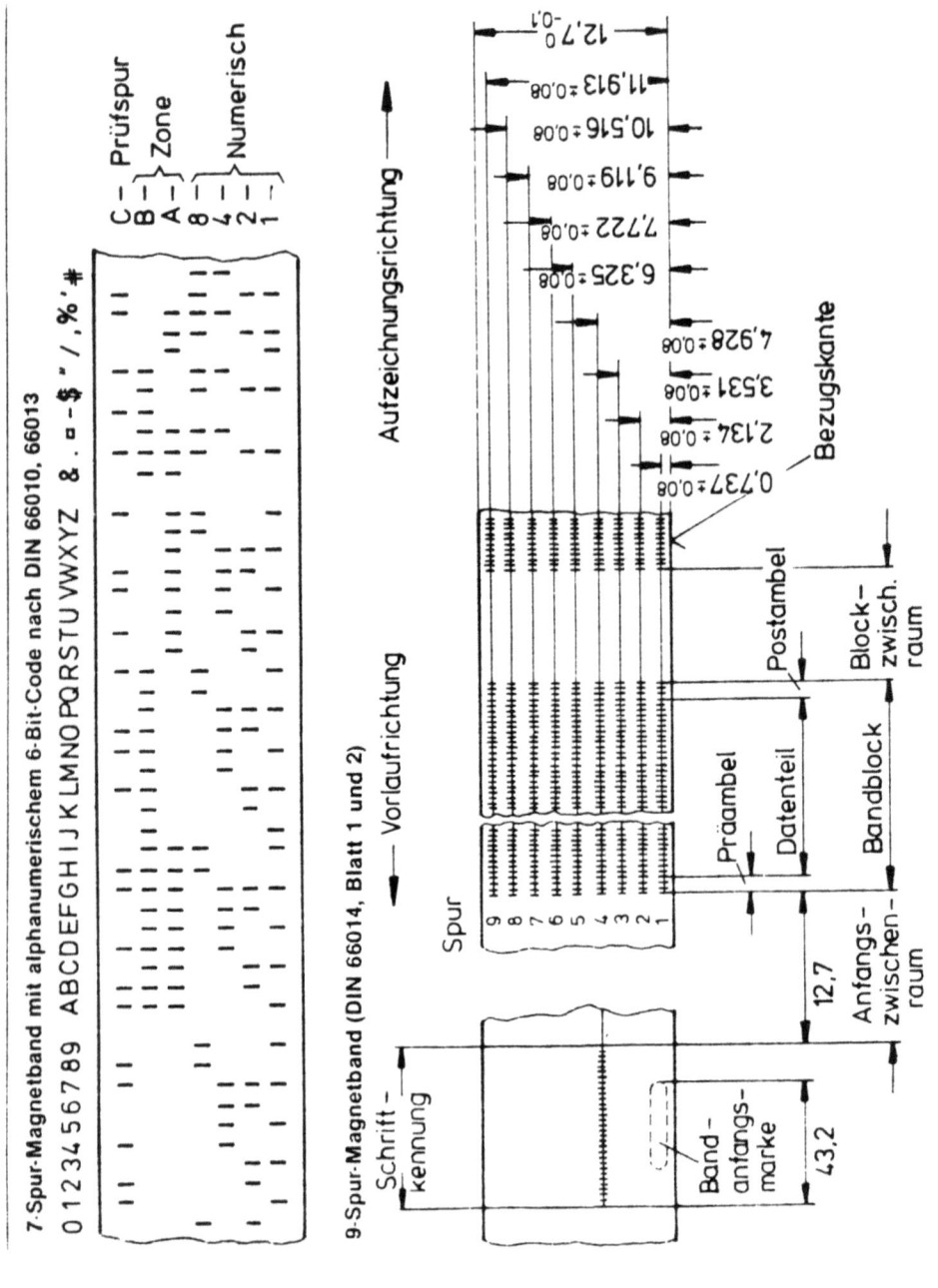

16. Magnetbänder (7-Spur/9-Spur) als Datenträger (n. DIN)

17. Binärverschlüsselte Dezimalsysteme

Dezimal-Ziffer	Binär-Code (8-4-2-1)	Überschuß 3-Code (Dreiexzeß)	Verschlüsselung Aiken-Code (2-4-2-1)	2 aus 5 (7-4-2-1-0)					Biquinär-Code (4-3-2-1-0)					(5-0)	
0	0000	0011	0000	1	1	0	0	0	0	0	0	0	1	0	1
1	0001	0100	0001	0	0	0	1	1	0	0	0	1	0	0	1
2	0010	0101	0010	0	0	1	0	1	0	0	1	0	0	0	1
3	0011	0110	0011	0	0	1	1	0	0	1	0	0	0	0	1
4	0100	0111	0100	0	1	0	0	1	1	0	0	0	0	0	1
5	0101	1000	1011	0	1	0	1	0	0	0	0	0	1	1	0
6	0110	1001	1100	0	1	1	0	0	0	0	0	1	0	1	0
7	0111	1010	1101	1	0	0	0	1	0	0	1	0	0	1	0
8	1000	1011	1110	1	0	0	1	0	0	1	0	0	0	1	0
9	1001	1100	1111	1	0	1	0	0	1	0	0	0	0	1	0

Die den Ziffern 0 bis 9 entsprechenden vierstelligen Binärzahlen nennt man die zugeordneten Tetraden.

Beispiel: zur Darstellung der Zahl $x = 26{,}25$

Ausgerechnete Potenzen:

$$x = 1 \cdot 2^4 + 1 \cdot 2^3 + 0 \cdot 2^2 + 1 \cdot 2^1 + 0 \cdot 2^0 + 0 \cdot 2^{-1} + 1 \cdot 2^{-2}$$

$$x = 16 + 8 + 0 + 2 + 0 + 0 + 0{,}25 = 26{,}25$$

Binäre Darstellung:

$$x = 1 + 1 + 0 + 1 + 0 + 0 + 1 = 1101001$$

18. Befehle eines elektronischen Digitalrechners

1. Verarbeitungsbefehle

Verknüpfungsbefehle	Transformationsbefehle	Vergleichsbefehle
Addition, Subtraktion, Multiplikation, Division, Adreßrechnungen, Registerrechnungen, Und-Verknüpfung, Oder-Verknüpfung, Nicht-Verknüpfung, Antivalenz-Verknüpfung	Vorzeichenwechsel, Komplementieren, Runden, Löschen, Umwandlung, Packen/Entpacken, Übersetzen, Aufbereiten	Suchen eines Zeichens, Vergleichen eines Zeichens

2. Transferbefehle

Interne Transferbefehle	Eingabe-/Ausgabebefehle
Speicherbefehle, Ladebefehle, Übertragungsbefehle, Verschiebebefehle, bedingte Transferbefehle	**Dateneingabe:** Magnetbandgerät, Lochkartenleser, Lochbandleser, Lochstreifenleser; Schreibmaschine; andere Rechenanlagen usw.; Magnetplatten-, Magnetfoliengerät (Diskette); Magnetblasenspeicher; Halbleiterspeicher; Bildplattenspeicher; optische Speicher (strahlgesteuert) **Datenausgabe:** Magnetbandgerät, Lochkartenstanzer, Lochstreifenstanzer; Schreibmaschine; andere Rechenanlagen; Drucker; Telegrafiekanal Zusatzbefehle (Blocklänge usw.)

3. Steuerbefehle

Steuerung des Programms	Steuerung von Anlageneinheiten
Nulloperation, Wartebefehl, Stopbefehl, Wiederholungsbefehl; unbedingter **Sprungbefehl** abhängig von: AC-Inhalt, Vergleich-Ergebnis, Indexregister Indikator, Schalterstellung. Rücknetzbefehle, Register-Ladebefehle	Formularvorschub, Kartenzuführung, Bandtransport, Folientransport; Bandlöschen

| Gruppen-Nr. 24.1 | **Digitale Steuerung** | Abschn./Tab. **DS/1** |

1. Digitale Elemente und Logik

1.1 Digitale Elemente und logische Zustände

In der Digitaltechnik werden im allgemeinen **digitale Elemente** mit nur zwei Zuständen verwendet; übliche digitale Elemente sind zweiwertig (binär) und werden deshalb **binäre Elemente** genannt.

Im allgemeinen werden in der Elektrik/Elektronik **Spannungszustände,** in der Pneumatik/Hydraulik **Druckzustände,** als binäre Zustände verwendet. Die vorhandenen Spannungszustände können den **Datenbüchern** der Gerätehersteller entnommen werden. Meist vorkommende binäre Spannungszustände sind:

+2 V	+5 V	+5 V	+12 V	0 V
0 V	0 V	−5 V	0 V	−12 V
(Masse)	(Masse)			

Hierbei muß der jeweilige **Spannungswert** U nicht mit absoluter Genauigkeit eingehalten werden. Bei jedem binären Spannungszustand wird eine gewisse Toleranz zugelassen. Der **niedrige** Spannungspegel (z.B. 0 bis 2 V) wird mit L (low = niedrig), der **höhere** (positiven) Spannungspegel (z.B. 11 bis 13 V) mit H (high = hoch) bezeichnet. L liegt näher bei $-\infty$ (unendlich), H liegt näher bei $+\infty$.

Den binären Zuständen L und H werden logische Zustände zugeordnet:
  1 = ja/wahr, 0 = nein/unwahr/falsch; O = Null

Die logischen Zustände können den binären Zuständen beliebig zugeordnet werden (z.B. $0 \widehat{=} 0$ V, $1 \widehat{=} 12$ V). Die vorher gewählte Zuordnung muß aber stets beibehalten werden.

1.2 Logische Zustände: positiv und negativ

Zu beachten ist, daß L und H **keine** logischen Zustände (wie 0 und 1), sondern binäre Pegelangaben sind.
Bei der Zuordnung der binären Pegel (L, H) zu den logischen Zuständen (0, 1) gibt es folgende Möglichkeiten:

Positive Logik: $L \widehat{=} 0$, $H \widehat{=} 1$; dem niedrigen Pegel L ist der logische Zustand 0, dem höheren Pegel H der logische Zustand 1 zugeordnet.

Negative Logik: $L \widehat{=} 1$, $H \widehat{=} 0$; dem niedrigen Pegel L ist der logische Zustand 1, dem höheren Pegel H der logische Zustand 0 zugeordnet.

Die **Verknüpfungseigenschaft** einer Digitalschaltung ändert sich, wenn von positiver auf negative Logik (oder umgekehrt) übergegangen wird.

In der **Digitaltechnik** wird allgemein die **positive Logik** angewandt, wenn nichts anderes vereinbart ist.

| Gruppen-Nr. 24.1 | **Digitale Steuerung** | Abschn./Tab. DS/2, 2.1 |

2. Grundglieder und Grundfunktionen: Verknüpfungsschaltungen für Steuerungen in der Pneumatik, Hydraulik und Elektrik

Zeichen: $\wedge$ und
$\vee$ oder
a, b, c... Eingangsvariable
x, y, z... Ausgangsvariable

1 ja, wahr, Druck oder Spannung vorhanden, Zylinder ausgefahren...
0 nicht, falsch, Druck oder Spannung nicht vorhanden, Zylinder eingefahren...

Bei der Verknüpfung der Rechenregeln für mehrere Signale wird für das Zeichen $\wedge$ oft ein · Zeichen (Malpunkt) und für $\vee$ ein + Zeichen (Plus) gedacht oder geschrieben. Mit diesen Zeichen gelten teilweise die Rechenregeln der gewöhnlichen Algebra.

2.1 Rechenregeln für die UND-Verknüpfung (Konjunktion)

1 Variable

Regel	mit Schaltzeichen	pneumatisch/hydraulisch	elektrisch (mit Relais)
$0 \wedge a = 0$			
$1 \wedge a = a$			

7-2

| Gruppen-Nr. 24.1 | **Digitale Steuerung** | Abschn./Tab. **DS/2.1** |

$a \wedge a = a$ allgemein: $a \wedge a \vee \ldots \vee a \wedge a = a$	$\bar{a} \vee a = 0$	**2 oder mehr Variable**	**Vertauschungsgesetz** (Kommutativ-Gesetz) $a \wedge b = b \wedge a$ Die Variablen einer UND-Verknüpfung dürfen beliebig vertauscht werden.	**Verbindungsgesetz** (Assoziativ-Gesetz) $a \wedge b \wedge c = (a \wedge b) \wedge c =$ $= a \wedge (b \wedge c) = (a \wedge c) \wedge b$ $a \vee (b \vee c) = (a \vee c) \vee b$ Die Variablen einer UND-Verknüpfung dürfen beliebig zusammengefaßt werden.

7 – 3

| Gruppen-Nr. 24.1 | **Digitale Steuerung** | Abschn./Tab. **DS/2.2** |

Grundglieder und Grundfunktionen: Verknüpfungsschaltungen für Steuerungen in der Pneumatik, Hydraulik und Elektrik

2.2 Rechenregeln für die ODER-Verknüpfung (Disjunktion)

1 Variable Regel	mit Schaltzeichen	pneumatisch/hydraulisch	elektrisch (mit Relais)
$0 \vee a = a$			
$1 \vee a = 1$			
$a \vee a = a$ allgemein: $a \vee a \vee \ldots \vee a = a$			

7 – 4

| Gruppen-Nr. 24.1 | **Digitale Steuerung** | Abschn./Tab. **DS/2.2** |

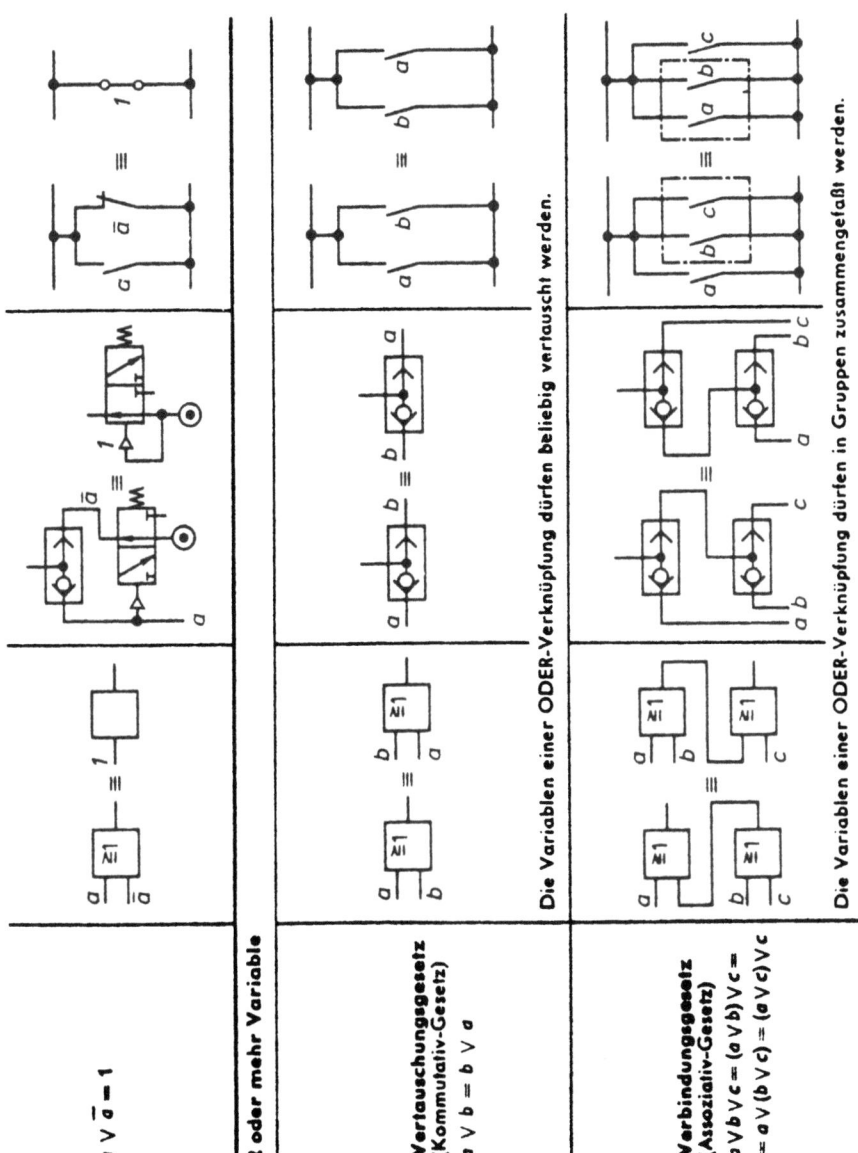

7-5

Digitale Steuerung

Gruppen-Nr. 24.1 — **Abschn./Tab. DS/2.3**

Grundglieder und Grundfunktionen: Verknüpfungsschaltungen für Steuerungen in der Pneumatik, Hydraulik und Elektrik

2.3 Rechenregeln für die NICHT-Verknüpfung (NEGATION)

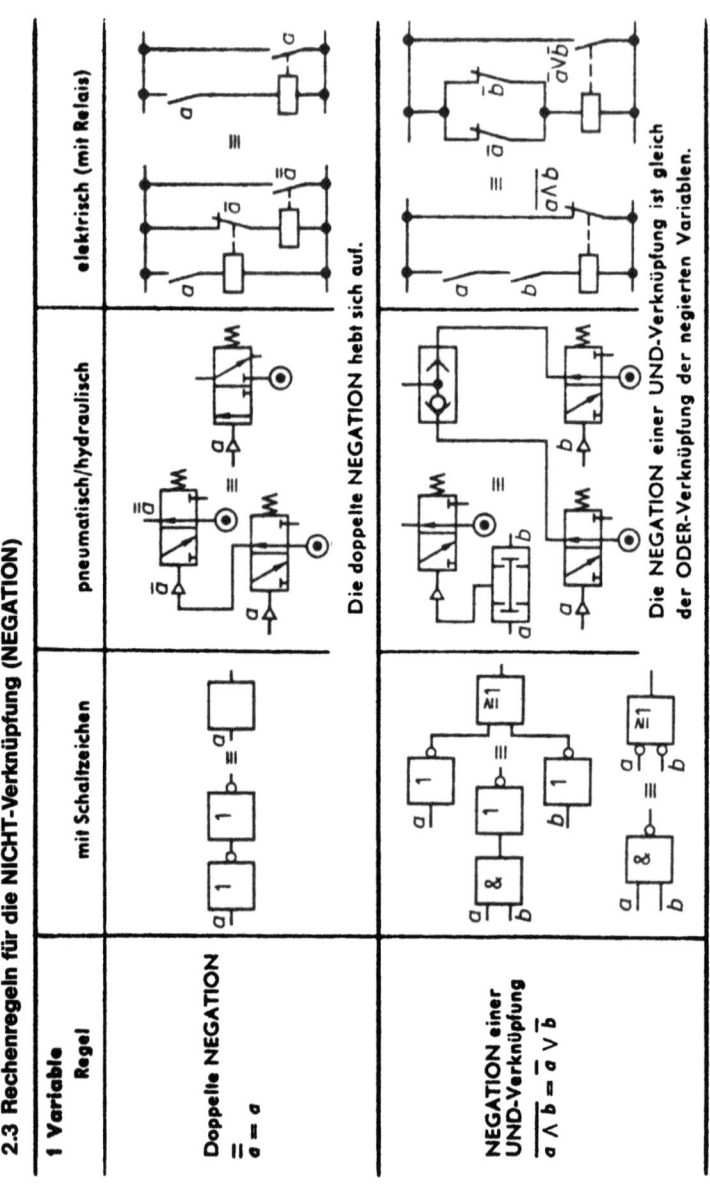

1 Variable Regel	mit Schaltzeichen	pneumatisch/hydraulisch	elektrisch (mit Relais)
Doppelte NEGATION $\overline{\overline{a}} = a$			Die doppelte NEGATION hebt sich auf.
NEGATION einer UND-Verknüpfung $\overline{a \wedge b} = \overline{a} \vee \overline{b}$			Die NEGATION einer UND-Verknüpfung ist gleich der ODER-Verknüpfung der negierten Variablen.

7 – 6

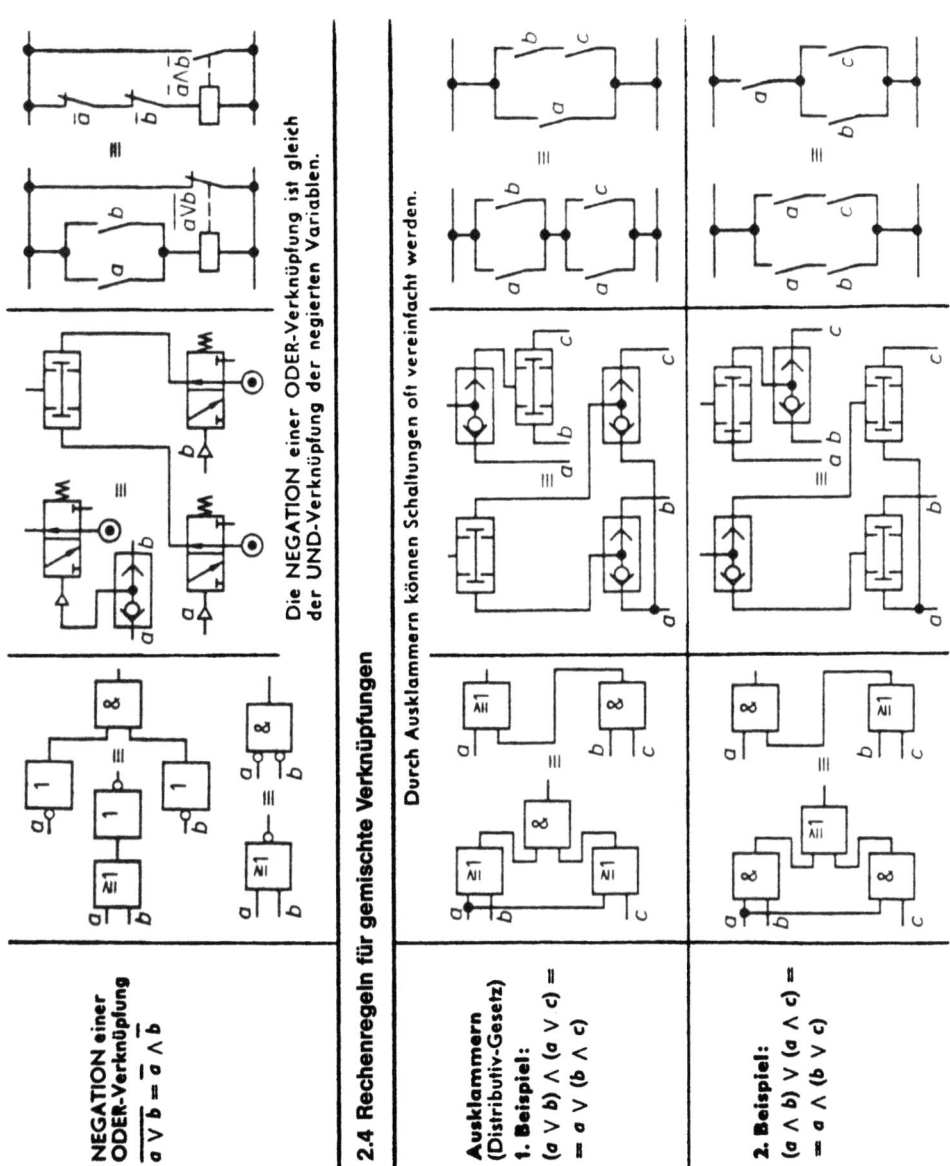

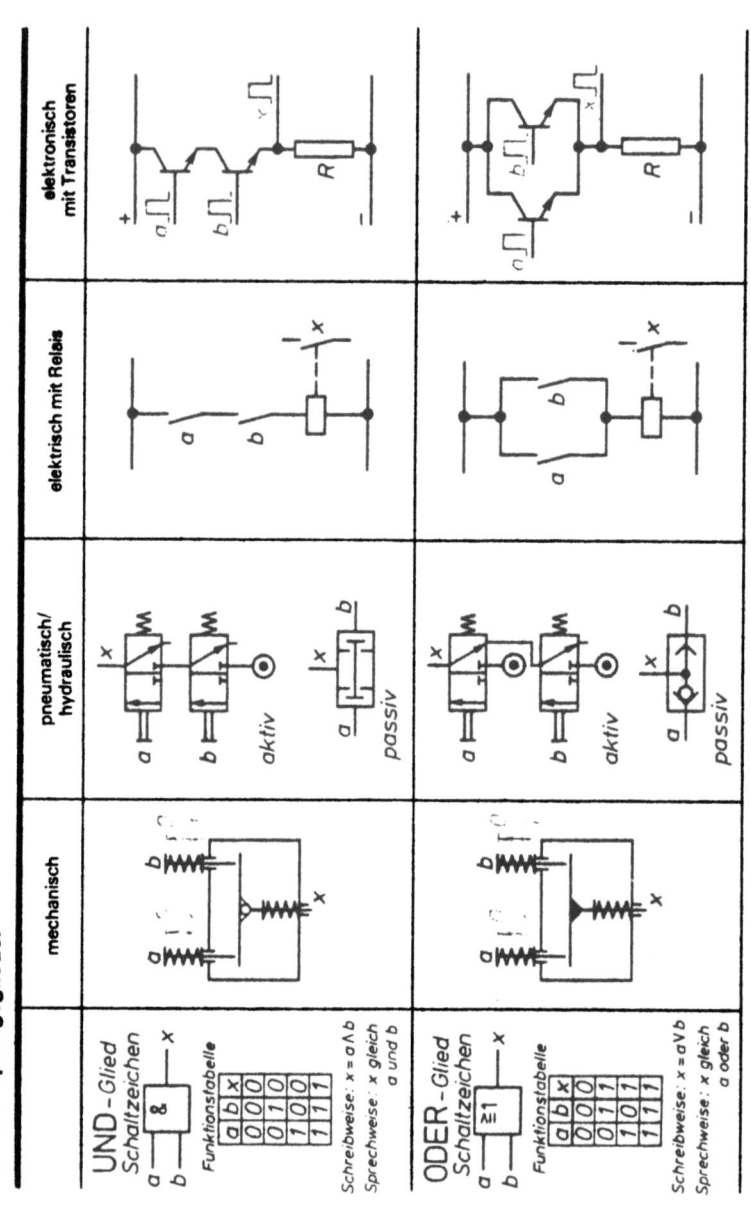

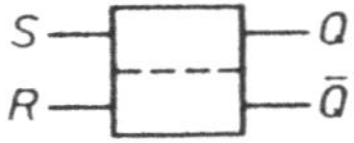

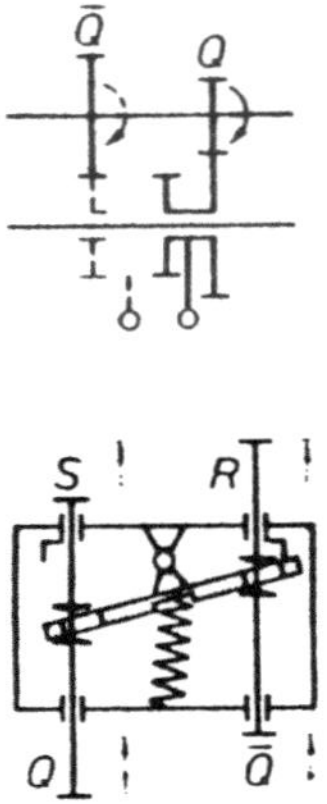

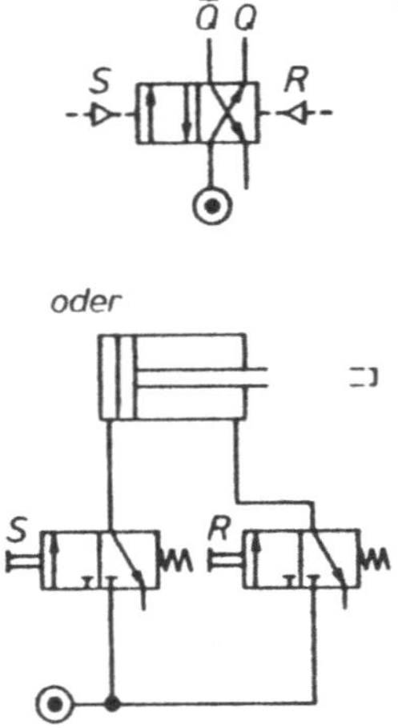

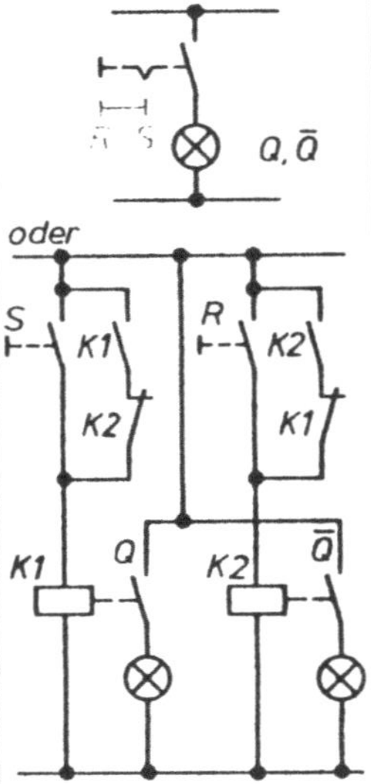

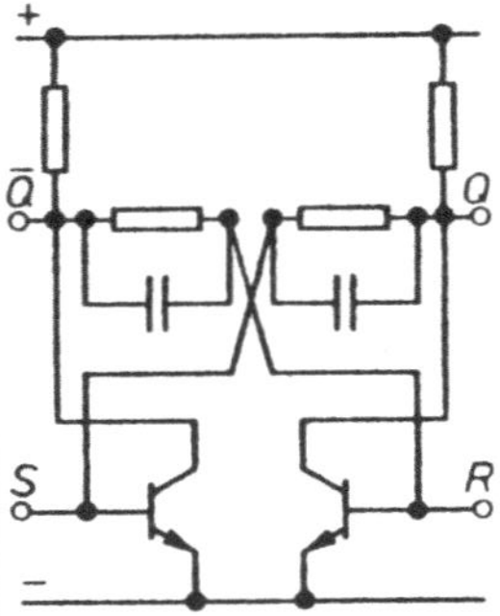

| Gruppen-Nr. 24.2 | **Digitale Steuerung** | Abschn./Tab. DS/3.1, 3.2 |

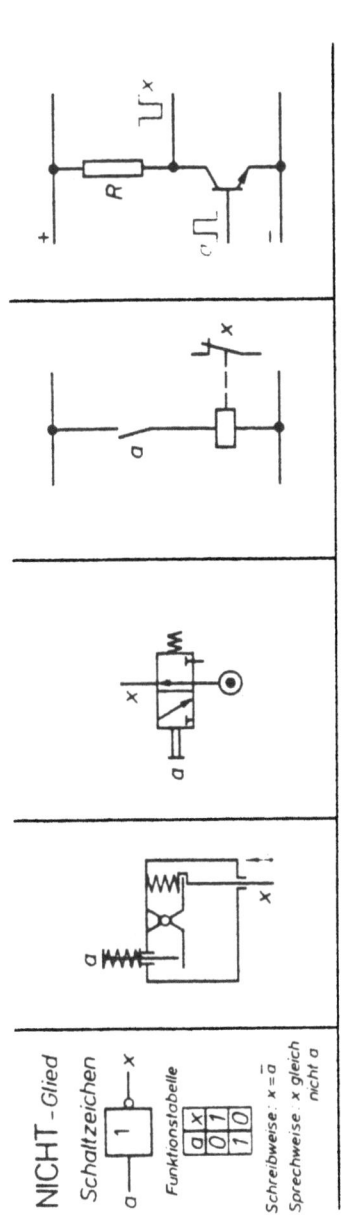

| Gruppen-Nr. 24.4 | **Digitale Steuerung** | Abschn./Tab. **DS/4** |

4. Analyse von Digitalschaltungen

Digitalschaltungen bestehen allgemein aus vielen **Verknüpfungsgliedern** (Tab. DS/2 und 3), die die beabsichtigte Verknüpfung bewirken (deshalb besser die Bezeichnung digitale Verknüpfungsschaltungen). Wichtig ist es, die Wirkungsweise von Schaltungsteilen und der Gesamtschaltung zu ermitteln, also **Schaltungsanalyse** zu betreiben, z. B.:

a) Schaltfunktion ermitteln
Die Wirkungsweise der Digitalschaltung wird durch die Schaltfunktion **(Funktionsgleichung)** dargestellt, die bei gegebener Digitalschaltung schrittweise entwickelt werden kann. Hierzu stellt man fest, welche Verknüpfungen die Eingangsvariablen (z. B. a, b, c im Bild 1) in der Schaltung erfahren (mit Ausgang x). Im Bild sind Großbuchstaben dargestellt.

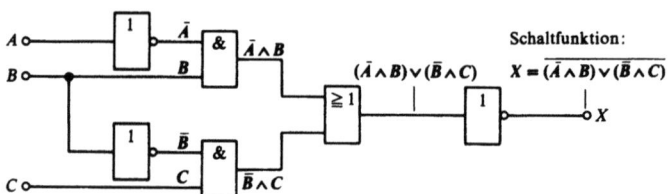

b) Wahrheitstabelle ermitteln
Die Wirkungsweise jeder Digitalschaltung kann durch eine Wahrheitstabelle beschrieben werden, die eindeutig angibt, welche Verknüpfung von der Digitalschaltung hervorgerufen wird. Beispiel nach Wellers („Digitaltechnik") zeigt eine Digitalschaltung mit drei Eingängen (a, b, c, bzw. A, B, C) und einem Ausgang (x bzw. X), siehe Bild 2. Da diese Digitalschaltung 3 Eingänge (n = 3) hat, erhält die Wahrheitstabelle 2^3 = 8 Zeilen.

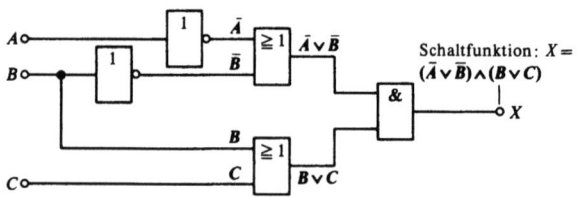

A(a)	B(b)	C(c)	$\bar{A}$	$\bar{B}$	$\bar{A} \vee \bar{B}$	B ∨ C	X(x)	X ist nur dann 1, wenn		
0	0	0	1	1	1	0	0	A =	B =	C =
1	0	0	0	1	1	0	0	0	1	0
0	1	0	1	0	1	1	1		oder	
0	0	1	1	1	1	1	1	0	0	1
1	1	0	0	0	0	0	1		oder	
0	1	1	1	0	1	1	1	0	1	1
1	0	1	0	1	1	1	1		oder	
1	1	1	0	0	0	1	0	1	0	1

c) Soll- und Ist-Verknüpfung vergleichen (mit Logik-Tester)
Sie müssen übereinstimmen damit die Digitalschaltung einwandfrei arbeitet. **Soll**-Verknüpfung ergibt sich aus der Wahrheitstabelle. **Ist**-Verknüpfung wird meßtechnisch getestet und zeigt die tatsächliche Wirkung (vorher Zuordnung der Spannungspegel zu den logischen Zuständen 1 und 0 festlegen; siehe Tab. DS/1).

Integrierte Digital-Schaltglieder

1. Schaltungsarten

Integrierte Schaltglieder verlangen die gleiche Synthese und Analyse wie diejenigen mit diskreten Bauelementen. Sie unterscheiden sich durch die Eigenschaften der Technologie.

DTL-Schaltungen entsprechen den diskret aufgebauten Schaltgliedern aus Dioden und Transistoren. Ihre Herstellung ist kostspielig.

RTL-Schaltungen benötigen weniger Steuerleistung als DTL-Schaltungen, da deren Diodenfunktionen durch Widerstände ersetzt sind. Sie sind aber langsamer.

RCTL-Schaltungen sind RTL-Schaltungen, deren Widerständen Kondensatoren parallel liegen. Sie schalten damit schneller um.

DCTL-Schaltungen besitzen keine Widerstände in den Eingangsleitungen, sind damit schnell und billig. Nachteil: Sie können durch unbegrenzte Eingangssignale zerstört werden.

CTL-Schaltungen entsprechen den DCTL-Schaltungen, sind aber durch die Verwendung von Komplementärtransistoren viel schneller in ihrem Umschaltverhalten.

ECL-Schaltungen haben wegen der Emitterkopplung zwischen den Transistorsystemen sehr kurze Umschaltzeiten. Nachteil: sehr stark störanfällig.

TTL-Schaltungen sind mit Multi-Emittereingängen ausgerüstet, universell verwendbar und recht billig. Nachteilig ist die hohe Verlustleistung.

LSL-Schaltungen = langsame störsichere Logik sind hochohmige TTL-Schaltungen, mit geringer Leistungsaufnahme, langen Umschaltzeiten und Unempfindlichkeit gegen Störspannungen.

LPS-Schaltungen sind hochohmige Schaltglieder mit geringer Leistungsaufnahme, deren Umschaltzeiten durch eingefügte Schottky-Dioden stark verringert wurden.

MOS-Schaltungen nutzen den Feldeffekt mit quarzisolierten Eingängen aus. Sie haben geringe Leistungsaufnahme und ermöglichen hohe Packungsdichte. Nachteil: relativ langsam.

CMOS-Schaltungen sind Komplementär-MOS-Schaltungen, die billiger und schneller als einfache MOS-Schaltungen sind. Ihre Störsicherheit ist trotzdem hoch.

MTOS-Schaltungen sind eine besondere Form der MOS-Schaltglieder.

SOS-Schaltungen sind CMOS-Schaltungen auf einem Saphir-Substrat mit geringeren Sperrschichtkapazitäten, höherer Packungsdichte und kürzeren Umschaltzeiten. Nachteil: teuer.

I²L-Schaltungen vereinigen durch Konstantstromeinspeisung die Vorteile der MOS-Technologie mit denjenigen der TTL-Technologie.

Integrierte Schaltungen — IS/2

Integrierte Digital-Schaltglieder

2. Eigenschaften/Merkmale digitaler Schaltglieder

Technologie	Bezeichnung	vorteilhafter Logiktyp	Rel. Kosten je Gatter	Laufzeit je Gatter	Verlustleistung je Gatter	max. Störspannung	typ. Eingangsbelastbarkeit	max. Ausgangsbelastbarkeit
Dioden-Transistor-Logik	DTL	NAND	hoch	25 ns	15 mW	0,7 V	8 mW	8 mW
Widerstands-Transistor-Logik	RTL	NOR	mittel	50 ns	10 mW	0,2 V	3 mW	4 mW
Widerstands-Kondensator-Transistor-Logik	RCTL	NOR	hoch	30 ns	10 mW	0,2 V	3 mW	4 mW
Direktgekoppelte Transistor-Logik	DTCL	NOR	niedrig	15 ns	10 mW	0,2 V	3 mW	3 mW
Komplementär-Transistor-Logik	CTL	UND/ODER	hoch	5 ns	50 mW	0,4 V	5 mW	25 mW
Emittergekoppelte Logik	ECL	ODER/NOR	hoch	1–5 ns	50 mW	0,4 V	5 mW	25 mW
Transistor-Transistor-Logik	TTL	NAND	mittel	10 ns	20 mW	1,0 V	8 mW	12 mW
Langsame störsichere Logik (High-Level-Logik)	LSL (HLL)	NAND	hoch	350 ns	30 mW	5...8 V	20 mW	200 mW
Low-Power-Schottky-Logik (Klein-Leistungs-Schottky-Logik)	LPS	NAND	niedrig	7 ns	4 mW	1 V	2 mW	40 mW
Oxidisolierte Feldeffekt-Transistor-Logik	MOS	NOR	sehr niedrig	250 ns	< 1 mW	2,5 V	—	5 mW
Oxidisolierte Komplementär-Feldeffekt-Transistor-Logik	CMOS	NOR/NAND	niedrig	50 ns	10 mW	4,5 V	—	100 mW
Metal-Thick-Oxide-Silicon (Metal-Dickfilm-Silicon-Logik)	MTOS				wie MOS-Schaltungen			
Silicon-On-Saphire-Technik	SOS	NAND/NOR	hoch	25 ns	10 nW	4,5 V		100 mW
Integrierte-Injektion-Logik	I^2L	NOR/NAND	sehr niedrig	5 ns	10 nW			

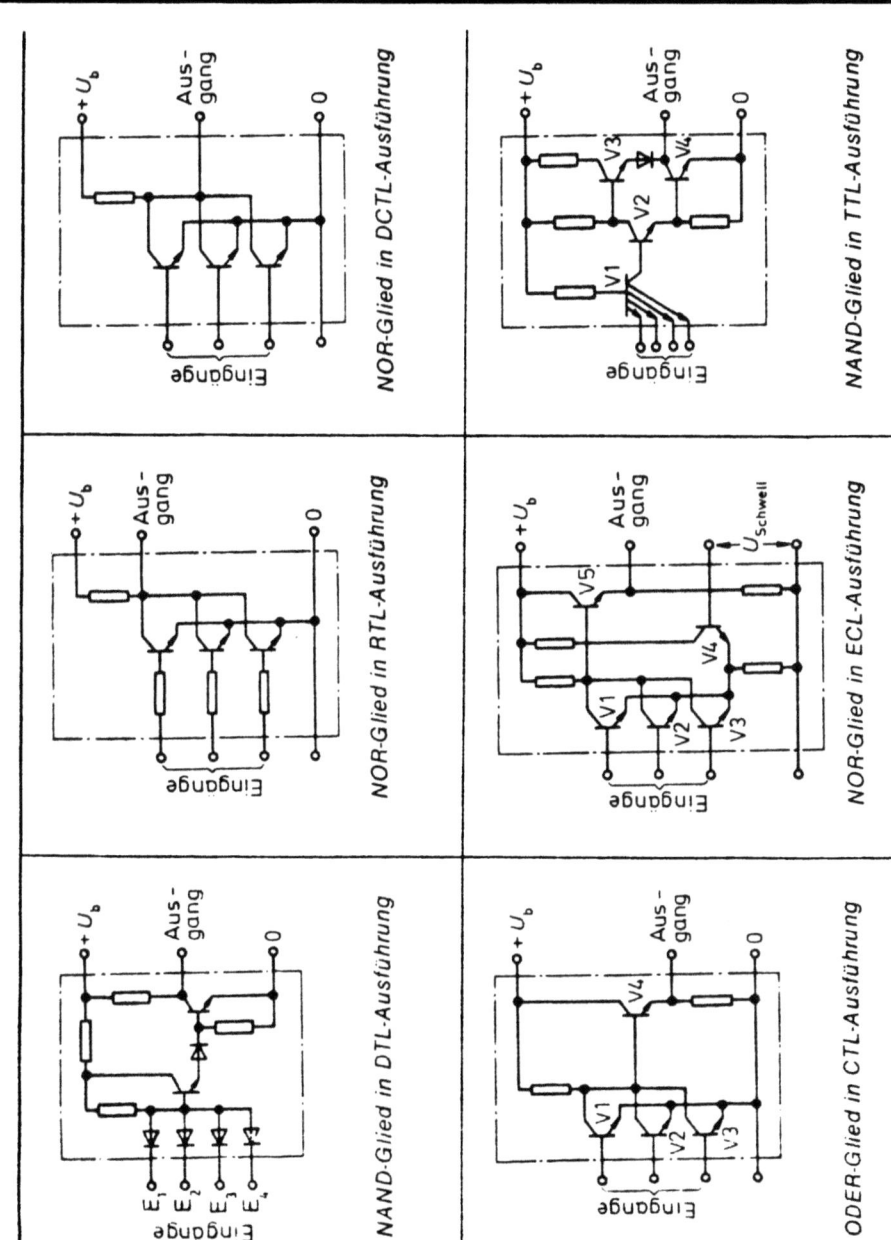

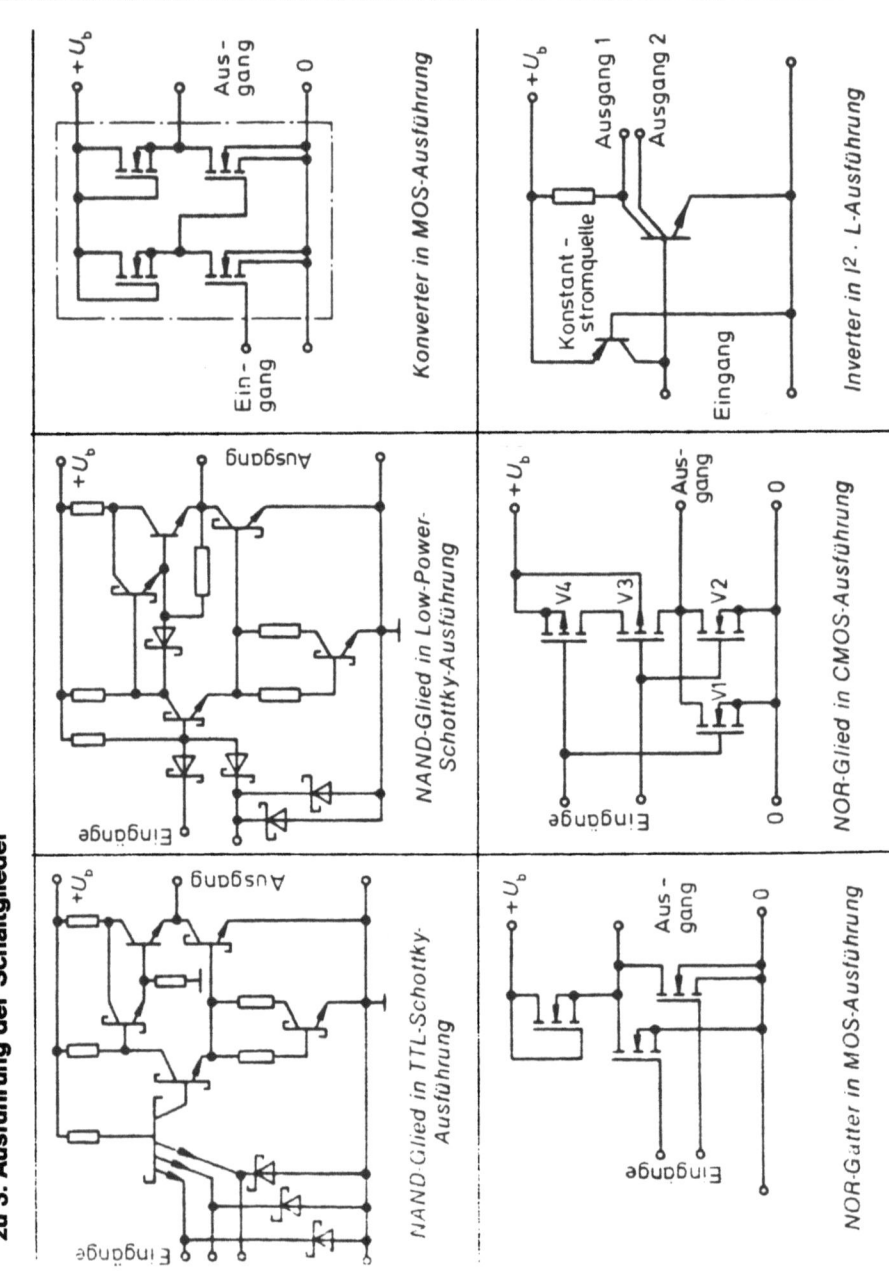

Steuerungssysteme

1. Steuerungssysteme in der Fertigungs- und Produktionstechnik

Das Grundsätzliche aller Anlagen, Maschinen und Geräte in der Produktions- und Fertigungstechnik, im Förder- und Transportwesen, im Kraftfahrzeug-, Schiff- und Flugzeugbau, in Energie- und Pumpenwerken und in vielen weiteren Anlagen ist die **Steuerung**. Durch die Art der Steuerung kann schon viel über die Maschine oder das Gerät ausgesagt werden, beispielsweise ob eine Werkzeugmaschine für Einzelteile, Serien- oder Massenfertigung geeignet ist. Oder auch, ob halb- oder vollautomatische Bearbeitung möglich ist beziehungsweise welche Leistungsfähigkeit sie oder es hat.

Das **Kernstück** jeder Anlage und Maschine ist also somit die Steuerung und deshalb muß ihr besondere Aufmerksamkeit gewidmet werden. Dabei ist es im Prinzip ganz gleich, um welche Steuerungsart oder welches Steuerungssystem es sich handelt. Der Mensch ist nach wie vor der Befehlsgeber der Anlage oder Maschine bzw. des Geräts.

1.1 Bedeutung der Steuerungstechnik

Steuern heißt allgemein, Größen durch andere Größen zu beeinflussen. Steuern ist also das Einstellen bestimmter Größen, wobei **Regeln** das Einhalten der angesteuerten Größen ist. Steuern nennt man demnach die Beeinflussung einer Anlage oder Maschine mit Hilfe einer **Stellgröße** ohne Rückwirkung (Signalfluß der Steuerung siehe Bild 1.1). Beim Regeln wird die durch Steuerung erfolgte Änderung an das die Änderung verursachende Bauelement (über Meßglied) zurückgemeldet (Signalfluß der Regelung siehe Bild 1.2). Man spricht auch von Steuern, wenn durch einen Impuls ein Arbeitsablauf begonnen, beendet oder in irgendeiner Art beeinflußt wird.

Bei **Steuerungen** laufen beispielsweise die durch Ein- und Ausschalten (Signalgebung) ausgelösten Vorgänge der Reihe nach durch die Steuereinrichtung und die Anlage oder Maschine (Steuerkette oder -strecke; siehe Bild 1.3). Eine Rückwirkung von der Steuerstrecke auf das Stellglied findet nicht statt. Die Steuerung dient dazu, nach einem vorgegebenen Weg- oder Zeitplan vom Führungsort aus den Eingriff in die Steuerkette (Steuerstrecke) vorzunehmen. Die Führungsgröße (w) des **Signalgliedes** (Steueranlage: Bild 1.1 und 1.4) wird dabei vom Menschen, Meßgerät, Kurvenscheibe, Lochstreifen oder Weg- bzw. Zeit-Plangeber, Zeituhr oder Fühler bzw. Taster oder auch Sensor bestimmt (siehe b) Blockschaltbild). Sie wirkt auf das **Steuerglied** (bzw. Führungsglied) ein und wird dann eventuell über Wandler und Verstärker zum Stellglied weitergeleitet, das den Eingriff in die **Steuerstrecke** vornimmt.

Grundlegend ist bei der Steuerung somit die Einteilung einer Steuerkette in Steuerstrecke und Steuereinrichtung (Reihenschaltung, Bild 1.1). Dabei versteht man unter der Steuerstrecke den Teil der Maschine oder Anlage, der gesteuert wird (Bild 1.3: Blockschaltbild einer Steuerkette bzw. -strecke). Die Steuereinrichtung beginnt beim Befehlsgeber, der von Hand oder automatisch betätigt werden kann. Anschließend übermittelt der Übertrager den Auftrag des Befehlsgebers an das Stellglied. Am Ende greifen Steuerstrecke und Steuereinrichtung im Stellglied.

| Gruppen-Nr. 8.9.9 | **Steuerungssysteme** | Abschn./Tab. **StS/1.1** |

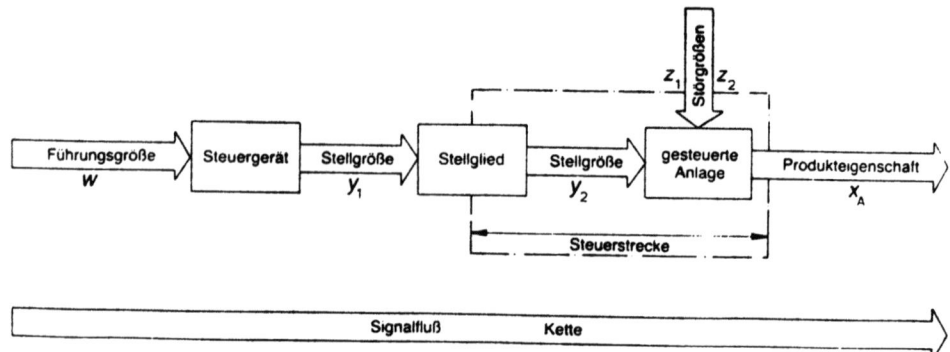

Bild 1.1

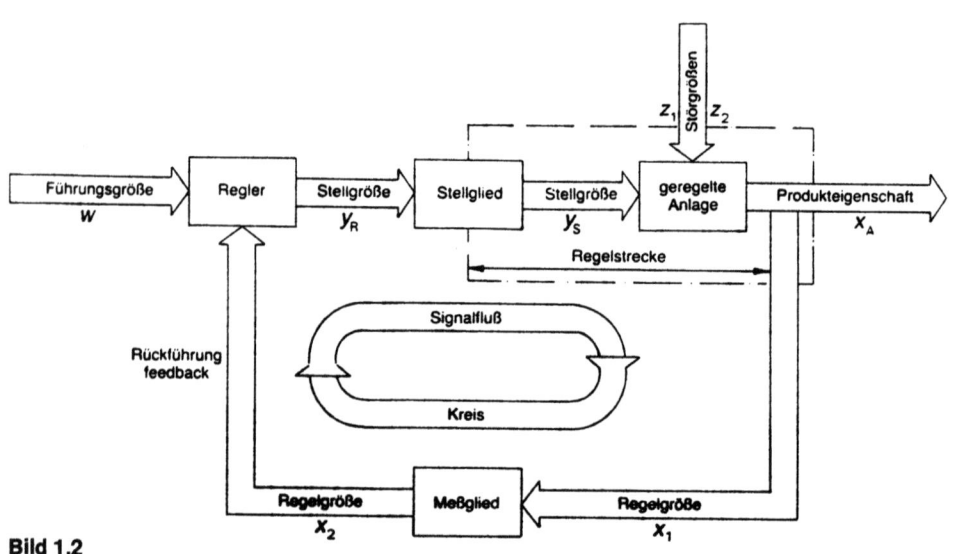

Bild 1.2

| Gruppen-Nr. 8.9.9 | **Steuerungssysteme** | Abschn./Tab. **StS/1.1** |

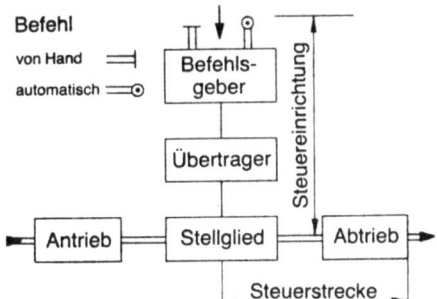

Bild 1.3

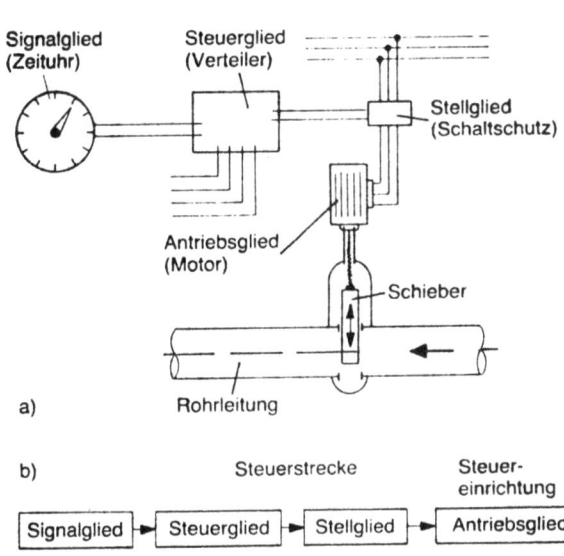

Bild 1.4

a)

b)

Signalglied	Steuerglied	Stellglied	Antriebsglied
Zeituhr	Verteiler	Schaltschütz	Elektro-Motor
Druckschalter	Ventile	Kupplung	Zylinder +
Nocken	Kreuzschienen-	Getriebe	Kolben
Kurvenscheiben	verteiler		Motor
Grenztaster	Relais		
Lochstreifen			
Halbleiter			

| Gruppen-Nr. 8.9.9 | **Steuerungssysteme** | Abschn./Tab. **StS/1.2** |

1.2 Aufgaben der Steuerungstechnik

Die Steuerungstechnik hat grundsätzlich die Aufgabe (siehe auch Bild 1.5),
- **Informationen** verschiedenster Art aufzunehmen,
- sie in vorgegebener Weise miteinander zu verknüpfen
- und gegebenenfalls auf Abruf einzuspeichern oder
- als Ausgangsgröße an Stell- bzw. Anzeigeglieder weiterzugeben (Signalausgang).

Es gehört also zum Aufgabengebiet der Steuerungstechnik, sowohl die Eingangs- als auch die Ausgangssignale in die für das Weiterverarbeiten günstigsten Steuerungsverfahren und -arten zu wandeln oder zu verstärken.

Steuern bedeutet in jedem Fall einen gezielten bzw. gewollten Eingriff in einen **Energiestrom** aufgrund einer bestimmten **Information** (Bild 1.6). Für die Automatisierung von Produktionsprozessen müssen **Energieströme** bereitgestellt werden die leicht beeinflußbar und anpassungsfähig sind. Sie müssen aufgeteilt, umgeleitet oder wieder zusammengeführt und auf größere Entfernung übertragen werden können. Hierfür sind vor allem die elektrischen, hydraulischen und pneumatischen Energieströme geeignet.

Entsprechend bezeichnet man die Teilgebiete, die innerhalb der **Automatisierungstechnik** angewendet werden, als Elektrik, Elektronik – Hydraulik – Pneumatik – Fluidik – Pneulogik – Mechanik.

Für die optimale Lösung bestimmter Probleme kann auch die Kombination der verschiedenen Arten **Energieträger** (Verfahren oder Techniken) erforderlich sein.
Man spricht dann beispielsweise von
Elektrohydraulik, Elektropneumatik, -Pneumonik, Hydropneumatik, Pneumohydraulik und/oder Regelungstechnik (Verknüpfung der Elektronik mit anderen Verfahren).
Da allgemein meist auch **mechanische Kräfte** benötigt werden, sind alle Verfahren häufig in irgendeiner Art mit der **Mechanik** verbunden:

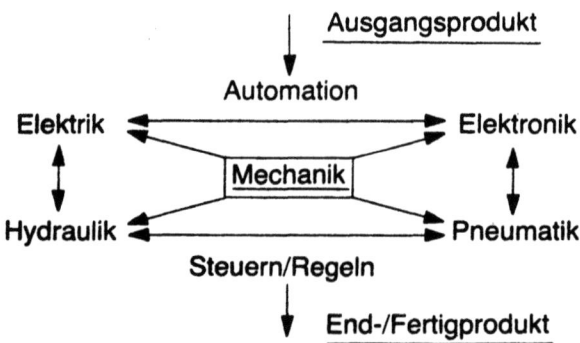

Grundsätzlich kann zwischen einem **Energieteil** (ET) und einem **Informationsverarbeitungsteil** (IVT), auch Daten- oder Signalverarbeitungsteil genannt, unterschieden werden (Bild 1.6). Im Energieteil wird der **Energiefluß**, im Informationsverarbeitungsteil der **Signalfluß** (Datenfluß) verarbeitet. Der Signalfluß steuert die Geräte des Leistungsflusses (Steuerorgane) im Sinne der gestellten Aufgabe. Die mit dem Signalfluß verbundene Leistung ist meist klein, es sei denn, Signal- und Leistungsfluß fallen zusammen.

| Gruppen-Nr. 8.9.9 | **Steuerungssysteme** | Abschn./Tab. StS/1.2 |

Wegen der andersgearteten Anforderungen an den Signalfluß wird hier als Energieform meist die Elektrik/Elektronik oder auch die Pneumatik (beispielsweise Minipneumatik, Fluidik) der Hydraulik vorgezogen. Die Hydraulik spielt besonders im Energieteil eine Rolle.

a) Der **Energieteil**

Der **Energieteil** besteht aus (siehe Bild 1.6):

- einer Energiequelle, die mechanische Energie bereitstellt;
- einem **Energie-Umformer**, der die mechanische Energie in die gewünschte Energieart umformt;
- den **Energie-Übertragungselementen**, die den Energieträger einem weiteren Energieumformer, (dem eigentlichen Antriebsglied), zuführen. Hier wird also die mechanische Energie für die jeweilige Aufgabe bereitgestellt.

b) **Informations-Verarbeitungsteil** (Signal-Verarbeitungsteil)

Im Informationsverarbeitungsteil (IVT) ist zur Steuerung des Antriebs unmittelbar vor dem Antriebsglied ein **Stellglied** in den Energiefluß eingebaut (Bild 1.6). Es verändert den vorhandenen Zustand. Dieses Stellglied wird durch ein Ausgangssignal betätigt, das durch die logische Verknüpfung verschiedener Signale zustande kommt.

Das Verarbeiten und das Verknüpfen der von **Signalgliedern** abgegebenen Informationen (Daten oder Signalen) erfolgt durch **Steuerglieder**.

– **Signalglieder** geben bei bestimmten physikalischen Größen (beispielsweise Zeit, Kraft, Temperatur, Druck, Formänderung, Weg, Durchflußvolumen, Meßgröße) Impulse bzw. Signale.

– **Steuerglieder** verbinden verschiedene Signale oder geben ein Signal an verschiedene **Stellglieder** nach bestimmten Gesetzmäßigkeiten weiter.

Bei komplizierten oder umfangreichen Steuerungen erfolgt oft eine Trennung dieser Teile:

- Datenverarbeitungsteil (DVT) z.B. Signalglieder und Steuerglieder.
- Energie- oder Arbeitsteil z.B. Stellglieder und Antriebsglieder (Bild 1.7 Schaltplan für Pneumatik und Hydraulik).

Im Normalfall erfolgt also der **Signalfluß** von den Signal- über die Steuer- zu den Stellgliedern, die beispielsweise in einer Hydraulik- oder Pneumatikanlage durch die Beeinflussung des Weges, des Druckes und des Volumenstroms die Antriebsglieder steuern.

Bei **einfachen Steuerungen** kann das Signalglied direkt auf das Stellglied wirken, oder es können auch Signal-, Steuer- und Stellglied in einem Ventil vereinigt sein. Dies kann beispielsweise bei einem 3/3-Wege-Sitzventil der Fall sein, das zur Steuerung eines einfachwirkenden Zylinders (Antriebsglied) dient (Bilder 1.6 und 1.7).

Merkmal einer Steuerkette ist (im Gegensatz zum geschlossenen Regelkreis) der offene Wirkungsablauf. Das bedeutet, daß die Steuersignale in einer bestimmten Richtung durch die einzelnen Glieder der **Steuerkette** laufen, ohne daß die gesteuerte Ausgangsgröße auf die steuernde Eingangsgröße zurückwirkt. Beim Steuern erfolgt aber aufgrund eines Eingangssignals eine einmalige Änderung des Stellgliedes, das eine bestimmte Ausgangsgröße beeinflußt (s.a. Bild 1.1). Bei einer möglichen Verfälschung dieses Ergebnisses durch Störeinflüsse (Störgröße x) kann aber keine Korrektur mehr erfolgen.

Wird jedoch diese offene Steuerkette geschlossen, indem die Veränderung, die das Stellglied hervorruft, an das Signalglied zurückgemeldet wird, so erhält man einen **Regelkreis**

9-5

(siehe Bild 1.2). Durch das Regeln kann ein bestimmter Ist-Zustand (Regelgröße oder Stellgröße y) einem gewünschten Soll-Zustand (Führungsgröße w) angepaßt werden. Hierzu sind Meß- und Vergleichsglieder anzuordnen, die den Einfluß von Störgrößen (x) und die Regelabweichung erfassen. Danach wird ein neues Signal über einen Signalwandler in den Signalfluß (Datenfluß) gegeben.

Von der **Funktion** her kann man eine Steuerung in Richtung des Informations- bzw. Signalflusses in drei Teilbereiche unterscheiden (s.a. Bild 1.5 und 1.6):

- den Informationseingabeteil,
- den Teil für die Informationsverknüpfung und -speicherung (Logikteil) und
- den Teil der Befehlsausführung.

In der Steuerkette werden also Signale gesammelt, logisch miteinander verknüpft und gegebenenfalls gespeichert.

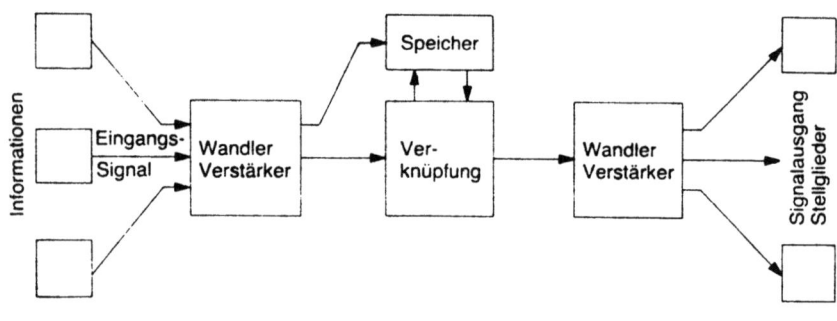

Bild 1.5

| Gruppen-Nr. 8.9.9 | **Steuerungssysteme** | Abschn./Tab. StS/1.2 |

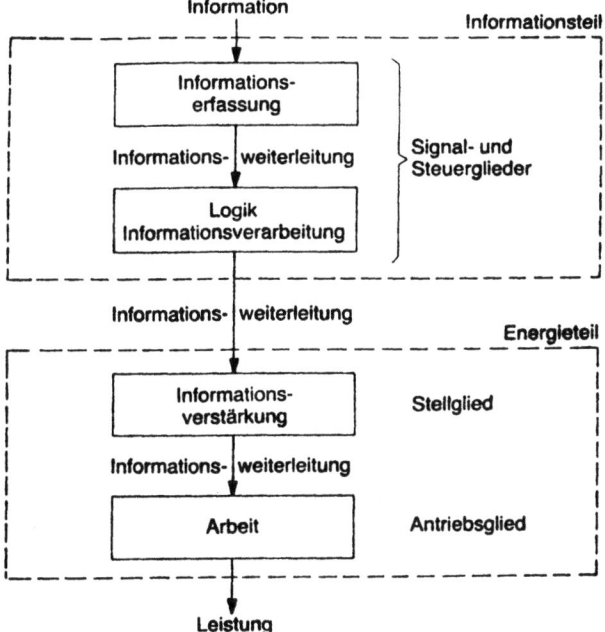

Bild 1.6

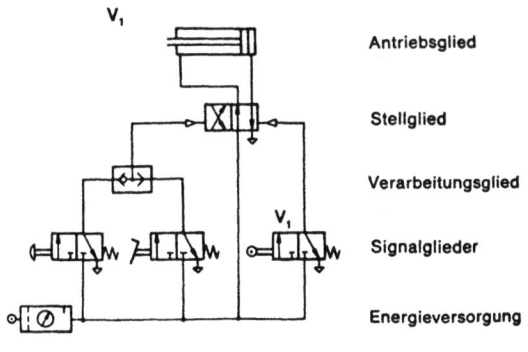

Bild 1.7

2. Steuerungssysteme und ihre Unterscheidungsmerkmale

2.1 Allgemeine Einteilung

Die Einteilung von Steuerungen kann nach verschiedenen Gesichtspunkten erfolgen (zum Teil nach DIN 19 226):

a) Unterscheidung nach der verwendeten **Steuerenergie**, z. B. in mechanische, elektrische, hydraulische und pneumatische Steuerung.

b) Unterscheidung nach der Form der **Informationsdarstellung** (Bild 2.1):

- **Analoge Steuerung.** – Ist eine innerhalb der Signalverarbeitung (Prozessorik) vorwiegend mit analogen Signalen arbeitende Steuerung. Diese Signale müssen eventuell durch entsprechende Schaltung in digitale Signale umgewandelt werden (Bild 2.1a).
- **Digitale Steuerung.** – Ist eine innerhalb der Signalverarbeitung mit digitalen Signalen arbeitende Steuerung, die vorwiegend zahlenmäßig dargestellte Informationen verarbeitet (Bild 2.1b).
- **Binäre Steuerung.** – Ist eine innerhalb der Signalverarbeitung vorwiegend mit Binärsignalen arbeitende Steuerung, deren Binärsignale nicht Bestandteile zahlenmäßig dargestellter Informationen sind. Diese Signale haben nur zwei Aussagen:

    Ein = Ja = L = 1 oder/und
    Aus = Nein = 0 = o (Null).

Es sind somit „zweiwertige" bzw. binäre Signale, die niemals eine Größe beinhalten, sondern immer eine Aussage.

Die **logische Verknüpfung** der Information basiert auf den aus der Schaltalgebra bekannten logischen Grundfunktionen (siehe Logiksymbole, Bild 2.2). Die bekanntesten sind:
- die Reihenschaltung beziehungsweise die UND-Funktion,
- die Parallelschaltung beziehungsweise die ODER-Funktion,
- die Signalumkehrung beziehungsweise die NICHT-Funktion.

Weiter gibt es Kombinationen dieser drei Grundfunktionen, NOR (NICHT+ODER) und NAND (NICHT+UND). Die Speicherglieder(-organe) übernehmen die Funktion des Gedächtnisses (Informations-, Datenspeicherung).

Die Unterteilung der Steuerungen nach der Form der Informationsdarstellung ist mehr theoretischer Natur und gibt wenig Auskunft hinsichtlich der zu wählenden Lösungsmethode. Die Unterscheidung nach der Art der Signalverarbeitung ist für die Praxis besser geeignet, da sie Aufschluß darüber gibt, welche Lösungsmethode zu wählen ist.

c) Unterscheidung nach der Art der **Signalverarbeitung**

- **Synchrone Steuerung.** – Ist eine Steuerung, bei der die Signalverarbeitung synchron zu einem Taktsignal erfolgt.
- **Asynchrone Steuerung.** – Ist eine ohne Taktsignal arbeitende Steuerung, bei der Signaländerungen nur durch Änderung der Eingangssignale ausgelöst werden.
- **Verknüpfungssteuerung.** – Ist eine Steuerung, die den Signalzuständen der Eingangssignale bestimmte Signalzustände der Ausgangssignale im Sinne boolscher Verknüpfungen zuordnet.
- **Ablauf-Steuerung.** – Ist eine Steuerung mit zwangsläufig schrittweisem Ablauf, bei der das Weiterschalten von einem Schritt auf den programmgemäß nächsten Schritt abhängig sind (siehe Kap. 2.2).

| Gruppen-Nr. 8.9.9 | **Steuerungssysteme** | Abschn./Tab. StS/2.1 |

Noch zu unterscheiden in:
- **Zeitgeführte** Ablaufsteuerung – eine Ablaufsteuerung, deren Weiterschaltbedingungen nur von der Zeit abhängig sind.
- **Prozessabhängige** Ablaufsteuerung – eine ablaufsteuerung, deren Weiterschaltbedingungen nur von Signalen der gesteuerten Anlage abhängig sind.

Bemerkung: Laut DIN 66 201 ist ein **Prozess** ein Vorgang zur Umformung und/oder zum Transport von Material, Energie und/oder Informationen. Gemäß der Funktion des Prozesses können grob vier Prozessklassen unterschieden werden: – Verfahrensprozesse (Werkstoff-, Rohstoff- und Energieerzeugung).

- Fertigungsprozesse (Ver- und Bearbeitung von Werkstoffen; Werkstücke).
- Verteilungsprozesse (für Material, Energie und Informationen).
- Meß- und Prüfprozesse (Untersuchung von Eigenschaften und Kennwerten von Objekten usw.)

In der Literatur findet man oft auch die Einteilung im Hinblick auf Signalverarbeitung wie folgt:
- **Kombinatorische Steuerungen,** bei denen eine zwangsläufige Signalverarbeitung vorliegt; einer bestimmten Kombination der Eingangssignale ist stets eine eindeutige Kombination der Ausgangssignale zugeordnet. Diese Steuerungen arbeiten ohne Zeitverhalten.
- **Sequentielle Steuerungen.** Hierzu gehören alle Steuerungen, die Elemente **mit** Zeitverhalten aufweisen (beispielsweise Zeitglieder, Speicher, Logikelemente).

d) Unterscheidung nach Art des **Ablaufes** (Funktionsweise)

Die Zuordnung einer Steuerung zu den nachfolgenden drei Hauptgruppen hängt von der **Aufgabenstellung** ab und erfolgt zwangsläufig. Zeigt es sich, daß eine Programmsteuerung erforderlich ist oder vorliegt, so hat der Projektierende die Auswahl unter den drei Untergruppen der Programmsteuerung.

- **Führungssteuerung** (Folgesteuerung) – Zwischen Führungsgröße (w) und Ausgangsgröße (Stellgröße y) besteht immer ein eindeutiger Zusammenhang, soweit Störgrößen (z) keine Abweichungen hervorrufen.
  Führungssteuerungen haben **keine Speicher.**

- **Haltegliedsteuerung** (Konstanthaltungs-Steuerung) – Nach Wegnahme oder Zurücknahme der Führungsgröße (w), insbesondere nach Beendigung des Auslösungssignals, bleibt der erreichte Wert der Ausgangsgröße erhalten. Es bedarf einer entgegengesetzten oder andersartigen Führungsgröße oder eines entgegengesetzten Auslösignals, um eine Ausgangsgröße (Stellgröße y) wieder auf einen Anfangswert zu bringen. Haltegliedsteuerungen haben immer **Speicher.**

- **Programm-Steuerung** – Diese läßt sich auf drei verschiedene Arten aufbauen:
  - **Zeitplan-Steuerung** – In einer Zeitplansteuerung werden die Führungsgrößen (w) von einem zeitabhängigen Programmgeber geliefert. Kennzeichen einer Zeitplansteuerung sind also das Vorhandensein eines Programmgebers und ein zeitabhängiger Ablauf des Programms. Programmgeber können sein: Nockenwelle, Kurvenscheibe, Programmatte, Lochkarte, Lochstreifen, Programm im elektronischen Speicher, Transistor, Halbleiter.

| Gruppen-Nr. 8.9.9 | **Steuerungssysteme** | Abschn./Tab. StS/2.1 |

- **Wegplan-Steuerung** — In einer Wegplan-Steuerung werden die Führungsgrößen (w) von einem Programmgeber geliefert, dessen Ausgangsgrößen (y) vom zurückgelegten Weg oder der Stellung eines beweglichen Teiles der gesteuerten Anlage abhängen.
- **Ablauf-Steuerung** — Hierbei ist das **Ablaufprogramm** in einem Programmgeber gespeichert, der abhängig vom jeweils erreichten Zustand der gesteuerten Anlage, schrittweise das Programm durchführt. Dieses Programm kann fest eingebaut sein oder von Lochkarten, Magnetbändern oder anderen geeigneten Speichern abgerufen werden.

Meist werden an Maschinen, Geräten und Anlagen mehrere Steuerungsaufgaben vorgenommen. Komplizierte Steuerungen bestehen eigentlich nur aus einer Summe einfacher **Blockschaltungen**, die sich zum Teil gegenseitig beeinflussen.

Die Erzeugungsart der Signale ist für den Steuerungsaufbau und -funktion entscheidend. Deshalb werden die nachfolgenden Steuerungssysteme nach der bei der jeweiligen Steuerung primär angewendeten **Signalerzeugungs-Methode** bezeichnet.

Bild 2.1

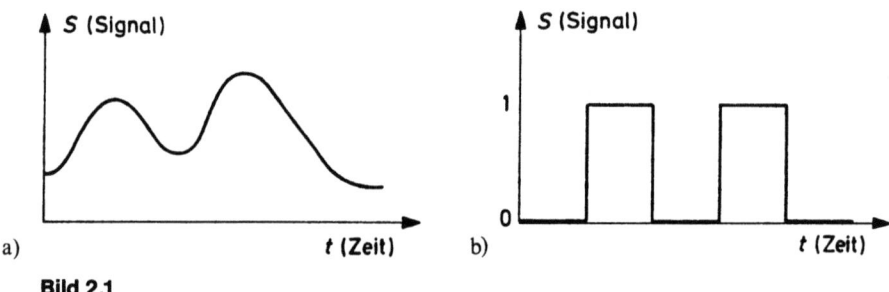

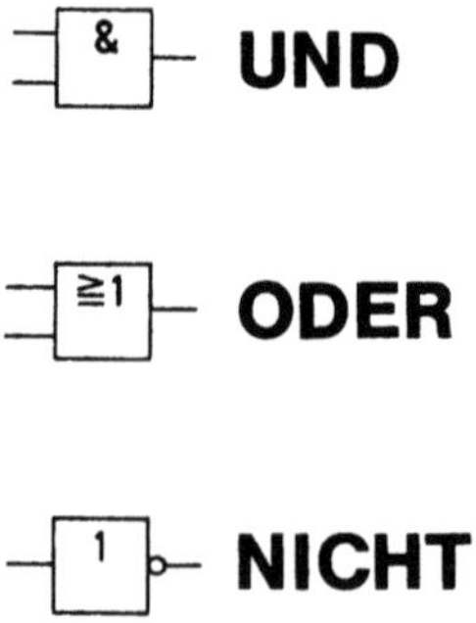

Bild 2.2

2.2 Grundsteuerungen

Bei den Grundsteuerungen kann man allgemein unterscheiden zwischen willensabhängigen, wegabhängigen, druckabhängigen, zeitabhängigen Steuerungen und Geschwindigkeits-Steuerungen. Kombinationen dieser Steuerungsarten kommen häufig vor. Unterscheidungsmerkmal dieser Steuerungen ist die Art der **Informationseingabe**, die durch Betätigung der Signalglieder erfolgt.

a) Bei **willensabhängigen Steuerungen** erfolgt die Informationseingabe durch das Bedienungspersonal. Diese manuellen Steuerungen (Handsteuerungen) werden nur für einfachste Anwendungsfälle eingesetzt (Bild 2.3 Steuerschaltung mit 4/2-Wege-Impulsventil: a) belüftend, b) entlüftend). Allgemein wird mit wegabhängiger Steuerung kombiniert.

Diese Steuerungsart kommt vorwiegend in der **Mobilhydraulik** und **-pneumatik** vor. Sie läßt sich in keine der Steuerungsarten nach Norm einordnen, da sie keiner vorher bestimmten Gesetzmäßigkeit folgt. Sie ist nur vom Willen des Bedieners abhängig. Die Bewegungen der Antriebsglieder werden also vom Bedienungspersonal eingeleitet, gesteuert und beendet.

Dies kann erfolgen:
- durch **direkte** Betätigung von Wegeventilen oder
- durch **indirekte** Betätigung derselben über Taster, Schalter, hydraulische, pneumatische oder elektrische Fernverstellung.

Die Anwendung dieser manuellen Steuerung kommt bevorzugt dort in Frage, wo die notwendigen Steuersignale in zeitlich großen Abständen auftreten und für den gesamten Steuerungsablauf nur wenige Signale erforderlich sind.

In der Hydraulik und Pneumatik kann z. B. der Arbeitszylinder mit Hilfe zweier 3/2- oder 2/2-Wegeventile gesteuert werden (positive bzw. negative Impulssteuerung).

Diese Steuerungsart ist eigentlich ein Regelvorgang, da das Bedienungspersonal den Ablauf beobachtet und die Ausgangsgröße ständig korrigiert, wenn sie vom gewünschten Sollwert abweicht.

b) Bei **wegabhängigen Steuerungen** betätigt das Arbeitselement, beispielsweise die Kolbenstange eines Arbeitszylinders, ein oder mehrere Signalglieder und führt dadurch die Änderung seiner Bewegung herbei (Bild 2.4: Fluid-Schaltung mit 3/2-Wege-Handhebelventil mit Raste).

Das einfachste Beispiel ist die Umsteuerung einer **Kolbenbewegung** nach dem Aus- bzw. Einfahren. Sie muß einen Dauerdurchlauf (Dauerablauf) ermöglichen, aber auch von Hand zu starten und abzuschalten sein (Einzelablauf). Nach dem Abschalten muß der Kolben in Ausgangsstellung zurückfahren. Die Schaltung in Bild 2.4 zeigt Rollenhebel-Ventile (1.2 und 1.3), Impuls-Ventile (1.6), Schaltventile für Einzel- bzw. Dauerablauf (1.1 und 1.4).

c) Bei **druckabhängigen Steuerungen** wird die Betätigung des Steuergliedes durch Druckaufbau bewirkt. Er schaltet nur, wenn ein bestimmter Steuerdruck erreicht wird (Bild 2.5: Wechselsteuerung). Die Wechselsteuerung ist eine Kombination von druck- und willensabhängiger Steuerung. Der Richtungswechsel der Kolbenbewegung erfolgt durch das Signalglied (1.1), sowie das Wegeventil (1.2) und Steuerventil (1.3).

d) Bei **zeitabhängigen Steuerungen** ist das Signalglied ein Zeitelement (Zeitglied). Das kann ein Verzögerungsventil (in Hydraulik/Pneumatik) oder ein elektrischer Zeitschalter sein.

| Gruppen-Nr. 8.9.9 | **Steuerungssysteme** | Abschn./Tab. StS/2.2 |

Beispiele:

- die Endschalter- oder **Festanschlag**-Steuerung, d. h. fahren gegen Festanschlag, beispielsweise bei Vorschubsteuerungen von Bohr- und Drehmaschinen bzw. -automaten (Bild 2.6).
- die **endschalterlose** Umschaltsteuerung, z. B. wenn Wege-Signalventile keinen Platz finden (Bild 2.7). Aufgenommen ist meist ein 3/2-Wegeventil (1.1) für Vorlauf, ein Verzögerungsventil für Rücklauf.

e) Bei **Geschwindigkeits-Steuerungen** erfolgt die Beeinflussung der Kolbengeschwindigkeit bzw. Motorengeschwindigkeit durch Strom- oder Öl- bzw. Luftstromdrosselung (bei Hydraulik Zu- oder Aböl bzw. bei Pneumatik Zu- oder Abluft). Es wird vorwiegend die **Abflußdrosselung** angewendet, weil sie eine gleichmäßigere Kolbenbewegung sowie eine bessere Endlagenverzögerung ergibt.

Folgende Möglichkeiten der Steuerung beispielsweise durch **Medium-Drosselung** sind bekannt:

- durch mechanisch verstellbares Drossel-Rückschlagventil;
- durch Schnell-Entlüftungsventil an den Pneumatik-Zylindern;
- durch Einschraubdrossel an den Abschlußanschlüssen (für Öl bzw. Luft) des 5/2-Wegeventils;
- durch Drosselventil zwischen Wegeventil und Arbeitszylinder bei einfachwirkenden Zylindern;
- durch zwei Drossel-Rückschlagventile zwischen Wegeventil und Arbeitszylinder (Abflußdrosselung).

Wichtig! Der Fortschritt eines Steuerungsablaufes wird grundsätzlich durch willens-, wege- und zeitabhängige Signale bewirkt, wobei in vielen Fällen alle drei Möglichkeiten zur Anwendung kommen können.

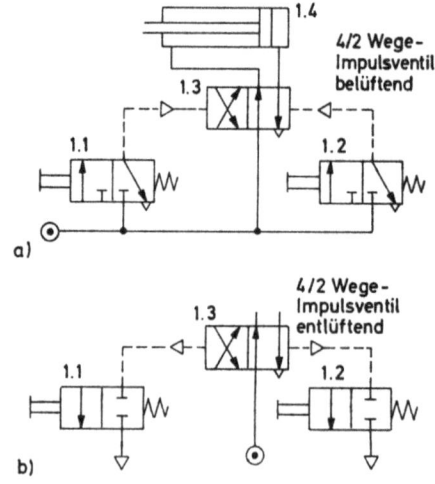

Bild 2.3

| Gruppen-Nr. 8.9.9 | **Steuerungssysteme** | Abschn./Tab. StS/2.2 |

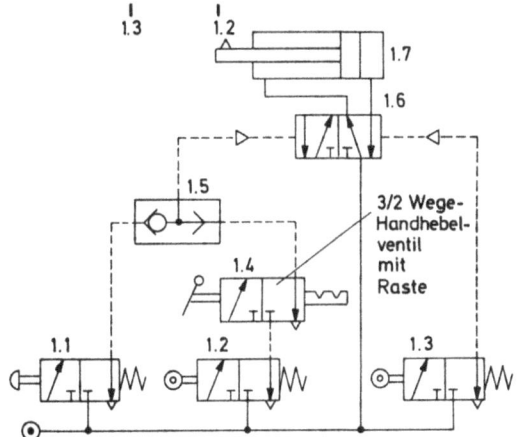

Bild 2.4

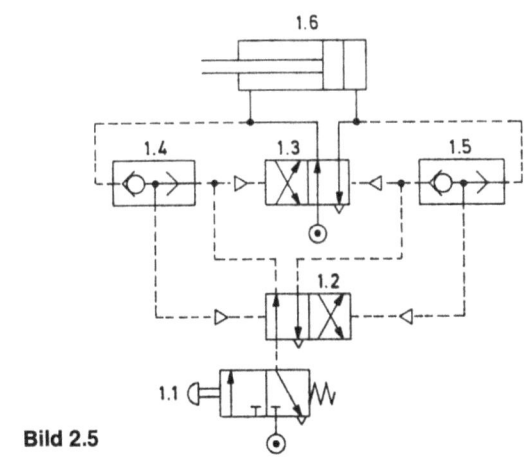

Bild 2.5

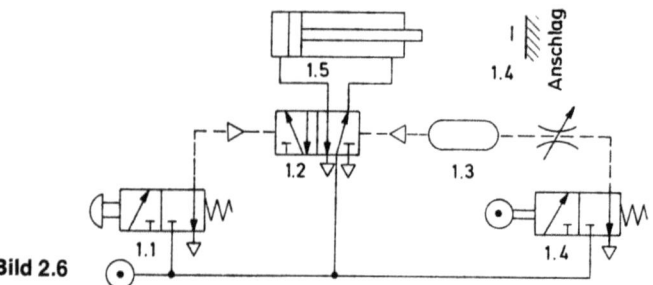

Bild 2.6

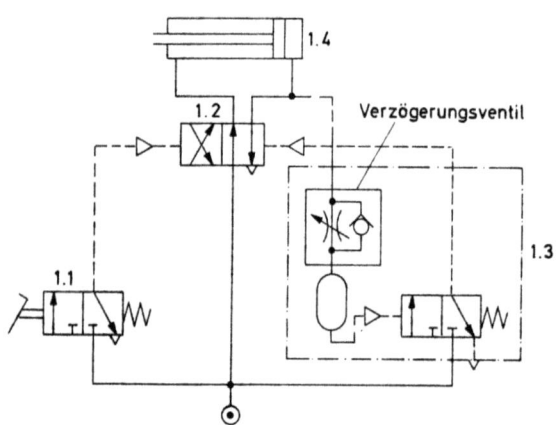

Bild 2.7

2.3 Halteglied-Steuerung (Konstanthaltungs-Steuerung)

Die Haltegliedsteuerung (auch als Festwertregelung zu verstehen) liegt vor, wenn z.B. eine an die gewünschte Haltestelle gelangte Last oder ein Tisch bzw. Aufzug vom **Grenzlagenschalter** aus ein Steuersignal auslöst, das den Antrieb stillsetzt.

Die **Sollwerte** sind konstante Eingangs- oder Führungsgrößen (w); sie sind nur durch Bedienung des Sollwert-Einstellers zu verändern. Nach Zurücknahme der Führungsgröße, insbesondere nach Beendigung des Auslösesignals, bleibt der erreichte Wert der gesteuerten Ausgangsgröße erhalten. Es bedarf einer entgegengesetzten oder andersartigen Eingangs- bzw. Führungsgröße oder eines entgegengesetzten bzw. andersartigen Auslösesignals um die Ausgangslage wieder zu erreichen, d.h. die Ausgangsgröße wieder auf einen Anfangswert zu bringen.

In der **Hydraulik** sowie der **Pneumatik** kann die Betätigung z. B. erfolgen:
- durch Druckbeaufschlagung oder
- durch Druckentlastung.

Ein Beispiel dafür sind Hebezeuge, die über Druckknöpfe gesteuert werden.
Diese Steuerungsart wird allgemein angewendet zur **Konstanthaltung** des Druckes, Durchflusses, Weges sowie der Geschwindigkeit, der Wasser- und Raumtemperatur und anderem mehr. Sie ist auch geeignet für einfach- und doppeltwirkende Zylinder.

2.4 Führungssteuerung (Folgesteuerung)

Die Folgesteuerung liegt vor, wenn das Stellglied nach einer vorgegebenen Gesetzmäßigkeit von einer gemessenen **Führungsgröße** (Eingangsgröße w), wie Druck, Durchfluß, Temperatur, Strömungsgeschwindigkeit, Weg und andere mehr, betätigt wird. Über Zwischenglieder der Steuereinrichtung löst ein Vorgang den nächsten Vorgang, eine Funktion die nächste Funktion aus (Bild 2.8). Beispiel zeigt eine hydraulische Abschaltsteuerung für Schlittenantrieb.

Bei der Führungssteuerung besteht zwischen der Führungs- oder Eingangsgröße (w) des Signalglieds und der Ausgangsgröße des Antriebsglieds der Steuerkette ein eindeutiger Zusammenhang, d. h. ein Beharrungszustand, soweit Störgrößen keine Abweichungen hervorrufen. Fällt eine Funktion also aus irgendwelchen Gründen aus, so wird die nachfolgende nicht ausgelöst und die gesamte Steuerung verharrt in der Störposition.

Diese Steuerung ist in eine Folge von **Einzeltakten** gegliedert, die nacheinander und gleichzeitig ablaufen können. Eine Führungssteuerung erfordert mehr **Signalglieder** als jede andere Steuerungsart. Dadurch kann der vorgeschriebene Funktionsablauf sicher eingehalten werden.

Folgesteuerungen steuern also den Schaltschrittverlauf beispielsweise der Hydraulik- oder Pneumatikanlage, die zwei oder mehr Steuerketten enthalten. Es wird erst nach einem beendeten Schaltschritt der nächste Schritt ausgelöst.

Ein Beispiel für die Folgesteuerung ist die **Kopiersteuerung** beim Drehen eines Werkstückes: Fühler (Sensor) und Werkzeug stehen in eindeutigem Zusammenhang.

Die Folgesteuerung arbeitet allgemein **wegabhängig**, zusätzlich können aber auch Zeitglieder enthalten sein.

a) Wegabhängige Führungssteuerung (Bild 2.9)

Dieses Steuerungssystem wird am meisten in der Hydraulik und Pneumatik verwendet. Der jeweilige Steuerschritt wird durch wegabhängige Signale ausgelöst. Die Steuersignale können von einer sogenannten Leitbewegung oder durch die hintereinander ablaufenden Stellglieder abgenommen werden. (siehe Folgesteuerung einer Bohrmaschine im Bild 2.9.)

b) Zeitabhängige Führungssteuerung

Dieses Steuerungssystem wird in reiner Form kaum eingesetzt, aber als Teilsteuerung in anderen Systemen wird es häufig angewendet. Bevorzugt beispielsweise, wenn der Steuerungsablauf primär durch viele **Wartezeiten** gekennzeichnet ist und die Bewegungen nicht in exakter Wege-Abhängigkeit stehen. Zum Beispiel bei **Farb-Spritzanalgen** (mit Impulsgenerator).

c) **Druckabhängige Führungssteuerung**, auch Folgesteuerung genannt (Bild 2.10).
Führungssteuerungen können **halb-** oder **vollautomatisch** ablaufen. Eine halbautomatische Steuerung liegt dann vor, wenn für jeden Durchlauf das Startsignal manuell gegeben wird. Als Beispiel zeigt Bild 2.9 einen hydraulischen Schlittenantrieb einer Werkzeugmaschine (z. B. Fräs-, Stoß- bzw. Hobelmaschine), dessen Bewegungsumsteuerung als Folge der vorhergehenden Bewegung erzielt wird. Die verstellbaren Anschläge betätigen das Wegeventil selbsttätig, weshalb man diese Steuerung auch als **Umschaltsteuerung** bezeichnet. An Werkzeugmaschinen kommt häufig auch die **Abschaltsteuerung** vor. Hierbei schaltet ein bewegtes Maschinenteil am gewünschten Wegende seine eigene Bewegung ab (z. B. mittels einer Fallschnecke).

Bei Steuerungen mit **festem Programmablauf** und dominierenden Bewegungen der Stellglieder kann die Folgesteuerung in den meisten Fällen eingesetzt werden. Folge- oder Führungssteuerungen sind individuelle Systeme, die für den jeweiligen Anwendungsfall modifiziert werden müssen.

Bild 2.11 stellt Wirkungsschema und Schaltfolgeplan einer Folge- oder Führungs-Steuerung dar.

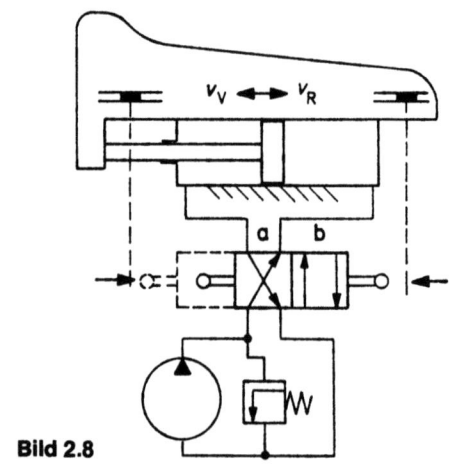

Bild 2.8

| Gruppen-Nr. 8.9.9 | **Steuerungssysteme** | Abschn./Tab. StS/2.4 |

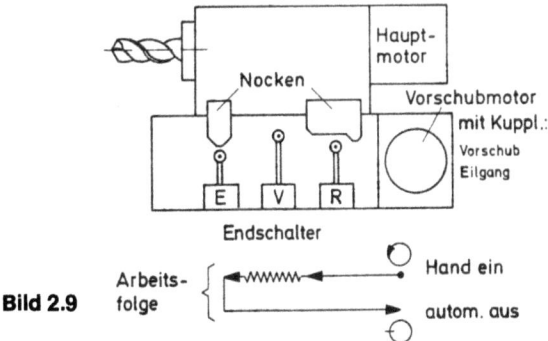

Bild 2.9

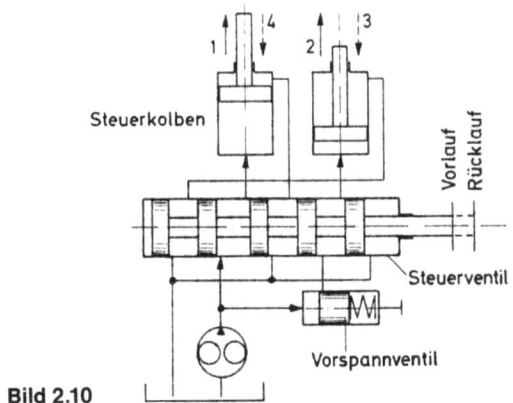

Bild 2.10

Bild 2.11

2.5 Programm-Steuerung

Bei der Programmsteuerung laufen alle Bewegungs- und Schaltvorgänge nach einem **vorgegebenen Programm** (z. B. Fertigungsprogramm, Ladeprogramm, Transport-/Förderprogramm) selbsttätig ab. In vielen Fällen werden aufeinanderfolgende Arbeitsabläufe in Form von Arbeitsprogrammen den Maschinen oder den Anlagen angegeben.

Unter Programmsteuerung versteht man also eine selbsttätige Führungssteuerung, durch die alle erforderlichen Bewegungen für den Produktionsprozeß (beispielsweise von Werkstück und Werkzeug an Werkzeugmaschinen) in richtiger Reihenfolge, Größe und Lage gemäß dem **Arbeitsprogramm** gewährleistet sind (Bild 2.12). In vielen Fällen betätigt eine angetriebene **Programmwelle** mit Nockenscheiben (oder Nockentrommel), Kurvenscheibe oder ein Programm-Schaltwerk mit Nockenband (Nockenwelle wie im Bild 2.13 dargestellt) eine Batterie von Signalgliedern oder Steuergliedern (z. B. Wegeventile).

Als **Programmträger** können in Frage kommen:
- elektrische und elektronische Systeme,
- hydraulische und pneumatische Systeme, weiterhin
- elektrische Verteilertafeln (sog. Kreuzschienenverteiler),
- Lochkarten, Lochstreifen, Magnetstreifen und -bänder, Halbleiter u. a.,
- Programmwellen.

Die Welle mit den genau eingestellten bzw. programmierten **Informationen** (Kurvenscheibe, Nockenscheibe u. a.) beinhaltet also in Verbindung mit ihrer Umdrehungsgeschwindigkeit (Drehzahl) das Programm. Diese Steuerungsart ist somit ebenfalls zeitabhängig.

Allgemein können in der Fluidtechnik von der **Programmwelle** gesteuert werden, z. B.
a) einfachwirkende Zylinder – mit einem 3/2-Wegeventil;
b) doppeltwirkende Zylinder – mit zwei 3/2-Wegeventile,
 – indirekt über ein 4/2-Impulsventil oder
 – ein 4/2-Pneumatikventil mit Federrückstellung;
c) doppelwirkende Zylinder – mit einem 4/2-Wegeventil;
d) doppelwirkende Zylinder – mit einem Endschalter indirekt über Magnetventil mit Federrückstellung.

Die Programm-Steuerung hat gegenüber der Führungssteuerung den **Vorteil**, daß sie eine geringere Anzahl von Signal- und Steuergliedern benötigt.

Die Programm-Steuerung hat den **Nachteil**, daß bei Störungen das Programm weiter läuft, wodurch dann Beschädigungen an der Steuerung auftreten können. Deshalb müssen die Zylinder-Endlagen mit Signalgliedern abgetastet werden (zum Stoppen des Programm-Schaltwerkes bei Störungen).

Allgemein werden alle Arbeitsvorgänge zunächst in einem Programmplan festgelegt. Beispielsweise wird in der Fertigungstechnik als erstes ein Drehprogramm dargestellt für die verschiedenen Werkzeuge, die verschiedene Spindel-Drehzahlen verlangen (Längsdrehen, Bohren, Abstechen, Gewindeschneiden u. a.); weiterhin auch für verschiedene Vorschübe mit Abschaltsteuerung.

| Gruppen-Nr. 8.9.9 | **Steuerungssysteme** | Abschn./Tab. StS/2.5 |

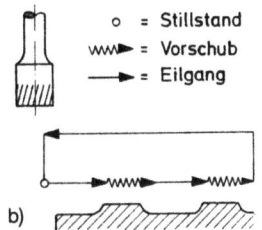

o = Stillstand
www► = Vorschub
→ = Eilgang

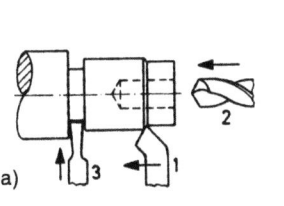

a)

b)

Drehprogramm
1. Längsdrehen
2. Bohren
3. Abstechen

Fräsprogramm
Sprungschaltung
mit Werkzeug-
abhebung

Bild 2.12

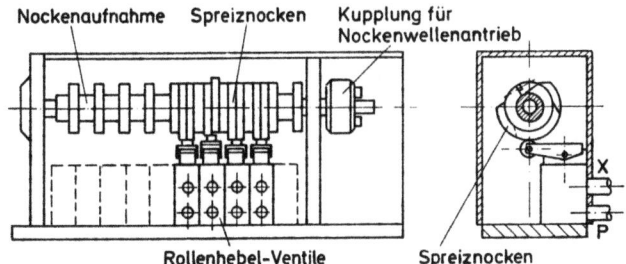

Bild 2.13

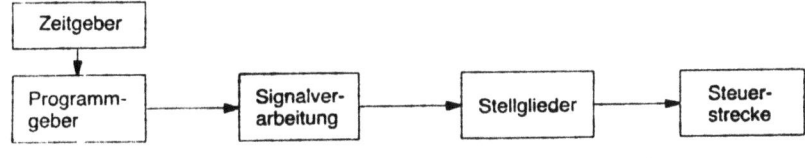

Bild 2.14

9 – 19

| Gruppen-Nr. 8.9.9 | **Steuerungssysteme** | Abschn./Tab. StS/2.5 |

In bezug auf den Aufbau der Programme unterscheidet man also:
— Zeitplan-Steuerung (Programmschaltwerk-Steuerung),
— Wegplan-Steuerung (Schrittschaltwerk-Steuerung),
— Ablauf-Steuerung (Taktketten-Steuerung).

a) **Zeitplan-Steuerung**
Die Zeitplansteuerung liegt vor, wenn das Programm in zeitabhängiger Folge abläuft bzw. aufgebaut ist. Sie ist eine Steuerung nach festliegendem (gespeichertem) Programm, wobei der **Zeitplangeber** (Zeitgeber im Schaltfolgeplan, Bild 2.14), beispielsweise in der Hydraulik bzw. Pneumatik eine **Schaltuhr**, durch ein Auslösesignal gestartet werden muß. (Bild 2.15: Schaltwerk mit Nockenwelle); Bilder a) bis f) zeigen verschiedene Anwendungsbeispiele.

Im **Programm-Schaltwerk** dieser Steuerungsart werden die Eingangsgrößen (Führungsgrößen) von einem zeitabhängigen Programmgeber, Programmspeicher, Zeitglieder) geliefert. Mit dem Programm-Schaltwerk kann der Arbeitsablauf beispielsweise Hydraulik- oder Pneumatikzylinder zeitabhängig gesteuert werden. Die Zeitabhängigkeit des Programmschrittes ergibt sich aus der Kurvenform des Steuernockens (bzw. der Kurvenscheibe) und aus der Drehzahl der Welle.

Die **Folgeimpulse** werden durch konstant umlaufende Programmwellen (mit Kurvenscheibe, Nockenwalze oder Nockenkette u. a.) der mechanischen Steuerelemente erzeugt. Die Kurven- oder Nockenwelle betätigt also die Signalglieder bzw. Stellglieder (beispielsweise die Wegeventile: „Öffner"/„Schließer") also nach einem festgelegten Zeitplan (auch automatisch ablaufend).

Nach dem Start durch ein **Auslösesignal** folgen die einzelnen Bewegungen aufeinander, ohne Rücksicht, ob die vorhergehende Bewegung tatsächlich beendet ist. Es muß deshalb in dem zeitlichen Ablauf eine genügende **Sicherheit** vorhanden sein.

Da die Steuerwelle über Schneckentrieb mit einer gewissen **Drehzahl** (n in 1/min) angetrieben wird, hängt die Befehlserteilung von dieser Drehzahl, also von der Zeit ab. Ein Elektromotor mit Getriebe ermöglicht durch das Wechseln der Zahnräder Drehzahlen der Schaltwerk-Welle von z. B. 1 bis 90 1/min. Mit einem stufenlos regelbaren Elektromotor oder auch Hydro- bzw. Pneumomotor können Drehzahlen von 1 bis 30 1/min eingestellt werden. Antrieb kann auch von der langsamdrehenden Welle einer vorhandenen Maschine abgenommen werden. Bei nockenbestückten, beliebig verlängerbaren Steuerketten werden Umlaufzeiten von 8 1/min bis 1/20 1/h angegeben.

Werden **mehrere Steuerscheiben** oder -trommeln (bis zu 25 Stück) auf der Steuerwelle angeordnet, so können mehrere Steuervorgänge nach einem Zeitplan zentral gesteuert werden (siehe Kapitel 2.6 „Zentralsteuerung").

Hierdurch ist es möglich, bis zu 25 unabhängige elektrische oder hydraulische bzw. pneumatische Signale auszusteuern. Diese Steuerungsart wird vor allem dort eingesetzt, wo mit der Steueranlage mehrere Ablaufdiagramme bei kürzester Umrüstungszeit gefahren werden sollen.

Zum Bestimmen der Kurvenscheiben-Form und -lage auf der Schaltwerk-Welle wird der Arbeitsablauf in einem **Weg-Schritt-Diagramm** festgelegt. Hierin sind die Schritte nach einem Zeitmaßstab eingezeichnet. Der gesamte Arbeitsablauf ist in 360 Teile zu zerlegen, damit jeder Zustandsänderung eines Antriebsgliedes (der Schaltpunkt des Stellgliedes) ein Grad zugeordnet werden kann.

| Gruppen-Nr. 8.9.9 | **Steuerungssysteme** | Abschn./Tab. StS/2.5 |

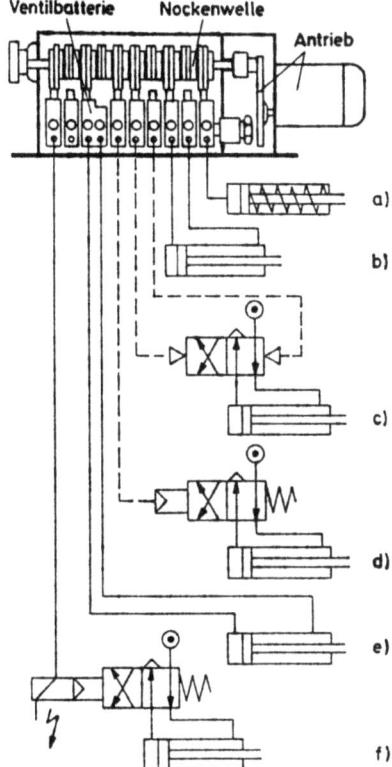

Bild 2.15

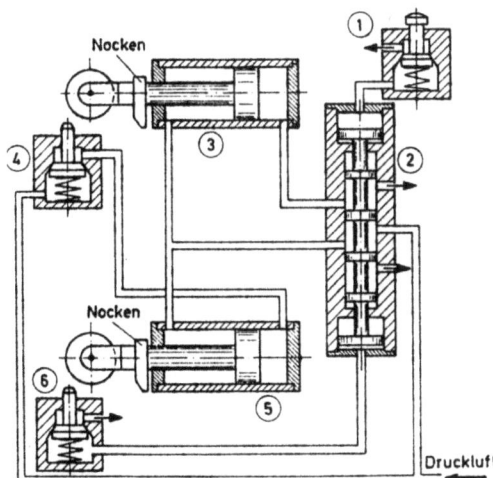

Bild 2.16

Dieses Steuersystem wird besonders in der **Verfahrens-** und **Fertigungstechnik** empfohlen, wegen ihres einfachen Steuerungsaufbaus und durch ihre geringe Störanfälligkeit, selbst bei ungünstigen Umweltverhältnissen und fehlendem Fachpersonal.

Anwendungsbeispiele: bei Dreh- und Fräsautomaten, Schweiß- und Lötautomaten, automatischen Wärmebehandlungsverfahren (Schmelzen, Gießen, Glühen, Härten u. a.), Förder- und Verpackungsmaschinen; in Chemiewerken, Kraftwerken, Galvanoanstalten und anderen mehr.

b) **Wegplan-Programm-Steuerung**

Die Wegplan-Steuerung ist im Aufbau, bis auf den Antrieb, identisch mit dem Programm-Schaltwerk der Zeitplansteuerung, vermeidet aber den Nachteil des stetig (kontinuierlich) angetriebenen Programm-Schaltwerks. Bei den Wegplan-Steuerungen bewegt sich nach jedem ausgeführten Stuerbefehl (Befehlsquittierung) das Schaltwerk um einen bestimmten Winkel der Antriebswelle weiter (schrittweise Drehbewegung); siehe **Schrittschalt-Steuerung** einer Pneumatikanlage (2/2-Wege-Ventile 1,4,6; 4/2-Wege-Ventile 2, Arbeitszylinder 3.5) in Bild 2.16.

Hierbei werden die Eingangsgrößen (Führungsgrößen) von einem **Programmgeber** (-speicher) geliefert, dessen Ausgangsgrößen vom zurückgelegten Weg (der Stellung) eines bewegten Teiles (der gesteuerten Anordnung) abhängen (Bild 2.12).

Bei diesem wegabhängigen frei programmierbaren Steuersystem wird die im Programm festgelegte nächste Operation erst dann eingeleitet, wenn ein bestimmter Teil der Anlage einen vorfixierten Weg zurückgelegt hat. Der **Bauaufwand** für den Schaltwellen-Antrieb ist durch die Schrittschalt-Steuerung (siehe Bild 2.16) aufwendiger als bei dem Programm-Schaltwerk für Zeitplan-Steuerung.

Die **Wegebegrenzungs-Nocken** betätigen die hydraulischen oder pneumatischen Steuerventile (z.B. Wegeventile), die ihrerseits die entsprechenden Bewegungsvorgänge einleiten. Die gewünschte Durchführung eines Programmschrittes, beispielsweise das Ausfahren eines Arbeitszylinders, wird über hydraulische oder pneumatische Endschalter – einen sogenannten **Sensor** – registriert und als Signal an das Steuerventil des Schrittmotors weitergegeben. Das Steuerventil startet dann einen neuen Programmschritt.

Die – die Schaltschritte auslösenden – **Sensorsignale** müssen nacheinander auf den Schrittmotor einwirken und nicht gleichzeitig. Die Dauersignale müssen also in Einzelimpulse umgewandelt werden.

Gegenüber der Taktketten-Steuerung (Ablaufsteuerung, s. Punkt c) hat Wegplan-Steuerung den großen **Vorteil** einer leichten Auswechselbarkeit der Programmträger (Nocken- oder Kurvenscheiben bzw. Steuerketten). Sie ist allgemein nur dort sinnvoll, wo das rasche und problemlose Umprogrammieren der Steuerung erforderlich ist. In der Fertigungstechnik wird diese Steuerungsart bevorzugt eingesetzt, beispielsweise zum Umschalten von Eil- auf Arbeitsgeschwindigkeit und umgekehrt:

- in Bohreinheiten (mit Eil- und Arbeitsvorschub sowie Eilrücklauf),
- in Fräsmaschinen und -automaten (zum hydraulischen Steuern der Schlitten),
- in Drehmaschinen und -automaten, Hobel- und Stoßmaschinen.

Vielfach auch zum pneumatischen **Spannen** und **Entspannen** der Werkstücke bzw. Werkzeuge.

Alle **Schaltinformationen** für Drehzahlen, Vorschübe, Spannmittel, Kühlschmiermittel, Rundtische, Revolverköpfe u. a. werden dabei durch Weginformationen ausgelöst.

Bekannt sind folgende Ausführungen:
- für **einen** doppeltwirkenden Zylinder; ein Arbeitsspiel kann nach dem Startimpuls durch Druckbeaufschlagung bzw. -entlastung betätigt werden.
- für **zwei** doppeltwirkende Zylinder; Steuerung mit Verzögerungsventil, Impulsventil (mit Impulswandler) bzw. mit Signalgliedern.

c) **Ablauf-Programmsteuerung** (Taktketten-Steuerung)

Bei der Ablaufsteuerung werden Bewegungen oder die zeitlichen Abläufe physikalischer Vorgänge ebenfalls nach festliegendem (gespeichertem) Programm durch **Schaltsysteme** gesteuert. Das Programm wird abhängig von den Zuständen der gesteuerten Anordnung schrittweise ausgeführt oder schrittweise durch Signale von Schaltnocken (Nockenwalze), Lochkarten, Lochstreifen oder anderen geeigneten **Datenträgern** abgerufen.

Bei der im Prinzip wie die Wegplan-Steuerung funktionierenden Ablauf- oder Taktketten-Steuerung (mit Prozeßablauf) wird durch hintereinanderfolgende wegabhängige **Steuerimpulse** jeweils eine weitere Schaltstufe aktiviert und die vorausgegangene verriegelt oder gelöscht.

Der Beginn der nächsten Arbeitsoperation wird also erst dann eingeleitet, wenn die vorhergehende in der gewünschten Art (Genauigkeit, Abmessungen) beendet ist.

Mit der Taktketten-Steuerung hat mat eine **universelle Grundsteuerung**, die durch schematische Verkettung der Eingangs- und Ausgangssignale den jeweiligen Gebern und Verstärkern bzw. Stellgliedern angepaßt werden kann (Bild 2.17: Schaltfolgeplan). Hierbei ist der Einsatz von **Baustein-Systemen** möglich, beispielsweise von NICHT-, UND-, ODER-Gliedern, sowie Eingabeeinrichtungen und Ausgangsverstärkern. Häufig sind bei Werkzeug-, Produktions- und Verpackungsmaschinen noch Regeleinrichtungen zur Kontrolle des Ist-Zustandes erforderlich.

Die Ablauf-Steuerung hat folgende bedeutende **Vorteile**:
- Aufbau der Steuerungen kann weitgehend schematisiert werden.
- Bei Anwendung spezialisierter Bauelemente kann die interne Verschlauchung völlig entfallen.
- Programmablauf ist weitgehend störungsfrei, da alle Eingangssignale verriegelt sind, sobald sie für den Fortschritt des Programm-Ablaufs nicht benötigt werden.

Dieses Steuerungssystem wird bevorzugt eingesetzt:
- in **Dosieranlagen** (Bedienungsspeicher) und Verpackungsmaschinen und -automaten.
- in **Taktstraßen**, Fertigungsstraßen, Transferstraßen und Fließstraßen; für vollautomatische Maschinenstraßen.

e) **Druckabhängige Programmsteuerung**

Diese Steuerungsart kann auch eine Programmfolge bewirken. Entscheidend für die **Taktfolge** ist beispielsweise in der Hydraulik das Vorspannventil. Die Hydropumpe verschiebt zuerst den linken Kolben bis zur Endstellung 1. Der Druck steigt soweit, bis sich das Vorspannventil öffnet und den Weg zum zweiten Kolben frei gibt (Stellung 2). Das Rücköl fließt gesteuert zum Steuerventil, denn zum Rücklauf in die Stellung 3 und 4 werden diesen Leitungen nacheinander Drucköl zugeführt.

Nach diesem Arbeitsprinzip ist auch eine **automatische Umsteuerung**, sowie eine **ununterbrochene Taktfolge** möglich.

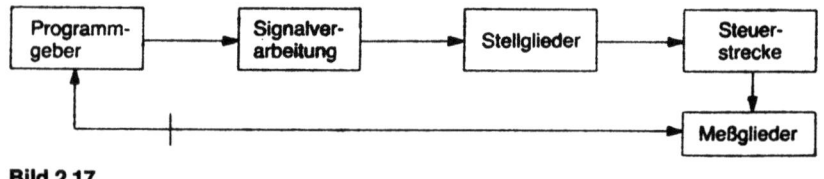

Bild 2.17

2.6 Zentral-Steuerung

Bei der Zentralsteuerung werden mehrere unabhängige oder verkettete Vorgänge von einer Steuereinrichtung zentral gesteuert. Zum Beispiel soll die gemeinsame Steuerwelle eines Drehautomaten mehrere Werkzeugschlitten steuern, so sitzen mehrere Befehlsgeber auf einer gemeinsamen Welle (Bild 2.18). Zentralsteuerung findet beispielsweise auch bei einer handbetätigten Einhebelschaltung eines Fräsmaschinengetriebes statt.

Zentralsteuerung liegt aber nicht vor, wenn ein **zentrales Bedienungspult** vorhanden ist. Hierbei sind wohl mehrere Befehlsgeräte örtlich zentral angeordnet, aber sie werden nicht gemeinsam betätigt.

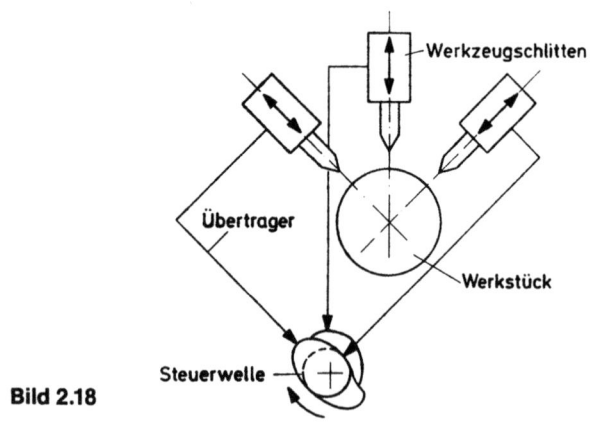

Bild 2.18

2.7 Numerische Steuerungen (NC, CNC, DNC)

Die numerische Steuerung (zahlenmäßige Steuerung) kann als Weiterentwicklung der Ablauf- oder **Taktketten-Steuerung** betrachtet werden. Bei ihr werden alle geometrischen und technologischen Daten für das **Bearbeitungsprogramm**, das beispielsweise auf einer Werkzeugmaschine ausgeführt werden soll, in Form von Zahlen (numerisch) eingegeben. Siehe Wirkungsschema einer numerischen Steuerung im Bild 2.19: 8-Lochstreifen für ein Bohrwerk. Alle erforderlichen Daten (beispielsweise Werkzeug- und Werkstückabmessungen, Zustellung, Längs-, Quer- und Vorschub, Schnittgeschwindigkeit) werden in Zahlen verschlüsselt der Maschine durch den **Informationsträger** (mit Programmplan oder -satz) eingegeben.

Mit Hilfe der numerischen Steuerung können über Lochkarten, Lochstreifen (Schaltfolgeplan Bild 2.20), Magnetbänder als Informationsträger (Datenträger) sowohl zeitabhängige und wegeabhängige als auch ablaufabhängige Programme gesteuert werden. Der Unterschied liegt in der Art, wie der nächste **Programmschritt** abgerufen wird, beispielsweise abhängig von einer Zeitvorgabe, einem Wege-Soll oder einer erfüllten Arbeitsoperation.

Eine numerisch gesteuerte Werkzeugmaschine wird allgemein kurz mit **NC-Maschine** bezeichnet (NC von numerically controlles). Entscheidend für die Wahl der NC-Werkzeugmaschine ist Art und Form des Werkstücks sowie seine Stückzahl (Losgröße).

Ein besonderes Merkmal der NC-Maschine ist die leichte Auswechselbarkeit des Informationsträgers (z. B. Lochstreifen oder -band von der Arbeitsvorbereitungs-Abteilung), der die numerische Steuerung mit Daten (bzw. Signalen) versorgt.

Elektrische, hydraulische und pneumatische Lochband-Steuerungen sind zeit- und wegabhängige frei programmierbare Steuerungen. Die **Programminformation** z. B. im Lochband (meist 8-Spurband) wird durch einen Lochband-Leser in entsprechende Informationen umgesetzt. Jede Zeile des Lochbandes entspricht einem Steuerungs-Ablaufschritt und enthält alle Programminformationen für den jeweiligen Schritt. Durch dieses Lochband mit 8 Spuren (für Befehlsinformationen) und eine 9. Spur (die sog. Transportspur o) kann das Schritt-Schaltwerk zeitabhängig oder wegabhängig eingesteuert werden.

Entsprechend dem Zusammenhang zwischen den **Arbeitsbewegungen** kann man folgende Numerik-Steuerungen unterscheiden (Bild 2.21):

a) **Punktsteuerung** (Positionssteuerung), beispielsweise bei Bohrmaschinen. In Prinzip wird hierbei das Werkstück zum Werkzeug (oder umgekehrt) positioniert. Dazu wird auf beliebigen, aber möglichst kurzen Wegen zwischen Punkten mit beliebiger Geschwindigkeit verfahren (ohne Zerspanung).

b) **Streckensteuerung** (Punkt-zu-Punkt-Steuerung), beispielsweise beim Nachformen (Kopierdrehen, Kopierfräsen u. a.) treppenartiger Bahn (X-/Y-Achse). In Prinzip bewegt das Werkstück sich relativ zum Werkzeug (oder umgekehrt) auf jeweils nur einer schlittengeführten Strecke. Gleichzeitig wird auf diesem Wege mit bestimmter Geschwindigkeit zerspant.

c) **Bahnsteuerung**, beispielsweise Nachbilden einer Kurve durch ein Werkzeug, X-/Y-/Achse (z. B. beim Fräsen). In Prinzip bewegt das Werkstück sich relativ zum Werkzeug (oder umgekehrt) auf einer beliebig gekrümmten Bahn. Gleichzeitig wird auf diese Bahn mit bestimmter Vorschubgeschwindigkeit zerspant, so daß zwischen den Koordinaten ein Funktionszusammenhang besteht.

Bahnsteuerungen sind für Dreh- und Fräsmaschinen sowie Brennschneidemaschinen geeignet.

Der Steuerung werden stets nur **Sollwerte** für die Position eingegeben. Die Positions-**Istwerte** müssen mit den Positions-Sollwerten ständig verglichen werden, z. B. mit dem Soll-Istwert-Vergleicher (Bild 2.19) durch Einsatz von:

- **analogen Meßsystemen** – vergleichende Messung (Weg-, Temperatur-, Spannungsmessung u. a.);
- **digitalen Meßsystemen** – Zunahme anzeigende Messung (bei Wegmessung, Schaltvorgänge);
- **gemischte Meßsystemen** – digital-absolute Wegmessung (Umsetzung digitaler Impulse in analoge Meßwerte und umgekehrt),
- digital-inkrementale Wegmessung.

Das Arbeitsprogramm für eine bestimmte Bearbeitungsaufgabe einer NC-Maschine befindet sich, wie bereits erwähnt, z. B. auf einem Lochstreifen. Dieser Streifen muß für jedes einzelne, zu bearbeitende Werkstück neu eingelesen werden. Da das Lesen des Lochstreifens ein teilweise mechanischer Vorgang ist, können Verschleißerscheinungen und dadurch Fehlerquellen auftreten.

Durch die Entwicklung der **CNC-Systeme** (Computer numerical control) konnten u. a. diese Nachteile beseitigt und sogar zusätzlich viele Vorteile geschaffen werden.

Ein CNC-System enthält ein eigenes Computersystem auf der Basis der Micro-Computer-(μC-)Technologie. Als Programmspeicher dient hier ein Halbleiter-Speicher. Der **Lochstreifen** wird nur dann benötigt, wenn das Arbeitsprogramm in den Halbleiter-Speicher transferiert wird (Programm-Eingabetechnik). Wirkungsschema und Schaltfolgeplan einer CNC-Steuerung siehe Bild 2.22.

CNC-Systeme haben bedeutende **Vorteile** und bieten zusätzlich folgende Möglichkeiten:

- Über entsprechende Schnittstellen können sie Programme direkt von externen Computern übernehmen.
- Mit einer Tastatur und einem Bildschirm ausgestattet ist eine Programmierung direkt vor Ort durchführbar. (**Werkstatt-Programmierung** genannt).
- Wenn Tastatur und Bildschirm vorhanden sind, besteht die Möglichkeit Programme vor Ort zu ändern und zu optimieren. – Bei NC-Systemen sind Anpassungen und Änderungen wesentlich zeitaufwendiger.
- Mit Hilfe des Computers können umfangreichen Rechenoperationen (vor allem beim Bearbeiten von komplizierten Konturen notwendig) leicht programmiert werden.
- Der Computer kann die günstigsten Einstellwerte für Schnitt-, Vorschub- und Spanngeschwindigkeiten ermitteln und diese Werte fortlaufend kontrollieren und anpassen.
- Die CNC-Steuerung kann sich selbst überwachen und meldet dem Bediener selbständig vorkommende Fehler.

Für die **NC- und CNC-Programmierung** sind allgemein folgende anwendungsorientierte Programmiersprachen geeignet:

APT, EXAPT, ADAPT und AUTOSPOT.

| Gruppen-Nr. 8.9.9 | **Steuerungssysteme** | Abschn./Tab. StS/2.7 |

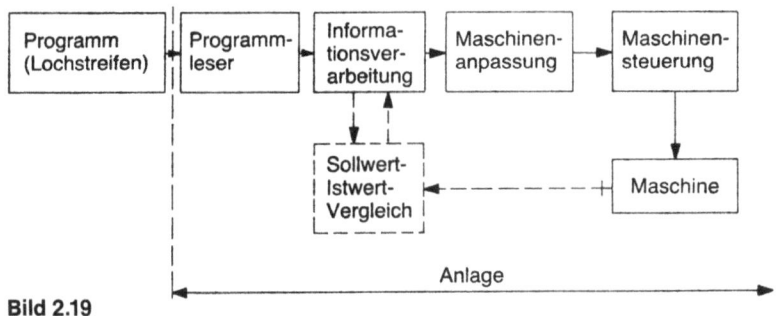

Bild 2.19

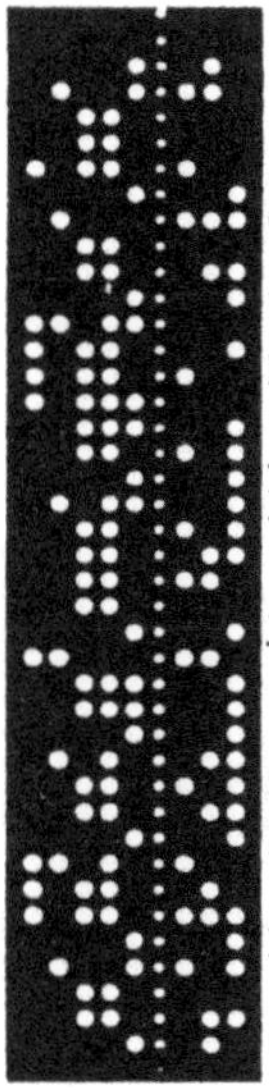

	Satzende
N 004	Satz-Nr. 4
G 03	Der Korrekturschalter 3 für die Werkzeuglängen-korrektur wird angewählt
X 148 95	Der Koordinatenwert $x = 148{,}95$ mm wird angefahren
Y 5380	Der Koordinatenwert $y = 53{,}60$ mm wird angefahren
F 99	Vorschubgröße : Eilgang
S 53	Die Drehzahl 45min^{-1} wird aufgerufen
T 27	Das Werkzeug Nr. 27 wird ausgewählt
M 03	Die Drehung der Spindel erfolgt im Uhrzeigersinn
	Satzende

Bild 2.20

| Gruppen-Nr. 8.9.9 | **Steuerungssysteme** | Abschn./Tab. StS/2.7 |

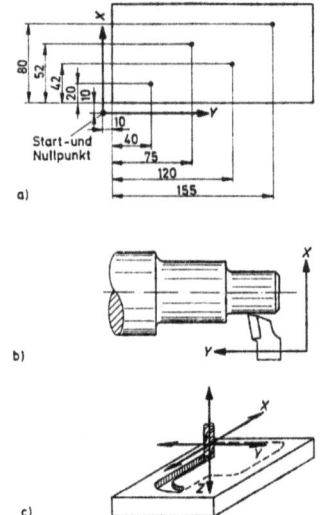

Bild 2.21

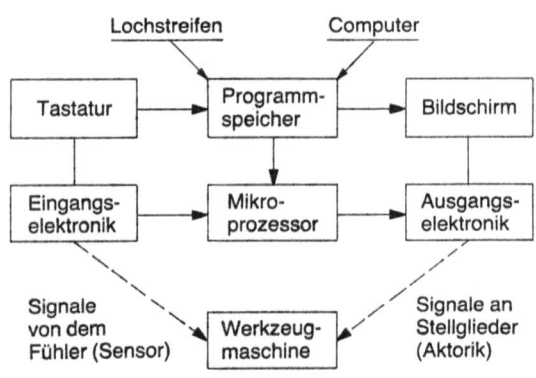

Bild 2.22

3. Speicherprogrammierbare Steuerungen (SPS):

In ein **Automatisierungskonzept** werden zunehmend Werkzeugmaschinen einbezogen, die man mit einer speicherprogrammierbaren Steuerung (SPS) ausstattet.

Im Gegensatz zur Relaissteuerung ermöglicht die SPS umfassende Bedienerführung, Fehlerdiagnose und das Programmieren in der Arbeitsvorbereitung.

Prinzipieller Aufbau der SPS (Bild 3.1)

— Eine SPS besteht aus einem **Leitrechner**, der über einen Datenbus die Signaleingänge abfragt und die Signalausgänge ansteuert, gemäß dem im **Speicher** des Rechners vorhandenen Programm.

— Zur Stromversorgung des Rechners sowie der Ein- und Ausgänge ist ein **stabilisiertes Netzteil** vorhanden.

— SPS der einfacheren Ausführungen haben eine feste Zahl von **Ein-** und **Ausgängen**, aufwendigere Systeme sind über Erweiterungsgeräte nahezu beliebig ausbaubar.

— Unter **Signaleingängen** versteht man die Anschlußmöglichkeit von Befehlsgeräten wie Taster, Endschalter und Sensoren.

— **Signalausgänge** sind Anschlüsse für Relaisspulen, Magnetventile und Stellglieder allgemein.

— Dem Rechner ist ein **Programmspeicher** angegliedert. In diesen Speicher wird das Maschinenprogramm eingelesen, das für jeden Steuerungsschritt, den die Maschine ausführen soll, die notwendige Signalkombination enthält.

— Das **Programm** entsteht mit Eingabe über die Tastatur eines Programmiergerätes.

— Am Beginn der Entwicklung von SPS standen wenig komfortable **Programmiergeräte** mit einzeiligem Leuchtdiodendisplay (-anzeige). Inzwischen gibt es sehr komfortable Programmiergeräte mit Bildschirmanzeige und Disketten-Laufwerken, die ähnlich wie Personalcomputer gehandhabt werden können.

— In den **Schaltschrank** einer Werkzeugmaschine ist der SPS eingebaut.
Im **oberen** Teil befindet sich allgemein das Netzteil, der Prozessor, der Programmspeicher, mindestens vier Ein- und Ausgangsbaugruppen sowie die **Verbindungskarte** zu Erweiterungsgeräten.
Die **unteren** Einschübe enthalten die Erweiterungsgeräte mit weiteren Ein- und Ausgangsmodulen sowie die Klemmleisten.
Die **Bedientafel** oder das **Bedienpult** enthält zur Vereinfachung des Bedienens eine **Tabelle** der einzelnen Schaltschritte sowie eine **Grafik** der Einzelfunktionen.

— Der **Vorteil** der speicherprogrammierbaren Steuerung (SPS) liegt hauptsächlich darin, daß für den Aufbau des Schaltschranks und zur Verdrahtung der Werkzeugmaschine lediglich bekannt sein muß,
  ● auf welche Eingänge die Signalgeber der Maschine gelegt werden müssen und
  ● welche Ausgänge der Steuerung mit welchen Stellgliedern verbunden werden müssen.
Erst beim Einschalten der Maschine muß das **Programm** bekannt sein. Da es parallel zum Aufbau der Maschine, z. B. vom Elektrokonstrukteur geschrieben wird, werden die Zeiten für den Aufbau der Steuerungen bedeutend gekürzt.

— Die grafische Darstellung der **Einzelfunktionen** zeigt über Meldeleuchten den augenblicklichen Zustand der Maschine.

| Gruppen-Nr. 8.9.10 | **Steuerungssysteme** | Abschn./Tab. StS/3 |

- Der entsprechende Text der Informationen zur **Fehlerbehebung** wird ebenfalls im Diagnosespeicher abgelegt (Bedienerführung). Neue Systeme gehen sogar soweit, daß an der Bildschirmanzeige **Maschinenbilder** dargestellt werden, die eine vereinfachte Fehlerbeseitigung ermöglichen. Anzeige blinkend oder durch Farbwechsel bzw. Helligkeitssteigerung. Verschiedene **Betriebszustände** können auf verschiedenen Bildern abgespeichert werden.

- Weil SPS immer **Zentralrechner** haben, können sie auch wie übliche Rechner erweitert und verwendet werden, z.B. zur Fehlerdiagnose. Das System hat meistens einen weiteren Speicher, der sämtliche Fehleradressen enthält. Zu jeder Fehleradresse steht im Speicher ein bestimmter Text. Stellt nun der Rechner einen nicht programmgemäßen Betriebszustand fest, so bildet er daraus die entsprechende Fehleradresse und zeigt den Fehlertext in der Anzeige an.

- Der **Steuerungstechniker** muß aber während des Steuerungsaufbaus die entsprechende Signalkombination festlegen, die als fehlerhaft zu beurteilen ist.

- Es können auch verschiedene **Betriebszustände** auf verschiedenen Bildern abgespeichert werden. Die einzelnen Bilder können dann über eine Tastatur vom Speicher abgerufen werden.

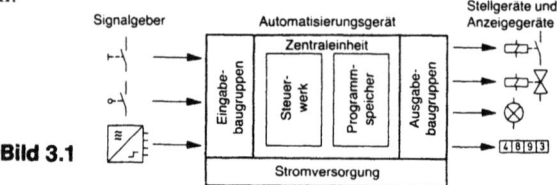

Bild 3.1

Zusammenfassung
Eine speicherprogrammierbare Steuerung (SPS; siehe Aufbau in Bild 3.1) besteht aus:
a) einem **Automatisierungsgerät**; es umfaßt allgemein
  - die Stromversorgungseinheit,
  - die Ein- und Ausgabebaugruppen (-geräte),
  - die Zentraleinheit mit
    - dem Steuerwerk und
    - dem Programmspeicher, evtl.
    - den Zeit-Baugruppen (zur Realisierung von Zeitverzögrungen).
b) den **Signalgebern** (z.B. Endschalter, Taster, Näherungsschalter) und
c) den **Stellgeräten** (z.B. Hauptschütze, Magnetventile) sowie
d) den **Anzeigegeräten** (z.B. Meldeleuchten, Zifferanzeigen).

Im **CNC-Programm** enthaltene Schaltbefehle (z.B. Spindeldrehzahl und -drehrichtung, Werkzeugspeicherabruf und Kühlmittel-Einschaltbefehl) werden von der Steuerung in die Anpaßsteuerung weitergegeben.

Die **Anpaßsteuerungen** werden:
- bei NC-Steuerungen elektromechanisch als Relaissteuerung realisiert;
- bei CNC-Steuerungen als speicherprogrammierbare Steuerungen (PC = programmable control) ausgeführt; meist modular in die CNC integriert (ohne Nahtstellen).

Die **DNC** (direct numerical control) ist die direkte Verbindung (on line) der CNC-Maschinen (evtl. mehrere NC-Arbeitsmaschinen) mit einem Rechner (Digitalrechner). Die Steuerungsinformationen werden vom Rechner nach dem Lochstreifenleser in die Steuerung der CNC-Maschinen eingegeben (BTR-Betrieb = behind tape reader).

1. Beschreibungsschlüssel für NC-Werkzeugmaschinen

Genormt (nach DIN 66025):
Vierstellige Buchstabengruppe und dreistellige Zifferngruppe

1. Buchstabe	– Steuerungsart	P:	Punktsteuerung
		L:	Streckensteuerung
		C:	Bahnsteuerung
2. Buchstabe	– Wortschreibweise	A:	Adreß-Schreibweise
		T:	Tabulator-Schreibweise
		S:	Tabulator-Adreß-Schreibweise
3. Buchstabe	– Maßsystem für lineare Maßangaben	M:	Maßangaben in Millimeter (mm) und dezimalen Bruchteilen
		I:	Maßangaben in Inches (Zoll) und dezimalen Bruchteilen
4. Buchstabe	– Maßsystem für rotatorische Maßangaben	D:	Maßangaben in Grad und dezimalen Bruchteilen
		R:	Maßangaben in Umdrehungen und dezimalen Bruchteilen
1. Ziffer	Sie gibt Auskunft über die Anzahl aller numerisch steuerbaren Positionierbewegungen der Werkzeugmaschine.		
2. Ziffer	Sie gibt die Anzahl der mit Wörtern für Koordinaten numerisch steuerbaren Positionierbewegungen an.		
3. Ziffer	Sie gibt die Anzahl der mit Wörtern für die Koordinaten programmierbaren gleichzeitig ausführbaren Positionierbewegungen an.		

2. Symbole für NC-Werkzeugmaschinen (DIN 30 600, 55 003)
(Symbol, Bildzeichen und Begriff bzw. Bedeutung)

a) Grundsymbole

Symbol	Bedeutung	Symbol	Bedeutung
➡	Funktionspfeil	↔	Kompensation oder Verschiebung (Korrektur)
→	Richtungspfeil	⟩	Programm ohne Maschinenfunktionen
⊕	Bezugspunkt, Ursprung	⟩	Programm mit Maschinenfunktionen
⟩	Datenträger	⌀	Ändern
⟩	Speicher	⇄	Wechsel
□	Satz		

Numerische Steuerungen

Gruppen-Nr. 21.2.1 — **Abschn./Tab. NS/2**

b) Programm, Satz, Speicher, Bezugspunkt, Korrektur

Symbol	Bedeutung	Symbol	Bedeutung
	Programmanfang		Programmende
	Programm einlesen (ohne Maschinenfunktionen)		Programm einlesen (mit Maschinenfunktionen)
	Satzweise Einlesen ohne Maschinenfunktionen; Auflösung durch Handbetätigung		Satzweise Einlesen mit Maschinenfunkt.; Auflösung durch Handbetätigung
	Programmspeicher		Dateneingabe extern
	Datenträger von externen Geräten		Datenausgabe aus einem Speicher
	Vorwarnung, Speicherüberlauf		Speicherüberlauf
	Speicherinhalt löschen		Speicherinhalt rücksetzen
	Daten im Speicher veränderung		Speicherfehler
	Programm verändern		Unterprogramm
	Unterprogrammspeicher		Programmende; Datenträgerrücklauf z. Programmanfang (ohne Maschinenfunktionen)
	Suchlauf, rückwärts zum Programmanfang (ohne Maschinenfunktionen)		Zwischenspeicher
	Datenträger fehlerhaft		Programmdaten fehlerhaft
	Vorlauf Datenträger (ohne Einlesen, ohne Maschinenfunktionen)		Rücklauf Datenträger (ohne Einlesen, ohne Maschinenfunktionen)
	Suchlauf vorwärts		Suchlauf rückwärts
	Dateneingabe in Speicher		Handeingabe
	Satznummer-Suche vorwärts		Satznummer-Suche rückwärts
	Hauptsatz-Suche vorwärts		Hauptsatz-Suche rückwärts
	Programmierter Halt (M 00)		Wahlweise programmierter Halt (M 01)
	Satzunterdrückung		Rücksetzen, Grundstellung
	Kontur Wiederanfahren		Löschen

Numerische Steuerungen

Symbole für NC-Werkzeugmaschinen (Fortsetzung)

Symbol	Bedeutung	Symbol	Bedeutung
	Position		Positions-Istwert
	Positions-Sollwert programmiert		Positionsfehler
	Positionsgenauigkeit fein		Positionsgenauigkeit mittel
	Positionsgenauigkeit grob		Nullpunktverschiebung
	Koordinaten-Nullpunkt		Werkstück-Nullpunkt
	Referenzpunkt		Werkzeugkorrektur
	Werkzeugdurchmesser-Korrektur		Werkzeuglängen-Korrektur
	Werkzeugradius-Korrektur		Werkzeugschneidenradius-Korrektur
	Maßangabe absolut (Bezugsmaße)		Maßangaben relativ
	Normale Achssteuerung (die Maschine folgt dem Programm)	L	Achssteuerung im Spiegelbild (die Maschine spiegelt Programm)

c) Anzeigeelemente

Symbol	Bedeutung	Symbol	Bedeutung
	Ein		Aus
	Ein/Aus, stellend		Ein/Aus, tastend
	Vorbereiten		Vorbereitendes Schalten
	Zuschalten		Abschalten
	Start		Stop
	Schnellstart		Schnellstop
	Handbetätigung		Automatischer Ablauf
	Größe verändern		Größe bis zum Minimalwert verändern
	Größe bis zum Maximalwert verändern		Drehbewegung, rechts
	Drehbewegung, links		Drehbewegung, links-rechts

10 – 3

| Gruppen-Nr. 21.2.1 | **Numerische Steuerungen** | Abschn./Tab. **NS/2** |

Symbole für NC-Werkzeugmaschinen (Fortsetzung)

Symbol	Bedeutung	Symbol	Bedeutung
	Drehbewegung, unterbrochen		Drehzahl, Umdrehungen, Drehen
	Einmalige Umdrehung		Umdrehung pro Minute
	Änderung der Drehzahl		Bewegung in Pfeilrichtung
	Bewegung in Pfeilrichtung, unterbrochen		Bewegung in Pfeilrichtung, begrenzt
	Bewegung in Pfeilrichtung aus Begrenzung		Bewegung in zwei Richtungen
	Bewegung in zwei Richtungen, begrenzt		Bewegung in einer Richtung, begrenzt
	Begrenzte Bewegung in Pfeilrichtung; hin und zurück		Oszillierende Bewegung, beiderseits begrenzt
	Geschwindigkeit		Schnelle Bewegung aus Begrenzung
	Schnelle Bewegung in eine Begrenzung		Temperatur, Thermometer
	Temperaturzunahme		Temperaturabnahme
	Getriebe, allgemein		Riementrieb
	Schaltgetriebe		Regelgetriebe
	Kupplung, allgemein		Bremsen
	Bremse lösen		Schmierung
	Einfüllöffnung; Einfüllen		Ablaßöffnung; Ablassen
	Überlauf		Festklemmen, Anpassen, Einspannen
	Lösen, Abheben		Mittelstellung
	Nachformen: Taster, Fühler abheben		Nachformen: Taster, Fühler anstellen
	Verriegeln		Entriegeln
	Saugen		Blasen

Numerische Steuerungen

Gruppen-Nr. 21.2.1 **Abschn./Tab.** NS/2

Symbole für NC-Werkzeugmaschinen (Fortsetzung)

⋯	Vorschub, allgemein	∿	Vorschub, Eilgang
	Spanende Bearbeitung		drehendes Werkzeug
	Bohren		Fräsen
	Schleifen		Reiben
	Gewindeschneiden		Räumen
	Längsdrehen		Plandrehen
	Drehen, innen		Drehen, außen
	Nachformen, Schablone		Gesamtlöschen, Gesamtnullstellen

10 – 5

| Gruppen-Nr. 21.2.1 | **Numerische Steuerungen** | Abschn./Tab. NS/3 |

3. Steuerungsarten der NC-Werkzeugmaschinen
(nach Koordinatensystemen)

Steuerungsart	Wirkprinzip/Verfahrbewegung (Bilder)
3.1 Punktsteuerung Mit dem **Werkzeug** können einzelne Punkte innerhalb eines Bearbeitungsfeldes angefahren werden. Das Werkzeug steht während der Verfahrbewegung nicht am Werkstück im Eingriff. Die **Verfahrgeschwindigkeit** ist nicht unabhängig von der Bearbeitungstechnologie. Zwischen den Verfahrbewegungen in den einzelnen Verfahrrichtungen besteht kein mathematisch-geometrischer Funktionszusammenhang. **Anwendung:** zum Positionieren ohne Werkzeugeingriff. **Anwendungsbeispiele:** – Blechabkantmaschinen (mit gesteuerten Verstellung von Anschlägen) – Stanz- und Nibbelmaschinen – Bohrmaschinen – Punktschweißmaschinen – Lehrbohrwerke	a b c
3.2 Streckensteuerung Werkstückkonturen können nur parallel zu den Verfahrachsen der Maschinenschlitten gefertigt werden. Das **Werkzeug** kann am Werkstück während der Verfahrbewegung im Eingriff stehen. Die **Verfahrgeschwindigkeit** kann den technologischen Erfordernissen angepaßt werden. Die Steuerung kann aber keine geometrischen Funktionszusammenhänge zwischen den Bewegungen in den einzelnen Verfahrachsen verwirklichen. Da der Gleichlauf der Vorschubmotoren nicht hinreichend exakt ist, können auch keine unter 45° zu den Verfahrachsen verlaufenden Werkstück-Konturen gefertigt werden.	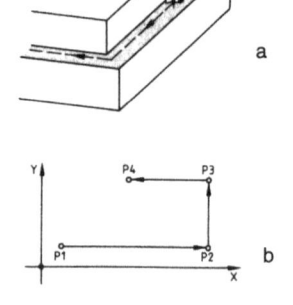 a b

Steuerungsarten der NC-Werkzeugmaschinen (Fortsetzung)

Steuerungsart	Wirkprinzip/Verfahrbewegung
Anwendung: Wenn Bohrungen mittels Bohr- oder Ausdrehmaschinen gebohrt oder gerade bzw. parallel zu einer Maschinenachse verlaufende Flächen oder Kanten gefräst werden sollen, ist eine Streckensteuerung ausreichend. **Anwendungsbeispiele:** — einfache Drehmaschinen — einfache Fräsmaschinen — Bohrwerke	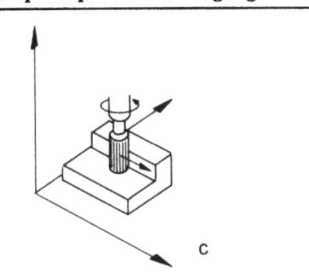 c
3.3 Bahnsteuerung Universell einsetzbar, also vielseitigste Steuerungsart, die auch die Möglichkeit der Punkt- und Streckensteuerung umfaßt. Das **Werkzeug** kann während der Verfahrbewegungen am Werkstück im Eingriff stehen. Zwischen den lage- und geschwindigkeitsgeregelten **Verfahrbewegungen** lassen sich unterschiedliche geometrische Funktionszusammenhänge verwirklichen. Je nach Anzahl der gleichzeitig mit funktionalem Zusammenhang steuerbaren **Achsen** unterscheidet man **2 D-, 3 D-, 4 D-** oder auch **2½ D-Steuerungen** (D = Direction, evtl. Dimensional). Bild 3 c = 2 D-St., Bild 3 d = 3 D-St. **Anwendung:** allgemein, wenn schräge Flächen, Kreise oder beliebige Konturen gedreht, gefräst, geschnitten oder gezeichnet werden sollen. **Anwendungsbeispiele:** — NC-Drehmaschinen — NC-Bohrmaschinen — NC-Gewindebohrmaschinen — NC-Fräsmaschinen — NC-(DNC-)Bearbeitungszentren (horizontal / vertikal) — NC-Nibbelmaschinen — NC-Drahterodiermaschinen — NC-Brennschneidmaschinen — NC-Zeichenmaschinen	 a 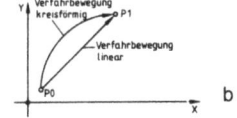 b 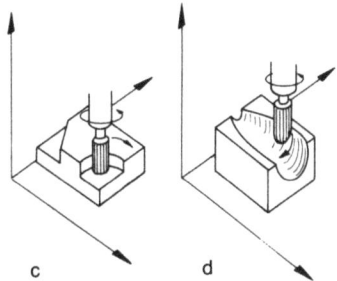 c d **Anmerkung:** **Numerische Steuerung** (Numerical Control = NC) ist dadurch gekennzeichnet, daß die Eingangsgröße (x) dieser Steuerungen **binär-digitale Signale** sind. Die Eingangsgrößen werden in Form eines **Steuerungsprogramms** in die Steuerung eingegeben.

| Gruppen-Nr. 21.2.1 | **Numerische Steuerungen** | Abschn./Tab. **NS/3** |

Steuerungsarten der NC-Werkzeugmaschinen (Fortsetzung)

Wichtig!

1. Die Steuerung dieser Maschinenarten besitzt eine als **Interpolator** bezeichnete fest verdrahtete oder – bei CNC – frei programmierbare Rechenschaltung. Diese berechnet zwischen Startpunkt (P0) und Zielpunkt (P1, P2 usw.) einer Bahnkurve laufend die aktuellen Sollpositionen der **Werkzeuglage**.
Die vom Programm her beeinflußbare Rechenfrequenz bestimmt dabei die **Vorschubgeschwindigkeit** des Werkzeuges. Die berechneten Sollpositionen werden mit der Lage-Ist-Position verglichen. Aus der Differenz beider Werte leitet die Lageregelung die Stellbefehle für die Vorschubmotoren in den einzelnen Achsrichtungen ab.

2. Bei **DNC** kann die Interpolation auch in einem externen **Zentralrechner** ausgeführt werden. Die berechneten Lage-Sollwerte werden der NC-Maschine dann über Leitungsverbindung **(on line)** mitgeteilt.

3. Für die Zukunft der NC-Technik wird eine vollständige Umstellung auf CNC (Computerized NC) und DNC (Direct NC) sowie eine erhebliche Zunahme der Fertigung auf **flexiblen Fertigungssystemen (FFS)** vorausgesagt, unter Einbeziehung der AC (Adaptive Control = Anpassungsregelung).

4. Hauptaufgabe des **Zentralrechners** (CPU = central processor unit) ist die Verwaltung der CNC-Teileprogramme und ihre zeitrichtige Verteilung auf die nachgeschalteten CNC-Maschinen.
Die Funktionen eines DNC-Systems sind im Bild 3.1 dargestellt. Man unterscheidet Massenspeicher und Arbeitsspeicher (RAM).

5. Bei der **Anpassungsregelung** (AC = adaptive control) wird der Istwert von Größen, die für den Fertigungsprozeß kennzeichnend sind, mit Meßgliedern (Sensoren) erfaßt und zur Prozeßregelung benutzt. Nach der zu erfüllenden Aufgabe des AC-Systems beim Fertigungsprozeß sind zu unterscheiden:

   - Technologische AC – Regelung der technologischen Größen.
   - Geometrische AC – Regelung der geometrischen Größen.
   - ACC (AC-Contraint) = Regelung der Spannungsgrößen (z. B. Schnittkraft F_c) auf vorgegeben Grenzwert.
     Ziel: Konstante Ausnutzung der Leistungsfähigkeit von Werkzeug und Maschine.
   - ACO (AC Optimization) = Regelung auf optimale Größe des gesamten Spanungsprozesses (Schnittbedingungen).

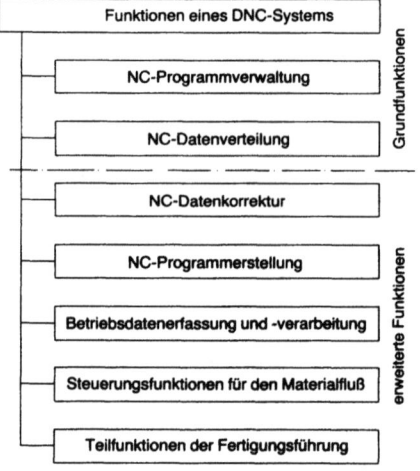

Bild 3.1

4. Koordinatenachsen und Bewegungsrichtungen für NC-Maschinen

Zur Vereinheitlichung der Programmierung numerisch gesteuerter Arbeitsmaschinen, sind die Koordinaten des Werkstückes und die Lage der Achsrichtungen (Bewegungsrichtungen in DIN 66217 festgelegt.

Koordinatensystem	Bilder / Beispiele
Verwendet wird ein **rechtshändiges, rechtshändiges, rechtwinkliges** Koordinatensystem mit den Achsen X, Y und Z (s. Bild 1), das auf die **Hauptführungsbahnen** der numerisch gesteuerten Arbeitsmaschine ausgerichtet ist. Dieses Koordinatensystem bezieht sich grundsätzlich auf das aufgespannte **Werkstück**.	2. Drehmaschine (X,Z-Achsen) 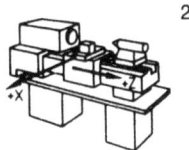
Daraus ergibt sich folgende kurze **Programmierregel**: Das Werkstück steht still, nur das Werkzeug bewegt sich. Beim Programmieren wird also immer angenommen, daß sich das Werkzeug relativ zum Koordinatensystem des stillstehend gedachten Werkstückes bewegt.	3. Konsol-Fräsmaschine (X, Y, Z-Achsen) 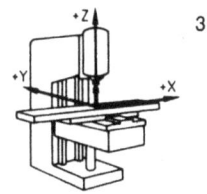
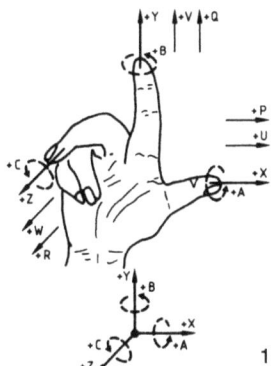	4. Zeichenmaschine (X, Y, Z-Achsen) 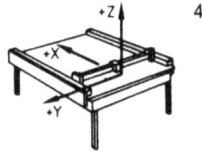
Ordnet man das Koordinatensystem einer Maschine zu, so kann je nach Aufbau der Maschine und der Funktion ihrer Bewegungsachsen das Koordinatensystem **als Ganzes** um die Koordinatenachsen gedreht werden. Bei der Zuordnung an die Maschinenart orientiert man sich im allgemeinen an der **Arbeitsspindel**.	**Anmerkung** zu Bild 2: Bei **Drehmaschinen** ist die Arbeitsspindel der Träger des rotierenden Werkstückes. Das Drehwerkzeug (z. B. Drehmeißel) führt die translatorischen Bewegungen in X- und Z-Richtung aus. Zu Bild 3: Bei **Fräsmaschinen** ist die Arbeitsspindel der Träger des rotierenden Werkzeugs (z. B. Fräser)

| Gruppen-Nr. 21.2.1 | **Numerische Steuerungen** | Abschn./Tab. **NS/4** |

Koordinatenachsen und Bewegungsrichtungen Fortsetzung)

Lage der Achsrichtung

1. Z-Achse	• Bei Maschinen mit nicht schwenkbarer Arbeitsspindel liegt die Z-Achse parallel zur Arbeitsspindelachse oder fällt mit dieser zusammen. • Ist eine schwenkbare Arbeitsspindel und nur in einer Schwenkposition zu **einer** Koordinatenachse parallel, dann ist diese Achse die Z-Achse. • Kann die Arbeitsspindel parallel zu **mehreren** Koordinatenachsen geschwenkt werden, dann ist die Z-Achse die auf der Haupt-Werkstückaufspannfläche senkrechtstehende Achse. • Ist eine schwenkbare Arbeitsspindel in Achsrichtung **verschiebbar,** wird diese Achse mit W bezeichnet (s. Bild 1). • Verfügt die Maschine über mehrere Arbeitsspindeln, ist die Spindel **Hauptspindel,** deren Achse vorzugsweise senkrecht auf der Werkstückaufspannfläche steht. • Bei Maschinen ohne Arbeitsspindel steht die Z-Achse senkrecht auf der Werkstückaufspannfläche.

2. X-Achse	Die X-Achse ist die Hauptachse in der Positionsebene, liegt parallel zur Werkstückaufspannfläche und verläuft vorzugsweise horizontal.
	a) Maschinen mit **rotierendem Werkzeug** (z.B. Bohrer, Senker, Gewindebohrer, Fräser; Bild 3):
	  • Liegt die Z-Achse horizontal, verläuft die positive X-Achse nach rechts (von der Hauptspindel zum Werkstück geblickt).
	  • Liegt die Z-Achse vertikal, verläuft bei Einständermaschinen die positive X-Achse nach rechts (von der Hauptspindel zum Ständer geblickt, siehe Bild 3).
	  • Liegt die Z-Achse vertikal, verläuft bei Zweiständermaschinen die positive X-Achse nach rechts, wenn man von der Hauptspindel zum linken Ständer blickt.
	b) Maschinen mit **rotierendem Werkstück** (z.B. Drehmaschine):
	  • Die X-Achse liegt radial zum Werkstück und verläuft von der Werkstückachse (Drehachse) zum Haupt-Werkzeugträger (siehe Bild 2).
	  • **Programmierregel:** Bewegt sich das Drehwerkzeug auf das Werkstück zu, muß eine negative Bewegungsrichtung programmiert werden. Entfernt sich das Drehwerkzeug vom Werkstück, entsteht eine positive Bewegungsrichtung.

Koordinatenachsen und Bewegungsrichtungen (Fortsetzung)

		c) Maschinen **ohne Arbeitsspindel**: • Die X-Achse verläuft parallel zur Hauptbearbeitungsrichtung.
3. Y-Achse		Durch die Festlegung der Z- bzw. X-Achse ergibt sich die Lage der Y-Achse aus dem dreiachsigen Koordinatensystem.
4. Drehachsen		Sind bei numerisch gesteuerten Arbeitsmaschinen Drehachsen (z.B. Drehtische oder Schwenkeinrichtungen) vorhanden, werden diese mit **A, B** und **C** bezeichnet (Bild 1). Diese Drehbewegungen A, B und C werden entsprechend den translatorischen Achsen X, Y und Z zugeordnet. Blickt man bei einer Achse in die positive Richtung, so ist die Drehung im Uhrzeigersinn die positive Drehrichtung.
5. Zusätzliche Achsen		Sind zu X, Y und Z weitere unabhängig gesteuerte Achsen vorhanden, so werden diese mit **U, V** bzw. **W** bezeichnet (s. Bild 1). Weitere zu den Hauptachsen parallele Achsen werden mit P, Q bzw. R bezeichnet (s. Bild 1).

5. Bezugspunkte an Werkzeugmaschinen (Koordinatensystem)

Folgende Bezugspunkte sind wichtig für die **Programmierung** der Weginformationen und technologischen Informationen:

Bezeichnung / Erläuterung	Bilder
1. Maschinen-Nullpunkt M Liegt im Ursprung des **Maschinen**-Koordinatensystems unverändert fest und ist in der Maschine nicht verschiebbar. Beim Einrichten der NC-Maschine wird dieser M-Punkt von allen Maschinenschlitten überfahren und damit alle Koordinaten-Anzeigen auf 0 (Null) gesetzt. Bei Drehmaschinen liegt M z.B. im Bereich des Futters, meist der Anschlagfläche des Spindelflansches.	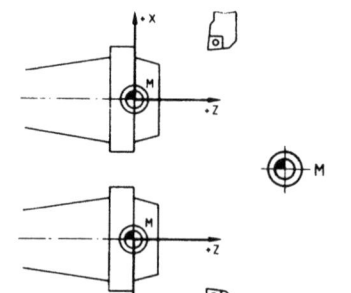
2. Werkstück-Nullpunkt W Ist identisch mit dem Ursprung des **Werkstück**-Koordinatensystems. Dieser wird vom Programmierer beliebig gewählt und gibt den Punkt auf der **Fertigteilzeichnung** an, von dem alle Fertigungsmaße ausgehen. Die Differenz zwischen M und W wird der Steuerung als Nullpunkt-Verschiebung mitgeteilt. Durch diese Angabe beziehen sich alle programmierten Koordinatenwerte auf W-Punkt.	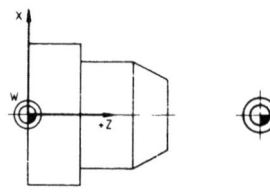
3. Programm-Nullpunkt P0 Gibt den Punkt an, bei dem sich das **Werkzeug** (z.B. Meißelspitze) zu Beginn der Bearbeitung befindet. Der W-Punkt ist dafür meist ungeeignet, da er z.B. bei Rohteilen im Werkstück liegt.	Ohne Bild (siehe Angabe in Tabelle NS/6) **Beachte!** P0-Punkt soll zweckmäßig so gewählt werden, daß das Werkstück bzw. Werkzeug problemlos gewechselt werden kann.
4. Maschinen-Referenzpunkt R Ist Hilfs-Maschinennullpunkt, der zweite Bezugspunkt auf den Achsen. Er ist erforderlich, wenn das aufgespannte Werkstück oder die Aufnahmevorrichtungen ein Anfahren des M-Punktes verhindern. Ausgangsstellung ist durch Markierungen bzw. durch Nocken- oder Endschalter (am Maschinenschlitten).	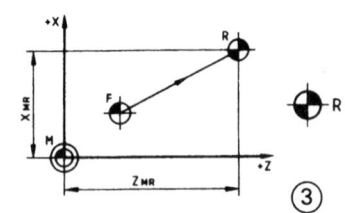

| Gruppen-Nr. 21.2.1 | **Numerische Steuerungen** | Abschn./Tab. **NS/5** |

Bezugspunkte an Werkzeugmaschinen (Fortsetzung)

Bezeichnung / Erläuterung	Bilder
Sein Abstand zum M-Punkt muß bekannt sein. Der F-Punkt (s. Nr. 7) kann in den Referenzpunkt verlegt werden.	
5. Anschlagpunkt A Ist der Punkt, in dem das Werkstück gegen das Spannzeug anschlägt. Er kann mit dem Werkstück-Nullpunkt W zusammenfallen, wenn Anschlagfläche der Werkstücke eine fertig bearbeitete Fläche ist und unbearbeitet bleibt. A-Punkt ist frei wählbar auf der Anschlagfläche.	④
6. Startpunkt B Ist für jeden Programmschritt frei wählbar und im Programm festlegbar. Bei einigen Steuerungssystemen wird B auch als Anfangspunkt bezeichnet. Bei der Festlegung von A muß unbedingt auf Kollisionsfreiheit geachtet werden. A und R bzw. A und F sind zusammenlegbar.	⑤
7. Steuerungs-Nullpunkt C Ist der Nullpunkt im Koordinatensystem, der evtl. in den Werkstück-Nullpunkt W verschoben werden kann.	⑥
8. Einstell-Nullpunkt E Ist fester Punkt am Werkzeugeinstellgerät.	⑦
9. Schlitten-Bezugspunkt F Ist der auf dem Werkzeugträgerschlitten festgelegte Punkt. Mit seiner Hilfe können beliebige Stellungen im Koordinatensystem beschrieben werden.	⑧

10 – 13

Bezugspunkte an Werkzeugmaschinen (Fortsetzung)

Bezeichnung / Erläuterung	Bilder
10. Werkzeughalter-Bezugspunkt N Wird allgemein dem Werkzeug-Karteiblatt entnommen.	⊕ N ⊕ T ⑨ ⑩
11. Werkzeugträger-Bezugspunkt T Dieser Punkt muß bei mehreren Werkzeugen (z. B. bei Revolverköpfen) mehrfach ermittelt werden.	Anmerkung: Mit den N und T-Punkten werden die Abstände der Werkzeugmaße zum Schlitten-Bezugspunkt F festgelegt.
12. Werkzeug-Bezugspunkt P Dieser Punkt dient zur Bestimmung der Lage des Werkzeugs im Arbeitsraum der Maschine (Werkzeugmaschine).	Im Bild 11: x_M, z_M = Achsen des Maschinen-Koordinatensystems; x_W, z_W = Achsen des Werkstück-Koordinatensystems

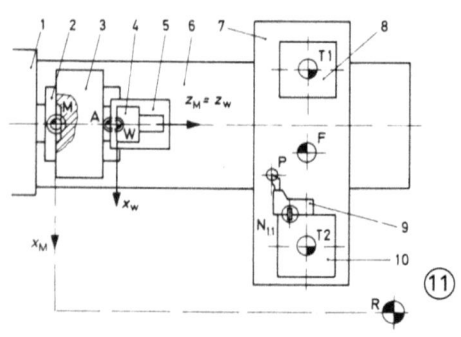

Bild 11: 1 Spindelstock; 2 Spindelflansch; 3 Spannfutter; 4 Werkstück; 5 Ausgangsteil; 6 Maschinenbett; 7 Schlitten; 8 Werkzeugrevolver 1; 9 Werkzeughalter (mit Meißel); 10 Werkzeugrevolver 2.

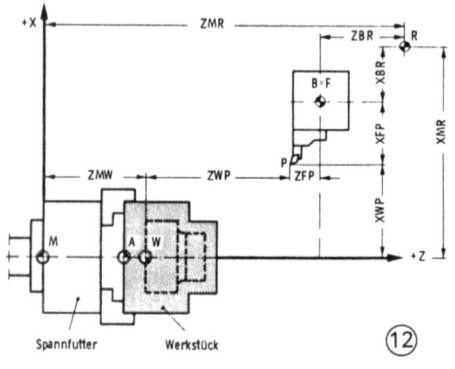

Im Bild 12:

XFP, ZFP	Werkzeugeinspannlängen
XBR, ZBR	Abstände Startpunkt-Referenzpunkt
XMR, ZMR	Abstände Maschinen-Nullpunkt-Referenzpunkt
XWP, ZWP	Werkzeug-Istposition im Werkstückkoordinatensystem bei Programmstart
ZMW	Abstand Maschinen-Nullpunkt-Werkstück-Nullpunkt

| Gruppen-Nr. 21.2.1 | **Numerische Steuerungen** | Abschn./Tab. **NS/6** |

6. Bezugsmaß- und Kettenmaß-Programmierung

P0: Startposition (Startpunkt)
P1: Zielposition (Zielpunkt)

a) **Bezugsmaßprogrammierung (G 90)** Bei der Bezugsmaßprogrammierung (Wegbedingung **G 90**) werden die Koordinaten der Zielposition (des Zielpunktes) als Absolutwerte auf den Nullpunkt des Werkstück-Koordinatensystems bezogen angegeben. Programm: N 001 G 90 N 002 G 01 X 120 Y 80 F 75	Beispiel – Bild 1 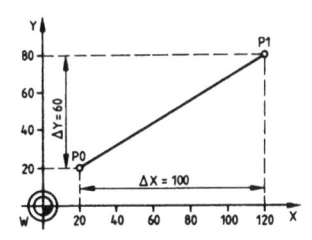
b) **Kettenmaßprogrammierung (G 91)** Bei der Kettenmaßprogrammierung (Wegbedingung **G 91**) werden die Koordinaten der Zielposition (des Zielpunktes) als Relativwerte von Start- und Zielpunkt in den einzelnen Verfahrachsen angegeben. Programm: N 001 G 91 N 002 G 01 X 100 X 60 F 75	Beispiel – Bild 2 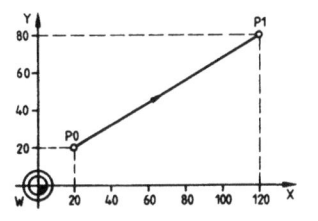

Informationsfluß der Lageinformation bei numerischer Stellung (NC)

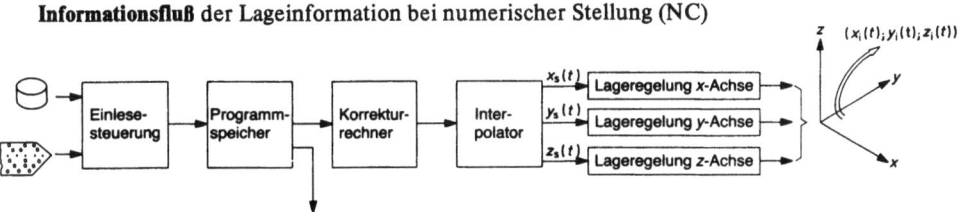

10 – 15

Notizen

| Gruppen-Nr. 12.6.2 | Bildzeichen/Formelzeichen | Abschn./Tab. BF/1 |

1. Bildzeichen für Messen, Steuern und Regeln
(nach DIN 19226, 19227, 19228, 2481, 40700)

a) Blockbildzeichen

Schaltzeichen	Benennung	Schaltzeichen	Benennung
☐	Geräteblock, allgemein (wahlweise Quadrat oder Rechteck)	$\boxed{\frac{K_p}{1\cdot T_p}}$	Regelkreisglied gekennzeichnet durch Frequenzganggleichung
R	Regeleinrichtung, allgemein	PID	Regelkreisglied gekennzeichnet durch Kurzsymbol des Übergangsverhaltens
S	Regelstrecke, allgemein		
▷	Regelverstärker, allgemein	Ⓖ	Regelkreisglied gekennzeichnet durch Gerätehinweis
▷	Unbeschalteter Regelverstärker (allgemein) z. B. Operationsverstärker		
			Sollwertgeber, Einsteller
	Transduktor-Regelverstärker		
▷	Regler nach DIN 19228, wahlweise		Umsetzer, allgemein
▷	Die Basis des gleichschenkligen Dreiecks ist die Eingangsseite für Regel- und Fühlungsgröße		Meßumformer, Signalumformer
▷PI, ▷PID	Regler mit Kennzeichnung des Zeitverhaltens		Gleichrichter
⊠	Regler (nach DIN 2481)		Wechselrichter
	Zweipunkt-Regler (Unstetiger Regler)		Frequenzumsetzer (Umrichter)
	Reglerkreisglied gekennzeichnet durch Sprungantwort		Impulsformer (z. B. Zündstufe)
			Analog-Digitalumsetzer
	Reglerkreisglied gekennzeichnet durch Kennlinie $y = f(x)$		Analog-Digitalumsetzer, wahlweise

11–1

| Gruppen-Nr. 12.6.2 | **Bildzeichen / Formelzeichen** | Abschn./Tab. **BF/1** |

Bildzeichen für Messen, Steuern und Regeln (Fortsetzung)

Schaltzeichen	Benennung	Schaltzeichen	Benennung
⌒	Analogverfahren		**c) Stelleinrichtungen**
⌬	Digitalverfahren (Netzwerk, Ringkennspeicher)	▽	Stellglied, Stellort, allgemein
▢	Speicher, allgemein	○	Stellantrieb
●	Symbol für Speichereffekt	○̦	Stellgerät
⊡	Matrixspeicher (z. B. Ringkernspeicher)	⟶⋈⟵	Stellventil (ohne Angabe der Betätigungsart)
⌼	Magnetbandspeicher		Stellventil, handbetätigt
	Impulsgenerator		Stellventil, pneumatisch betätigt
	Schreiber		Drosselklappe
b) Meßgeber		⟶⋀⋁⋀⟵	Zugfeder (z. B. bei Sollwertsteller)
○	Meßort, Meßfühler		Getriebe
⊥	Meßgeber, allgemein (z. B. an Rohrleitung)		**d) Blockverbindungen**
	Meßgeber speziell für Druck	⟶	Signal-Wirkungslinie
+	Meßgeber speziell für Temperatur		Misch- oder Überlagerungsstelle (mit Angabe des Wirkungssinnes)
⧻	Meßgeber speziell für Durchfluß		Signal-Umkehrstelle
⟶○	Tachogenerator (Drehzahlgeber)		Signal-Umkehrstelle
○—	Winkelschrittgeber (Geber f. digitale Drehzahlmessung)	⊠ ·	Multiplikationsstelle (wahlweise)
⊥	Meßgeber für den Strom	÷	Divisionsstelle

11-2

| Gruppen-Nr. 12.6.2 | **Bildzeichen / Formelzeichen** | Abschn./Tab. BF/2 |

2. Steuerungs- und Regelungstechnik
Größen, Formeln und Formelzeichen, Einheiten (SI):

Die nachstehend aufgeführten Formelzeichen entsprechen weitgehend DIN 19221 Teil 1 bis 4 und DIN 19226.

Formelzeichen der Regel-, Stell-, Führungs- und Störgröße (also der relativen Größen) x, y, w, z werden bei Computerdruckern auch groß geschrieben.

SI-Einheiten der Regel-, Stell-, Führungs- und Störgröße richten sich nach den Einheiten für Druck, Drehzahl, Spannung, Durchfluß, Temperatur usw.

Abkürzung: bel. = beliebig

a) Formelzeichen mit kleinen Buchstaben
(kennzeichnen zeitlich veränderliche Größen und Signale)

Symbol	Einheit	Bedeutung	Formel
c_s	1/s, m/s	Änderungsgeschwindigkeit der Regelgröße	$c_s = dx/dt$
f_e	1/s	Eigenfrequenz: mit Dämpfung	$\omega_e = 2 \cdot \pi / T_e$ 3 $2 \cdot \pi \cdot f_e$
f_o	1/s	Eigenfrequenz: ohne Dämpfung	$\omega_o = 2 \cdot \pi \cdot f_o$
f_s	1/s	Schaltfrequenz	$f_s = 1/T$ bzw. $1/t$
$h(t)$	–	Übergangsfunktion	
p_e/p_a	N/m², Pa	Druck, Eingangs-/Ausgangs-	p_1, p_2 unterschiedliche Druckwerte
r	bel.	richtiger Meßwert, reeller M.	
t	s	Zeit; Schaltdauer	
$ü$	s	Überschwingweite	
v_{Xe}	m/s	Geschwindigkeit: Eingangssignal	
v_{Xa}	m/s	Geschwindigkeit: Ausgangssignal	
$v_0; V_0$	–	Kreisverstärkung	
$v_y; V_y$	bel.	Stellgeschwindigkeit, allgemein	
v_I	bel.	Stellgeschwindigkeit des I-Reglers	
$w; (X_S)$	bel.	Führungsgröße (Sollwert) Ein-/Schalterstellung	
x	–	Maßzahl einer Meßgröße	
$x; (X_I)$ x_1/x_2	bel.	Regelgröße (Istwert) z. B. Behälter-/Meßdruck	absolute Größe; $x = X_i - X_0$ $\Delta x =$ Schwankungsbreite der Regelgröße
x_a	bel.	Ausgangsgröße; -signal	
x_e	bel.	Eingangsgröße; -signal	
x_A	bel.	Aufgabengröße: z. B. Druck/Vorrat	
x_i	bel.	Istwert der Regelgröße	oft statt X_i
x_d	bel.	Regeldifferenz, z. B. Schalt-	$x_d = -x_w = w = x \, x_s - X_i$
x_f	bel.	Fehlerhafte Anzeige	

11–3

Bildzeichen / Formelzeichen

Steuerungs- und Regelungstechnik (Fortsetzung)

x_m	bel.	Überschwingweite d. Regelgröße	x_m auch Größtwert eines Meßbereiches
$x_m; x'_m$	bel.	Mittelwert	$x'_m = (x_o + x_u)/2$
x_o		Schaltpunkt: oberer	
x_u		Schaltpunkt: unterer	
$x_p; X_p$	bel.	Proportionalbereich	$x_p = Y_h / V_R$
x_r	bel.	Tatsächlich vorhandener richtiger Meßwert (reeller)	
x_s	bel.	Sollwert der Regelgröße	
x_{sd}	bel.	Schaltdifferenz	$x_{sd} = x_o - x_u$
x_w	bel.	Regelabweichung (evtl. durch ein Meßgerät angezeigt)	$x_w = x_d = x - w$ $= x_i - x_s$
x_W		• Augenblickswert	
x_B		• bleibende Regelabw.	
$y_1; y_2$		Stellgröße: z. B. Schaltbefehl, Ventilstellung; Stellsignal/-abweichung	$y = -x_d \cdot Kp = x_d \cdot Kp$ $y = Y - Y_0;$ Y = absolute Größe Y_0 = Bezugswert
y_R	bel.	Regler-Stellgröße: Stelldruck	
y_S	bel.	Strecken-Stellgröße: Ventilstellung	
z $z_1; z_2$	bel.	Störgröße: z. B. Zufluß-/Abflußänderung (Störabweichung)	$z = Z - Z_0;$ Z = absolute Größe; Z_o = Bezugswert
z_h	bel.	Störbereich	
α	rad	(Dreh-)Winkel	rad = Radiant
φ	bel.	Phasenverschiebung zw. x_e und x_a	
τ	bel.	Zeitkonstante einer Spule	z. B. $\tau = L/R$ (Indukt./Wid.)
$\vartheta_k; \vartheta_w$	K	Kalt-/Warmtemperatur	
ϑ_{20}	°C	Temperatur von 20 °C	
ω	1/s	Kreisfrequenz; Frequenz der Signale	$\omega = 2 \cdot \pi \cdot f;$ ω_0 = Grenzfrequenz Einheit auch rad/s
$\Delta h; \Delta l$	m	Höhen- bzw. Längendifferenz	
ΔM	bel.	Meßgrößenveränderung	
$\Delta T; \Delta t$	s; Sek.	Zeitdifferenz	
Δx_o	bel.	Abweichung der Regelgröße (ohne Regelung)	

Steuerungs- und Regelungstechnik (Fortsetzung)

$\Delta x_a/\Delta x_m$	bel.	Anzeige-/Meßbereich eines Meßgeräts
$\Delta \vartheta$	K	Temperaturdifferenz
f/r		Falscher / richtiger Wert

b) Formelzeichen mit großen Buchstaben
(kennzeichnen allg. Konstanten oder Funktionssymbole bzw. Faktoren)

A	bel.	Anlaufwert; Fläche	
D	–	Dämpfungsgrad	D_o = ohne Dämpfung
E	bel.	Maßeinheit	E_m = Meßempfindlichkeit
F_a	bel.	Absoluter Fehler	F_r = relativer Fehler
$F_{(s)}$	–	Übertragungsfunktion	
F_z	1/s	Frequenzgang, komplexer	$F_z = x/z$, wenn w konstant $F_w = x/w$, wenn z konstant
H	bel.	Hilfsenergie (z. B. Druck, Spannung)	
K	bel.	Übertragungsfaktor	
K_D	bel.	Differentialer Übertragungsfaktor	Differenzierbeiwert des Differentialsystems
K_I	1/s	Integraler Übertragungsfaktor	$K_I = Y_h/(X_h \cdot T_I)$
K_R		Integraler Übertragungsfaktor der P-Regler	Integrierbeiwert des Integralsystems
K_p	bel.	Proportionaler Übertragungsfaktor	$K_p = x_a/x_e$ bzw. $y/x =$ $= y/(x-w)$
$K_{Sy}; K_{Sz}$	bel.	Proportionaler Übertragungsfaktor P-Beiwert für P-Strecken	Übertragungsbeiwert des Proportionalsystems
K_S	bel.	Übertragungsfaktor der Strecke	$K_S = \Delta x/\Delta y$
M	bel.	Meßwert der Meßgröße	
N	bel.	Beschreibungsfunktion	
Q	bel.	Ausgleichswert	$Q = l/V_s = y/x$
R	–	Regelfaktor	$R = l/(l + V_o)$
S		Signal (Information)	
T	s	Zeitkonstante; Periodendauer	$T = l/f_s$ (Schwingungsdauer)
T_e	s	Schwingungsperiode	
T_a	s	Anlaufzeit; Ausregelzeit	$T_a = A \cdot x_s = A \cdot \Delta x$
T_D	s	Differentialzeit	
T_g	s;min	Ausgleichszeit	T_g/T_u allgemein > 10 Regelaufwand/-barkeit
T_I	s	Integralzeit	

| Gruppen-Nr. 12.6.2 | **Bildzeichen / Formelzeichen** | Abschn./Tab. BF/2 |

Steuerungs- und Regelungstechnik (Fortsetzung)

T_k	s;min	kritische Schwingungsdauer	
T_n	s;min	Nachstellzeit-Konstante	$T_n \approx 3{,}3\, T_t$ (bei PI) $\approx 2\, T_t$ (bei PID)
T_s	s	Zeitkonstante d. Regelstrecke	
T_t	s	Totzeit: (z. B. Signallaufzeit)	t'_t 3 Ersatz-Totzeit
T_u	s	Vorzugszeit	
T_v	s	Vorhaltezeit	$T_v \approx 0{,}5\, T$
T_y	s	Stellzeit	
$T_b; T_B$	s;min	Bleibende Regelabweichungszeit	
V	–	Verstärkung	V 3 y/x; V auch Volumen
$\underline{V}$	–	Stabilität(-sgrenze)	$\underline{V} = F_R \cdot F_S$; Komplexe Kreisverstärkung
$\dot{V}; (Q)$	m³/s	Volumendurchfluß	
$V_0; (V_K)$	–	Kreisverstärkung, reelle; (V_o)	$V_o = V_S \cdot V_R$
V_R	–	Verstärkung des P-Reglers	$V_R = Y_h / X_p$
V_S / V_s	–	Verstärkung der Regelstrecke	$V_S = x/y = 1/Q$
W_h	bel.	Führungsbereich	Bereich in dem $X_s (x_s)$ eingestellt werden kann
X_a	bel.	Bezugswert für Regelabweichung	
X_x	bel.	Informationssignal	
$X_b; X_B$	bel.	Regelabweichung, bleibende	
X_h	bel.	Regel-/Laufbereich (I-Regler) – durchläuft Regelgröße x	f. Einheitsregler gilt $X_h = Y_h$
X_M	bel.	Meßbereich	Istwert X_i kann innerhalb X_M schwanken
X_p	bel.	Proportionalitätsbereich	p-Bereich $X_p \approx 4\, T_t\, (ri \cdot A)$
Y_h	bel.	Stellbereich (durchläuft die Stellgröße y)	$Y_h = V_R \cdot X_p$
Z_h	bel.	Störbereich (durchläuft die Störgröße z)	

c) Indizes

a		Ausgang des Signals (auch 1)
$e\,(b)$		Eingang des Signals (auch 2)
i		innen; auch Istwert (evtl. I)
h		Hilfsgröße
k		Kritische Größe

Steuerungs- und Regelungstechnik (Fortsetzung)

K	Regelkreis; Kompensation
o	Bezugswerte (Arbeitspunkt): X_o, Y_o usw.
O	Ohne Verzögerung (auch o)
R	Regeleinrichtung (Wirkung an Regler)
S	Regelstrecke (Wirkung an Strecke)
s	Sollwert (evtl. auch S)
r	reeller, tatsächlicher Wert
x	unbekannte Größe
w	Abweichung
v	laufender Index

Notizen

Literaturverzeichnis

1. *Merz,* Grundkurs der Meßtechnik, Vieweg Verlagsgesellschaft, Wiesbaden 1983
2. *Kaspers/Küfner,* Messen, Steuern, Regeln, Vieweg-Verlagsgesellschaft, Wiesbaden, 3. Aufl. 1984
3. *Böhm,* Elektrische Steuerung, Vogel-Verlag, Würzburg, 4. Aufl. 1986
4. *Böttle/Boy/Grothusmann,* Elektrische Meß- und Regelungstechnik, Vogel-Verlag, Würzburg, 5. Aufl. 1985.
5. *Würtemberg* u. Mitarbeiter, Steuern und Regeln im Maschinenbau, Verlag Europa-Lehrmittel Nourney, Wuppertal, 4. Aufl. 1986.
6. *Stute,* Steuerungstechnik, Einführung, Springer-Verlag, Berlin-Heidelberg 1981.
7. *Boy/Flachmann/Mai,* Elektrische Maschinen und Steuerungstechnik, Vogel-Verlag, Würzburg, 6. Aufl. 1986.
8. *Moeller,* Elektrische Antriebe und Steuerung, Teubner GmbH, Stuttgart 1975.
9. *Strobel/Käppner,* Elektrotechnik mit Steuerungs- und Regelungstechnik, Verlag Handwerk und Technik, Hamburg 1981.
10. *Lenz/Oberst/Koegst,* Grundlagen der Steuerungs- und Regelungstechnik, Dr. Alfred Hüthig Verlag, Heidelberg 1981.
11. *Roschmann,* Fertigungssteuerung, Einführung/Überblick, Carl Hanser Verlag, München-Wien 1980.
12. *Böhm,* Elektronische Steuerung, Vogel-Verlag, Würzburg 1986.
13. *Benda,* Speicherprogrammierbare Steuerungen, expert-Verlag, Ehingen b. Böblingen 1986.
14. *Siegfried,* Elektronische Steuerungs- und Regelungstechnik, Franzis-Verlag, München 1980.
15. *Reuter,* Regelungstechnik für Ingenieure, Vieweg Verlagsgesellschaft, Wiesbaden 1981.
16. *Samal,* Grundriß der praktischen Regelungstechnik, Oldenbourg Verlag, München 1980.
17. *Schink,* Fibel der Verfahrens-Regelungstechnik, Oldenbourg Verlag, München 1983.
18. *Krichbaum,* Pneumatische Steuerung, Vieweg Verlagsgesellschaft, Wiesbaden, 2. Aufl. 1981.
19. *Krist,* Pneumatik, Grundlagen/Steuerungen, Vogel-Verlag, Würzburg iVb.
20. *Deppert/Stoll,* Pneumatische Steuerungen, Vogel-Verlag, Würzburg, 6. Aufl. 1986.
21. *Kaufmann,* Hydraulische Steuerungen, Vieweg Verlagsgesellschaft, Wiesbaden, 2. Aufl. 1985.
22. *Krist,* Hydraulik; Fluidtechnik, Vogel-Verlag, Würzburg, 6. Aufl. 1987.
23. *Hesselmann,* Digitale Signalverarbeitung, Vogel-Verlag, Würzburg 1982.
24. *Zander,* Datenwandler; AD/DA-Wandler, Vogel-Verlag, Würzburg 1985.
25. *Wellers,* Digitaltechnik, Verknüpfung, Giradet Verlag, Essen 1983.
26. *Schmäing,* Regelungstechnik in Bildern, 4 Bände, Vogel-Verlag, Würzburg 1979.
27. *Haug,* Pneumatik, Teubner GmbH, Stuttgart 1980.
28. *Hemming,* Steuern mit Pneumatik, Archimedes Verlag, Kreuzling CH, 3. Aufl. 1984.
29. *Orlowski,* Analogschaltungen der Meß-/Regeltechnik, Vogel-Verlag, Würzburg 1982.
30. *Gelder,* Integrierte Digitalbausteine, Vogel-Verlag, Würzburg, 5. Aufl. 1984.
31. *Niermann/Krecker,* Logikanalyse, Vogel-Verlag, Würzburg 1986.
32. *Zerbe,* Formeln der Regelungstechnik, Giradet Verlag, Essen 1984.
33. *Behrendt,* Flexible numerisch gesteuerte CNC-Fertigungssysteme, expert-Verlag, Ehningen b. Böblingen 1986.
34. *Witte,* Werkzeugmaschinen (spanende), Vogel-Verlag, Würzburg, 5. Aufl. 1981.
35. *Wellers,* NC/CNC-Werkzeugmaschinen, Giradet Verlag, Essen 1987.
36. *Sautter,* Numerische Steuerungen für Werkzeugmaschinen, Vogel-Verlag, Würzburg 1985.
37. *Lieberwirth,* Technologie von CNC-Werkzeugmaschinen, Giradet Verlag, Essen 1986.
38. *Paetzold,* Numerische Steuerung in der Fertigungstechnik, 3 Hefte, Verlag Europa-Lehrmittel Nourney, Wuppertal 1984.
39. DIN, NC-Maschinen, DIN TB Nr. 200, Beuth Verlag, Berlin 1984.
40. *Stoll,* Digitale integrierte Schaltungen, Hoppensted TTV, Darmstadt 1984.

DIN-Blatt-Verzeichnis *

ISO 1219	Fluidtechnische Systeme und Geräte: Schaltzeichen
DIN 19210	Wirkdruckleitungen für Durchfluß-Meßeinrichtungen
DIN 19225	Benennung und Einteilung von Reglern
DIN 19226	Regelungstechnik, Steuerungstechnik; allg. Grundlagen, Teil 1
DIN 19227	Bildzeichen und Kennbuchstaben für Messen, Steuern, Regeln in der Verfahrenstechnik, Teil 1
	Sinnbilder für die Verfahrenstechnik, Teil 2-4
DIN 19228	Bildzeichen für Messen, Steuern, Regeln
DIN 19222	Messen, Steuern, Regeln; Leittechnik, Begriffe
DIN 19226	Regelungs-, Steuerungstechnik; Begriffe und Benennungen
DIN 19229	Übertragungsverhalten dynamischer Systeme; Begriffe
DIN 19233	Automat, Automatisierung; Begriffe
DIN 19236	Messen, Steuern, Regeln; Optimierung, Begriffe
DIN 19237	Steuerungstechnik; Begriffe (Messen, Steuern, Regeln)
DIN 19240	Peripherie-Schnittstellen elektronischer Steuerungen
DIN 24312	Fluidtechnik; Druck, genormte Druckwerte, Begriffe
DIN 24315	Ölhydraulik und Pneumatik: Einheitenvergleich
DIN 24333/36	Fluidtechnik; Hydrozylinder; Anschlußmaße
DIN 24347	Fluidtechnik; Hydraulik; Schaltpläne
DIN 24901	Grafische Symbole für technische Zeichnungen, Teil 4
DIN 30600	Ölhydraulik/Pneumatik; Bildzeichen: Energie, Geräte
DIN 40146	Begriffe zur Nachrichtenübertragung; Begriffe, Teil 1-3
DIN 40150	Begriffe zur Ordnung von Funktions- und Baueinheiten
DIN 40713/18015	Sinnbilder (Schaltzeichen) der Elektrotechnik
DIN 40719	Kennzeichen und Schaltzeichen für elektrische Geräte und Schaltglieder
DIN 43609	Druckluftschaltpläne, grafische Symbole; elektronische Schaltanlagen
DIN 44300	Informationsverarbeitung; Begriffe
Bbl.	Informationsverarbeitung; Begriffe für Datenträger
DIN 44301	Informationstheorie; Begriffe
DIN 44302	Informationsverarbeitung; Datenübertragung; Begriffe
DIN 55003	NC-Werkzeugmaschinen (numerische Steuerung); Bildzeichen
DIN 66000	Mathematische Zeichen der Schaltalgebra
DIN 66025	Programmaufbau für NC-Arbeitsmaschinen; Wegbedingungen/Funktionen (Beschreibung), Teil 1 und 2
DIN 66200	Betrieb von Rechensystemen; Begriffe: Auftragsabwicklung, Teil 1
DIN 66201	Prozeßrechensysteme; Begriffe, Teil 1
DIN 66215	Programmierung NC-Arbeitsmaschinen; CLDATA, Teil 1 und 2
DIN 66217	Koordinatenachsen und Bewegungsrichtung für NC-Maschinen
DIN 66218	Lochstreifentechnik für Informationsverarbeitung; Begriffe
DIN 66233	Bildschirmarbeitsplätze
DIN 66246	Programmierung NC-Arbeitsmaschinen; Prozessor-Eingabesprache
DIN 66257	NC-Arbeitsmaschinen; Begriffe
DIN 66264	Mehrprozessor-Steuersystem für Arbeitsmaschinen (MPST)
DIN 69900	Netzplantechnik; Begriffe
DIN 69901	Projektmanagement; Begriffe

* Wiedergegeben mit Genehmigung des DIN Deutsches Institut für Normung e. V.; maßgebend für das Anwenden der Norm ist deren Fassung mit dem neuesten Ausgabedatum, die bei der Beuth Verlag GmbH, 1000 Berlin 30 und 5000 Köln 1, erhältlich ist.

Sachwortverzeichnis

(Abkürzungen: Abh. = abhängige, Bez. = Bezeichnung, Begr. = Begriffe,
Anw. = Anwendung, DV = Datenverarbeitung,
Eig. = Eigenschaften, Kenngr. = Kenngrößen,
Reg. = Regelung, St (Steuer.) = Steuerung

A

Ablauf-Programmsteuerung 9-23
Ablaufsteuerung 9-13, 9-14
ACC/ACO, Regelung 10-8
Aiken-Code 6-14
Analoge Anzeige 1-3, 1-31
Analoge Datenverarbeitung 6-7
Analysenmessung 1-58
Analysenmeßgeräte 1-58
Anemometer, Strömung 1-46
Anzeiger, Anwendungsbereich 1-86
Anzeigesystem, Definition 1-6
Anzeigewerke 1-39
Aus-/Eingangsgrößen, Arten 5-6
Ausgabegeräte, DV 6-11
Auslaufzähler, Mengen- 1-38
Außenschutzrohre, Thermomtr. 2-31, 2-38
Automatisierung 1-10

B

Bauelemente, Steuerung- 4-12
Bahnsteuerungen 9-15, 9-16
Befehle, Digitalrechner 6-22
Begriffe, Datenverarb. (DIN) 6-14, 6-15
Behälterinhaltsmessung 1-33
Berührungsthermometer, Daten 2-31 bis 2-37
-, -, elektr. 1-68, 2-38
Beschreibungsfunktion, Regelkreis 3-42
Beschreibungsschlüssel, NC-Maschinen 10-1
Betriebs-Meßtechnik, Begriffe 1-1
-, -, Tabellen 1-1 bis 1-88
Bezugsmaß-Programmierung 10-15
Bezugspunkte, Werkzeugmasch. 10-13
Bildzeichen, Steuern/Regeln 11-3
Bimetall-Kontaktthermometer 1-68
Binär-Code 6-14
Binärverschlüss. Dezimalsystem 6-21
Biquinär-Code 6-14
Blockschaltungen 9-4
Boolesche Algebra 6-4
Bode-Diagramm, Regler 3-38
Bremsdynamometer 1-20

C

CNC-Steuerungen 9-25, 10-1 bis 10-10

D

Dämpfung, Definition 1-8
Datenflußpläne 6-14
Datenträger, DV 6-11
-, Magnetbänder 6-20
Detektoren, Dioden; Anw. 6-20
-, Kombinationen 6-21
Dielektrische Meßgeräte 1-54
Dielektrizitätskonstante 1-57
Differentialglieder (D-Regler) 3-35
Differenzdruck, Meßgeräte 1-16
Differenzdruckmesser 1-45
Digitale Anzeige 1-4, 1-31
Digitale Datenverarbeitung 6-7
Digitale Elemente / Logik 7-1
Digital-Rechner, Blockschema 6-12
Digital-Rechner, Befehle 6-22
Digitale Schaltglieder, Analyse 7-10, 8-2, 8-3
Digitale Schaltkreise 6-5
Digitale Steuerung, Tab. 7-8, 7-9
Digitale Steuerungstechnik 7-8, 7-9
Dioden, Einteilung/Anw. 6-20
Dioden, Kennzeichnung 6-19
Diodenschaltkreise 6-5
DNC-Steuerung 9-25, 10-8
Dosierung und Volumen 1-42
Dosierung, Verfahren 1-42
Drehmomentmessung, Prinzip 1-20
Drehzahlmesser, Arten 1-27
-, elektronische 1-28
-, Impuls- 1-27
-, Stich- 1-27
-, Vibrations- 1-28
Drehzahlmessung, Prinzip 1-27
Drosselgeräte, Daten 2-4
-, Druckverluste 2-9
-, Durchflußzahl 2-10
-, Maße 2-8
-, Strömung 2-7
Druckabhäng. Steuerungen 9-13

12-3

Druckdifferenzmessung 1-34
Druckmessung, elektrische 1-17
-, Prinzip 1-16
Druckregelkreis, Schema 3-7
Druckverluste, Normdrosseln 2-9, 2-15
Durchflußmesser, elektrische 1-45
-, m. Integrator 1-38
-, kalorimetrische 1-46
-, radiometrische 1-46
-, Ultraschall- 1-46
-, Wirkdruck 2-4
Durchflußmessung, offene Querschn. 1-50
-, Verfahren 1-45
Durchflußzähler, Anw./Daten 2-5
Durchflußzahl, Drosselgeräte 2-7, 2-10

E

Eichtemperatur, Fixpunkte 2-41
Eingabegeräte, Datenverarb. 6-11
Eingangs-/Ausgangsgrößen, Arten 5-6
Einschaltdynamometer 1-21
Elastische Druckmesser 1-16
Elektrik, Steuerung 7-2, 7-8
Elektr. Meßgeräte, Sinnbilder 1-88
Elektrometr. Messungen, Verf. 1-54
Elektrometr. Meßtechnik 2-24
Elektronik, Steuerung 7-2, 7-8
Elektronische DV, Begriffe 6-14
Elektronische Rechenanlage 6-1 bis 6-3
Empfindlichkeit, Definition 1-7
Endschalter, Steuerung 9-12
Energieträger 9-4

F

Federdruckmesser, Daten 2-1, 2-2
Federdruckmesser, Meßbereich 2-2
Federthermometer, Daten 1-67, 2-28
Ferngeber, elektr.; Daten 2-1
Fernmessung, Definition 1-9
Fernmessung, Übertragung 5-9
Fernmeßaufgaben, Geräte 5-6, 5-8
Fernmeßeinrichtungen, Def. 1-9
Fernmeßtechnik, Definition 1-9
Fernübertragungssysteme 5-9
Fernwirkanlagen, Definition 1-9
-, Geräte 5-4
Fernwirktechnik, Anwendung 5-3
-, Definition 1-9

-, Tabellen 5-1 bis 5-16
-, Verfahren 5-1
Ferritkernspeicher 6-2
Feuchte, absol./relative 2-18
-, relat.; psychrometr. 2-20
Feuchtemessung v. Feststoffen 1-52
-, v. Gasen/Luft 1-51
Feuchtemessung, Verfahren 1-51
Flüssigkeitsanalyse 1-61
Flüssigkeitsdruckmesser, Daten 2-1
-, Verf. 1-16
Flüssigkeitsthermometer 1-67
Flüssigkeitsstandmesser, Daten 2-3
Folgesteuerung, allgemein 9-15
-, druckabhäng. 9-16
-, wegabhängige 9-15
-, zeitabhängige 9-15
Formelzeichen, Steuern/Regeln 11-3
Frequenzgänge, Regelstrecke 3-38
Frequenzmessung, Prinip 1-31
Frequenzvergleich 1-31
Frequenzzähler 1-31
Führungssteuerung 9-14
Füllstandsmessung, Prinzip 1-33
Funktionsgeschw., Rechengeräte 6-11

G

Gasanalysatoren, Anwendung 1-81
-, chemische 1-60
-, Elektroleit- 1-60
-, Meßgröße 1-91
Gasanalysatoren, Paramagnet- 1-59
-, thermoelektrisch 1-60
-, thermomagnetisch 1-59
-, UR-/IR- 1-58
-, Wärmeleit- 1-59
-, Wärmetönung- 1-60
Gasanalyse, Verfahren 1-58, 1-59
Geschwindigkeitsmesser 1-45, 1-50
Geschwindigkeitssteuerungen 9-5, 9-6
Gewichtsbestimmung, Verfahren 1-42
Glasthermometer, Daten 2-28
Grundsteuerungen 9-11

H

Haarhygrometer 1-51
Haltegliedsteuerungen 9-9, 9-14
Heizwertbestimmung, Verfahren 1-77

H-Ionenmesser, Prinzip 1-61
Hitzdraht-Anemometer 1-45
Höhenstandmessung, Verfahren 1-33
Hydraulik 9-11, 9-15
Hygroskope, Hygrometer 1-51

I

Impulseingabe 6-8
Impulsgröße, n. el. Meßgrößen 5-5
Indikatoren, Prinzip 1-11
Informationsverarbeitung 6-14 bis 6-17
Infrarotabsorption 1-81
Integralglieder (I-Regler) 3-35
Integrierte Digital-Schaltglieder 8-1
Integrierte Schaltglieder 8-1, 8-2
Integrierte Schaltungen 8-1 bis 8-5
I-Regeleinricht., Grundlagen 3-5
I-Regler, Begriffe/Kenngrößen 3-20
Ist-/Soll-Verknüpfungen, Rechner 7-10

K

Kalorimeter, Bomben- 1-77
-, Durchfluß- 1-78
-, Verfahren 1-77
Kalorimetr. Messung, Verfahren 1-77
Kenngrößen, I-Regler 3-20
-, PI-PID-Regler 3-21
-, P-Regler 3-19
-, Regelkreis 3-18
-, regeltechn. 3-12, 3-22
-, Regelstrecke 3-14
-, Reglertypen 3-16, 3-28
Kettenmaß-Programmierung; NC 10-15
Kirchhoffsche Meßbrücke 7-5
Kolbendruckmesser 1-16
-, Meßbereich/Daten 2-1
Kolbenzähler, Daten 2-5
-, Durchfluß 1-38, 1-45
Kalorimeter, Prinzip 1-61
Kippglieder 7-9
Kombinierte Glieder
 (PI-, PD-, PID-Regler) 3-36
Kompensationsschaltung,
 Schwingkreis 5-11 bis 5-13
Kontaktsteuerungen 9-6, 9-7
Konzentrationsmesser 1-61
Koordinatenachsen, Z, X, Y 9-19, 9-25
Koordinatensystem 9-23

Kraftmessung, Verf./Prinzip 1-11
Kraftmeßdosen 1-17
-, elektrische 1-11
-, hydraulische 1-11
Kraftmeßgeräte, mechan. 1-11
Kraftmeßverfahren, Druck 1-34

L

Leistungsmessung, Formeln 7-9
-, Prinzip 1-20
Leitfähigkeits-Meßgeräte 1-54
Lichtelektr. Verstärker, Daten 5-13
Literaturverzeichnis 12-1
Lochkartengeräte 6-3
Lochkartenverfahren, Grundoper. 6-10
Logische Zustände; dig. Rechner 7-1
Luftbedingungen, Arbeitsräume 2-23

M

Magnetbänder, 7-/9-Spur 6-20
Magnetbandgeräte 6-2
Magnetikverfahren, Daten 5-14
Magnetspeicher 6-11
Magnettrommelspeicher 6-2
Massebestimmung, Verfahren 1-33, 1-42
Maßzahl, Definition 1-3
Mechanik 9-1
Mengenmessung, Verfahren 1-42
Mengenzähler, Verfahren 1-38
Messen, Begriffe/Definition 1-1
Meßblenden; Durchfluß 1-45, 1-48
Meßdüsen; Durchfluß 1-45, 1-50
Meßfehler, Definition 1-7
Meßflüssigkeit, Dichte 2-1
-, Druckmesser 2-40
Meßgröße, Definition 1-1, 1-2
Meßgrößen, Umformen 5-5
Meßkupplung, starre 1-21, 1-22
Meßnabe, akustische 1-23
-, Dehnstreifen- 1-22
-, kapazitive 1-23
Meßprinzip, Definition 1-3
Meßsystem, Definition 1-5
Meßtechnik, elektrometr. 2-24
Meßtechnische Daten 2-1 bis 2-42
Meßumformer, Definition 1-3
Meßverstärkeranlage 5-10
Meßverstärker, Arten/Anwendung 5-10

12-5

Meßwert, Definition 1-2
Meßwert-Fernübertragung 5-2
Meßwertgeber, Arten 5-6 bis 5-8
Meßwertverarbeitung, Verf. 5-2
Meßwiderstände, Ni-/Pt-; Daten 2-29
Metall-Ausdehnungsthermometer 1-67
Mikroprozessortechnik 9-29
Mikrovolt-Verstärker 5-15
Mischverknüpfungen, Schaltalgebra 4-7
Modulation, Impulsgröße 5-5

N

Nanoampere-Verstärker 5-15
NC-Steuerungen 9-15 bis 9-18
NC-Werkzeugmaschinen 9-23
NEGATION-Schaltglieder 7-6
NEGATION-Verknüpfungen 7-6
Neutronen-Feuchtemesser 1-52
Normblende; Daten 2-4, 2-8
-, Durchflußzahl 2-10
Normdrosseln, Druckverluste 2-15
Normdüse, Daten 2-4, 2-8
Norm-Venturidüse, Daten 2-8, 2-15
Numerische Steuerungen
  9-25 bis 9-28, 10-1 bis 10-15

O

O_2-Messer, Prinzip 1-59
ODER-Verknüpfungen 7-4, 9-8
Öffnungsverhältnis, Normdrosseln 2-16
Orsatapparate, Prinzip 1-60

P

Paramagnetismus, Messung 1-81
Phasenzustandsdiagramm:
bei Instabilität 3-44
bei Stabilität 3-43
pH-Messer, Prinzip 1-61
pH-Meßgeräte 1-54
pH-Meßverstärker 5-14
pH-Werte, Anzeige/Schreiber 1-87
pH-Werte, Stoffe 2-26
PI-/PID-Regler, Begr./Kenngr. 3-21
PI-Regeleinricht., Grundlagen 3-5
Pitot-Staurohr 1-45, 1-48
Pneuma-Druckmesser 1-33
Pneumatik, Steuerungen 7-2, 7-8, 9-5
Prandtl-Staurohre 1-45
P-Regeleinrichtungen 3-4

P-Regler, Begr./Kenngrößen 3-19
Programmabläufe, Sinnbilder 6-19
Programmsteuerungen 6-8, 9-18
Programmträger 9-18, 9-25
Proportionalglieder (P-Regler) 3-34
Prüfen, Begriffe/Defin. 1-1
Psychrometer 1-51
Psychrometertafel 2-22
Pufferlösungen 2-25
Puls-Code-Verf., Volumenbest. 1-33
Punktsteuerung 9-25, 10-6
Pyrometer, Farb- 1-70
-, Glühfaden- 1-69
-, Intensitäts- 1-70
-, Korrekturdiagramm 1-76
Pyrometer, Leuchtdichte- 1-70, 2-39
-, Temperaturmessung 1-69

R

Radzähler, Arten 1-38, 1-45
-, Daten 2-5
Rauchgasprüfer, Prinzip 1-60
-, Verbrennungs- 1-61
Rechenanlagen, el.; Anwendung 6-1
-, -; Kenndaten 6-9
-, -; Speichergeräte 6-2
Rechenautomaten, Ausgabegeräte 6-3
-, Eingabe 6-3
-, Merkmale 6-1
Rechenmaschine, programmgest. 6-12
Regeleinricht., Grundlagen 3-4
-, m. D-Einfluß 3-6
Regeleinstellung, optimale 3-37
Regelglieder, nichtlineare 3-40
-, stat. Kennlinien 3-40
Regelgrößen, Reglertypen 3-25
Regelgrößen i. d. Technik 3-9
Regelkreis, Grundlagen 3-2
-, Nichtlinearität 3-42
-, Schemata 3-7
Regelkreise, Begriffe 3-17
-, Grundelemente 3-31
-, stet. Regler; Begr. 3-22
Regelkreisglieder, Begr./Def. 3-10
Regeln, Regelung; Begriffe 3-23
-, -; Grundl. 3-1
-, -; Steuerungsarten 4-3
Regel-/Steuersysteme, elektr. 4-13

-, -; pneumat. 4-13
Regelstrecke, Begriffe 3-13
-, Grundlagen 3-3
-, Kenngr./Symbole 3-14
-, Kennwerte 3-30
Regelung, Definition 1-10
Regelungstechnik, Aufgabe 3-1
-, Tabellen 3-1 bis 3-44
Regler, Definition 1-10
-, stetige; Übergangsfunktion 3-33 bis 3-35
-, -; Zeitverhalten 3-32
Reglertypen, Begr./Def. 3-15
-, Eig./Kenngröße 3-28
-, Eignung 3-26
-, Nach-/Vorteile 3-29
-, Regeleinstellung 3-37
Reglertypen, Regelgrößen 3-25
-, Übersicht 3-24
Resonanzanzeiger, elektr. 1-31
-, mechanische 1-31
Reynoldszahl Re 2-7
Rotameter 1-45

S
Saugschaltung, Schwingkreis 5-11 bis 5-15
Schaltalgebra; f. Steuerungen 6-22
Schaltfunktionen; digit. Steuer. 7-10
Schreiber, elektr.; Anwendung 1-86
Schutzflüss., Meßgeräte 2-41
Schutzrohrwerkstoffe, Beständ. 2-37
-, Eigensch. 2-32 bis 2-36
Schwimmergeräte 1-33
Schwingkreisverstärker, Daten 5-12
Segerkegel 1-70
Sequentielle Steuerung 9-3
Signale, binäre/stetige 4-16
Signalfluß 9-2, 9-20
Signalinformation 9-21
Signalverarbeitung, Steuerung 9-3
Sinnbilder, Datenflußpläne 6-18
-, Programmabläufe 6-19
Sinnbilder, el.; Meßgeräte 1-88
Spannungs-(U-)Verstärker, Schaltung 5-11, 5-14
Speichergeräte 6-2
Spezif. Widerstand, Metalle 2-42
Staurohre 1-45, 1-48
Stellantriebe f. Stellglieder 4-8, 4-9
Stellglieder, Arten 4-6, 4-7

-, Energie/Massenströme 4-5
-, m. Hilfsenergie 4-8, 4-9
-, Steuerkette 4-2
Stellmotoren, f. Stellglieder 4-8, 4-9
Stellorgane, Energiefluß 4-5
-, Massenströme 4-5
Steuerbefehle, dig. Rechner 6-22
Steuerenergie 9-3
Steuerketten, elektrische 4-2
-, Grundelemente 3-31
Steuern, Definition 1-10
Steuerung, Definition 1-10
-, Geschwindigkeit 9-5, 9-6
-, Methoden 4-4
-, unstetige; Schemata 4-10
Steuerungen, druckabhängige 9-3, 9-4
-, numerische (NC, CNC) 9-13, 9-14
-, wegabhängige 9-4
-, willensabhängige 9-4
-, zeitabhängige 9-3, 9-4
Steuerungsarten d. Regelung 4-3
Steuerungssysteme 4-2
-, Auswahlkriterien 9-18
-, Fertigung/Produktion 8-14
Steuerungstechnik, Anwendung 4-1
-, Aufgaben 9-4
-, Bedeutung 9-1
-, Tabellen 4-1 bis 4-16
Steuerwerk, Rechenmaschine 6-12
Strahlungsabsorption, Gasanalyse 1-58
Strahlungspyrometer, Gesamt- 1-68
-, Teil- 1-68
Streckensteuerung 10-6, 10-7
Stroboskop, Prinzip 1-28
Strom-(I-)Verstärker, Schalt. 5-11, 5-15
Symbole, NC-Maschinen 10-1 bis 10-5
Symbole, Regelkreis 3-18, 3-30
-, regeltechn. 3-12, 3-13
Symbole, Regler 3-16
-, Steuerketten 3-31

T
Tachometer, Prinzip 1-27, 1-28
Taupunktmesser 1-51
Teilstrahlungsvermögen, Körper 1-51
Temperaturfarbstifte 1-70
Temperatur-Fixpunkte 2-41
Temperaturmessung, Verfahren 1-67

Temperaturmeßfarben 1-70
Temperaturmeßgeräte, Anwend. 1-82
-, Daten/Meßbereich 2-27
Thermoelemente, Daten 2-30
-, Temp.messung 1-68
Thermopaare, Daten 1-29
Thermospannung, Elemente 1-30
Titration, Daten 2-25
Toleranz, Definition 1-7
Tonfrequenz-Fernsteuerung 5-16
Transferbefehle, Rechner 6-22
Transistor-Schaltkreise (pnp) 6-6
Transistortechnik, Grundl. 6-18
Trübungsmesser, Flüss.analyse 1-61
Turbinenzähler, Durchfluß 1-38, 1-45

U

Übergangsfunktion, Bilder 3-8
-, Reglertypen 3-33 bis 3-37
Übertragungsfunktion, Regler 3-34 bis 3-36
Ultraschall-Meßgerät 1-33
UND-Verknüpfungen, Rechenregeln 7-2
-, Schaltalgebra 7-2
Umformer, Transmitter 5-5
Umschaltsteuerungen 9-3, 9-7, 9-8

V

Venturidüsen, Daten 1-45, 1-48, 1-50
Verarbeitungsbefehle, Rechner 6-22
Verdrängerzähler 1-38, 1-45
Vergleichspyrometer 1-69
Verknüpfungseig.; digit. Steuer. 7-1
Verknüpfungsglieder, log. 4-10, 4-11, 7-8
-, pneumat. 4-14, 7-8

Verknüpfungsschaltungen 7-2 bis 7-7
Verstellkraft, Definition 1-6
Viskosität/Dichte, Wasser 2-6
Viskosität, dynam.; Gase 2-14
Viskosität, kinemat.; Flüss. 2-13
-, -; Luft 2-12
Viskosität, Maßeinheiten 2-6
Volumenbestimmung, Verf. 1-33
Volumenmessung, Verfahren 1-38
Volumenzählung, Verfahren 1-38

W

Wärmeleitfäh., Messung 1-81
Wärmemenge, Ermittlung 1-77
Wahrheitstab.; digit. Steuerung 7-10
Wandler, Umformer 5-5
Wasserstandsanzeiger, Daten 2-3
Wegplansteuerungen 9-10, 9-11
Widerstand, Kupferleiter 2-42
-, Frequenzabhäng. 2-42
Widerstandsthermometer 1-68
-, Daten 2-28
Wirbelstrombremse, elektr. 1-21
Wirkdruckverf., Durchfluß 1-45
Wobbezahl, Bestimmung 1-78

Z

Zähigkeit, s. u. Viskosität
Zählwerke, Ausführungen 1-39
Zeitplansteuerung 9-5, 9-9
Zeitverhalten, stet.; Regler 3-32
Zentralsteuerungen 9-19, 9-24
Zerhackerverstärker, Daten 5-14

MIX
Papier aus verantwortungsvollen Quellen
Paper from responsible sources
FSC® C105338

If you have any concerns about our products,
you can contact us on
ProductSafety@springernature.com

In case Publisher is established outside the EU,
the EU authorized representative is:
Springer Nature Customer Service Center GmbH
Europaplatz 3, 69115 Heidelberg, Germany

Printed by Libri Plureos GmbH
in Hamburg, Germany